BIODIVERSITÉ

ESPACES
libres

PATRICK BLANDIN

BIODIVERSITÉ

L'avenir du vivant

Albin Michel

ESPACES *libres*

Sciences

Ouvrage publié sous la direction de François Bouvier

En souvenir de mon grand-père, Étienne Blandin,
Chasseur de canards et autres lapins,
Qui m'emmenait attraper des papillons,
Dans une campagne disparue, depuis.

Dix ans après : qu'en est-il de l'avenir du vivant ?

La planète Terre continue de tourner, mais sa biosphère tourne mal.

Le dérèglement climatique s'accentue. Le dérèglement politique aussi. Tel président d'un grand pays met à mal des accords multilatéraux et glorifie son « charbon propre », tel président d'un autre grand pays offre ses forêts aux vaches productrices de méthane. La procrastination en tente d'autres, pourtant désireux de garder au vert la planète bleue.

Au risque de la disparition de l'un de nos cousins primates et de bien d'autres espèces, l'huile de palme joue à la ressource renouvelable pour faire rouler des voitures et pour imprégner nos nourritures industrielles, en s'infiltrant dans les « recettes traditionnelles » de « produits authentiques ».

Des entreprises qui ont inventé le mot le plus hypocrite qui soit, « phytosanitaire », luttent pied à pied pour maintenir les profits que leur procure l'épandage de leurs biocides jusqu'au plus près de nos poumons.

La communauté internationale qui, au Japon en 2010, avait constaté ses difficultés à freiner l'érosion de la biodiversité, se réunit à nouveau en 2020, en Chine. Elle va faire le même triste constat, en dépit de réussites locales…

Cette crise environnementale, où interfèrent le dérèglement climatique, les transformations de ce que l'on pourrait appeler la « chimiosphère », cet ensemble de molécules naturelles et artificielles dans lequel nous sommes plongés, la destruction ou la fragilisation des écosystèmes, la réduction de la diversité biologique qui en découle, tout cela est le fruit d'une crise de gouvernance, à toutes les échelles, qui elle-même résulte d'une absence de vision. La quête de profits à court terme ne rend ni sourd ni aveugle, elle est juste cynique : peu importent les autres d'aujourd'hui et de demain.

En vérité, c'est d'une crise éthique dont il est question.

Les sciences de la vie, et tout particulièrement l'écologie, nous ont appris que la biosphère est un tissu d'interdépendances : les organismes vivants sont solidaires les uns des autres, emportés ensemble, depuis toujours, par les incessants changements de la planète. La solidarité, c'est une réalité physique et biologique, avant d'être une éventuelle attitude chez des humains soucieux des autres. La crise éthique prend sa source dans le déni de cette réalité, déni qui légitime l'égoïsme et le mépris entre individus, entre groupes sociaux, entre nations. Et tout autant le mépris non seulement de lointaines générations futures, mais aussi le mépris de celles qui sont là et vont nous succéder demain. Et bien sûr le mépris des autres êtres vivants.

Dans le dernier chapitre de ce livre, j'ai évoqué le groupe, dont j'ai fait partie, qui avait été chargé par l'Union Internationale pour la Conservation de la Nature d'élaborer « un code éthique pour la conservation de la biodiversité ». Nous achevâmes nos travaux à Paris, au Muséum national d'Histoire naturelle en février 2010. Nous étions du Brésil, des États-Unis, d'Afrique du Sud, de Jordanie, d'Europe. Des Chinois nous avaient fait part de leurs belles actions dans le Yunnan, région d'une extraordinaire diversité biologique et culturelle. Inspirés par des situations concrètes, nous avons imaginé, plutôt qu'un code rigide, un mouvement : la « Biosphere Ethics Initiative », l'Initiative pour une Éthique de la Biosphère.

Proposant une vision du monde et des principes éthiques, l'Initiative appelait les personnes, les communautés, les organisations et les gouvernements à développer un mode éthique de penser et d'agir, à construire ensemble un mouvement de solidarité mondiale pour l'avenir de la vie. Et comme premier principe fondamental pour l'action, elle proposait de promouvoir « la solidarité écologique entre les hommes et la nature, avec une obligation de respect et d'amour qui fonde une attention sincère envers les êtres vivants, les lieux et les gens : amour pour la beauté et la générosité du monde naturel, avec toute sa biodiversité ; amour pour les lieux que nous habitons, et amour pour les gens d'aujourd'hui et de demain ».

Dix ans, déjà.

Aujourd'hui, des centaines de milliers de jeunes gens, partout sur la planète, ont compris que c'est leur avenir qui est en jeu, tout de suite. La maison continue de brûler, et ils ne veulent pas détourner le regard. Avec des mots forts, ils interpellent notre génération, ils vilipendent les puissants plus irresponsables qu'impuissants : assez de discours, des actes !

Riches de leur diversité culturelle, sur quelles valeurs ces jeunes gens peuvent-ils bâtir une vision motivante de l'avenir, imaginer une biosphère à la hauteur de leurs désirs ? Quelle sera leur « éthique pour la biosphère » ? Sauront-ils sceller une nouvelle alliance avec la nature, dans toute sa diversité ?

Et les moins jeunes, sauront-ils se sentir solidaires, transmettre et faire confiance, pour que les humains, toutes générations confondues, puissent changer les changements en cours, afin que la biosphère s'achemine vers un état plus désirable que celui qui s'annonce.

Prologue

Le scarabée et l'autoroute

J'aime les autoroutes. De magnifiques paysages se développent au fil des parcours ; les courbes asphaltées s'y glissent avec élégance et, lorsque le relief l'impose, des ouvrages d'art aux lignes pures franchissent les vallées. Si longtemps attendu, le viaduc de Millau est chef-d'œuvre absolu.

Au fil du temps, évitant villes et villages, les autoroutes parcourent les campagnes, pénètrent de plus en plus profondément les montagnes, se rapprochent de la nature d'autant plus qu'elles s'éloignent des espaces urbanisés.

Les écologistes s'alarment : des milieux naturels sont détruits, d'autres coupés par des barrières infranchissables pour nombre d'animaux. Oh, des efforts sont faits ! On prévoit des passages pour les cerfs, les sangliers, voire pour les crapauds. On organise la végétation des abords pour qu'elle soit variée. On fauche les talus après les floraisons. C'est vrai, mais c'est peu pour les protecteurs de la nature, qui comptabilisent destructions définitives et perturbations récurrentes. Paradoxe : certains en sont même à craindre que les bordures couvertes de végétation ne deviennent des couloirs favorables à l'expansion d'espèces envahissantes, des étrangères nuisibles pour la flore et la faune indigènes…

Naturaliste, je m'inquiète du développement de ces constructions destructrices, qui ne font que favoriser des transports contribuant à l'effet de serre. Cheminant avec ces interminables théories de camions internationaux, je rêve de voir leur fret transporté par des trains fonctionnant à l'électricité (encore que, si celle-ci vient de centrales nucléaires…). J'imagine même qu'un autre mode de vie rendrait moins nécessaires ces transports au long cours.

Automobiliste contribuant à la destruction de milieux naturels, à la fragilisation des espèces, à la transformation de l'environnement planétaire, mais aussi naturaliste soucieux du devenir du monde vivant et de sa diversité : la situation n'est pas confortable. Elle l'est encore moins lorsque le naturaliste est sollicité pour donner son avis sur un projet autoroutier posant problème. Cela m'est arrivé.

Dans l'ouest de la France, une autoroute progresse vers le sud. Bien entendu, le chantier avait été engagé après enquête publique, une fois menées les études d'impact imposées par la réglementation, notamment en matière de milieux naturels, de flore et de faune. Bref, dans le respect de la loi. En 1996, le démarrage d'un nouveau tronçon se prépare.

L'autoroute va entailler un pays de bocage. Entre champs et prés, des haies plantées de chênes têtards aux silhouettes lourdes forment un réseau encore dense. Ici et là, des vergers de châtaigniers, plus que centenaires. Un paysage construit par des générations de cultivateurs. Dans bien d'autres régions il a disparu, au profit d'une agriculture intensive, lourdement mécanisée, exigeant de vastes champs sans obstacles.

L'autoroute est attendue avec impatience par certains. Les agriculteurs se préparent au remembrement qui s'impose, le tracé modifiant le parcellaire. Il y a des opposants, qui plaident pour le simple élargissement d'une nationale ; mais il est trop tard.

Coup de théâtre. Un jour, à proximité du futur chantier, un entomologiste amateur récolte une larve d'insecte. Pas n'importe lequel. Vérification faite auprès d'un spécialiste, il s'agit d'une larve d'une sorte de scarabée, un coléoptère répondant au nom d'*Osmoderma eremita*.

Cela change tout.

L'animal n'est pourtant pas une célébrité. Mais certains savent que l'Europe veille sur lui : une directive de 1992 en a fait, avec d'autres, une espèce prioritaire dont l'habitat doit être strictement protégé. Les opposants à l'autoroute ne pouvaient espérer mieux. Ils alertent les autorités nationales et la Commission européenne. L'affaire du pique-prune – tel est le nom commun du coléoptère – commence. Le chantier de construction de l'autoroute est arrêté. Le 25 septembre 1996, *Ouest France* titre « Un scarabée contre des bulldozers». Le Figaro évoque l'affaire le 17 mars 1997 en titrant «Au secours d'écologistes sarthois, un "pique-prune" providentiel». À plusieurs reprises, le pique-prune a sa photo dans le journal.

Il allait donc falloir étudier l'impact du projet sur l'espèce. L'entreprise concessionnaire me sollicite. Le Muséum d'Histoire naturelle engage un entomologiste spécialiste du coléoptère fauteur de trouble. L'État, d'autant plus attentif que la Commission européenne veille, crée un groupe de pilotage présidé par le préfet du département: nous allons œuvrer sous haute surveillance.

Deux années ont été prévues pour réaliser le travail. La zone à prospecter est vaste et le pique-prune n'est pas facile à découvrir. De l'œuf à l'adulte, le développement se déroule dans des cavités, au cœur d'arbres âgés. Il fut donc décidé de noter, arbre par arbre, des indices de la présence possible du pique-prune, une affaire pour spécialiste, car il faut être capable de reconnaître un débris de carapace d'adulte, voire les crottes des larves!

Au final, il fut prouvé que le pique-prune vivait bien dans la zone, dans les chênes têtards et les châtaigniers. Obligatoirement, des arbres habités seraient abattus. Le réseau des haies serait rompu, ce qui réduirait les possibilités de déplacement des adultes. Dès que nous nous sommes rendu compte de l'importance de ce réseau, nous avons demandé que les remembrements en cours soient revus, voire arrêtés. Scandale. L'effigie du spécialiste, bien connu pour parcourir la région dans tous les sens, fut brûlée en place du Mans lors d'une manifestation d'agriculteurs.

Fin 1999, nous rendons notre rapport. Le pique-prune bénéficiant du plus haut degré de protection réglementaire, que l'autoroute soit construite ou non, il était évident que des mesures devraient être prises pour assurer le maintien de ses populations. Nous avons donc proposé la création de « zones Natura 2000 », selon un dispositif prévu par l'Union européenne. Dédiés au pique-prune, des bocages et des vergers de châtaigniers y seraient maintenus, les agriculteurs pouvant à ce titre bénéficier de subventions. Mais nous soulevions un problème difficile : les remembrements provoqués par la mise en place de l'autoroute pourraient être plus préjudiciables au pique-prune que l'autoroute elle-même. Le conseil général du département décida en conséquence de financer la conception d'un schéma directeur du remembrement pour l'ensemble des communes concernées, avec un objectif : faire en sorte que la réorganisation du parcellaire ne nuise pas à l'habitat du pique-prune, voire l'améliore. Pour cela, il fallait évaluer chaque haie, afin de décider si elle devait être conservée ou pouvait être détruite. Au total, plus de 17 000 arbres furent auscultés pour savoir s'ils hébergeaient, ou étaient susceptibles d'héberger des larves. La décision s'en trouva reportée à 2002. Finalement, il restait une question à laquelle l'État me demandait de répondre : les impacts combinés de l'autoroute et des remembrements risquaient-ils d'avoir des effets non admissibles sur les populations du coléoptère ? Ce à quoi je répondis par la négative, au vu de toutes les mesures envisagées. Les travaux pouvaient reprendre.

***

Un chantier autoroutier arrêté pendant six ans. Le financement d'études complexes, pour partie par le concessionnaire du projet, pour partie sur fonds publics. Les agriculteurs perturbés par les remises en cause des remembrements. Un conseil général s'impliquant directement. L'État mobilisé, tant au niveau de ses services régionaux et départementaux qu'au niveau central, sous le contrôle de la Commission européenne. Tout cela pour la survie d'un insecte, au mépris, n'a-t-on pas manqué de souligner, des humains tués sur une nationale à désencombrer d'urgence.

Comment notre société en est-elle arrivée là ? Une espèce animale aurait-elle une si grande importance que sa découverte dans une région puisse remettre en cause d'importants projets de développement ? Surtout un animal comme le pique-prune, modeste insecte noirâtre, d'une discrétion absolue, qui n'a même pas le magnifique vert métallique de certains de ses cousins. Qu'a-t-il donc de si particulier qui justifie l'ampleur prise par l'affaire ? Bien des fois, on m'a posé la question : « À quoi sert le pique-prune ? ». Honnêtement, je ne sais toujours pas répondre.

***

La protection de la nature se justifie-t-elle par des raisons utilitaires ? Ou bien n'est-elle promue que par de gentils naturalistes, amoureux des fleurs et des bêtes, nostalgiques d'une nature en train de passer, parce que les humains ne cessent de transformer la planète en fonction de leurs besoins ?

La nature passera-t-elle parce que des espèces trépassent ? La communauté internationale, réunie solennellement à Johannesburg en 2002, a décidé de mettre un frein à la « perte de biodiversité ». Autrement dit, ce n'est pas seulement la disparition de telle ou telle espèce qui préoccupe nos gouvernements, c'est plus encore le fait que ces disparitions réduisent la diversité du monde vivant.

Mais pourquoi s'inquiète-t-on ? La France peut-elle survivre sans pique-prune dans l'Ouest, sans ours dans les Pyrénées, sans loup dans les Alpes ? La planète peut-elle se passer du grand panda, de la baleine franche, de cette étrange faune découverte dans les abysses ? Est-il nécessaire que les forêts tropicales soient si complexes, avec souvent plus de 200 essences différentes sur un seul hectare ? Quand le dernier ours blanc se noiera, le dernier glaçon qui le portait ayant fondu, les humains en seront-ils gênés ?

1.

Petits bois et vieilles forêts

> Le jour où les naturalistes ont pris le bâton de voyage, le jour où, modestes, opiniâtres, infatigables pèlerins de la nature, ils ont mis leurs souliers de fer, toutes choses ont changé d'aspect ; ils ont vu, noté, comparé nombre d'œuvres individuelles dans les travaux de chaque espèce, en ont saisi les différences, et sont arrivés à cette conclusion qu'eût d'avance donnée la logique : que vraiment rien ne se ressemble.
>
> Jules Michelet,
> *L'Oiseau*, 1867.

La plus petite unité de nature

C'est un paysage familier. De longues plaines d'ondulations molles, de champs immenses, parsemées de petits bois formant comme des îles perdues : la Beauce, dans le bassin parisien, mais aussi, plus à l'est, les plaines du Gâtinais qui se déploient entre les massifs forestiers de Fontainebleau et d'Orléans. Des bois sont regroupés en archipels, d'autres se retrouvent bien seuls dans un océan de cultures intensives. Dans le Gâtinais, ils sont près d'un millier. Le plus petit ne couvre pas un hectare ; le plus grand en compte une quarantaine : il se ferait volontiers passer pour une forêt. Mais, avec ses 25 000 ha, la forêt de Fontainebleau voisine l'oblige à la modestie.

La répétition monotone des champs et des bois entraîne le regard jusqu'à l'horizon, lointain. À l'intérieur d'une forêt, des arbres, toujours des arbres qui ferment l'espace : une autre monotonie. Dans le massif de Fontainebleau, il est cependant des chemins qui ne cessent de surprendre le promeneur. Ici, une platière, vaste entablement de grès imperméable habillé de landes. Là, une vallée de sable blanc, sèche. Des chaos de blocs de grès aux formes étranges, comme un bestiaire pétrifié. De grandes mares permanentes. Sur le grès, des flaques temporaires, qui s'évaporeront, mais ne sont pas sans vie. Et la forêt, les forêts, plutôt. Que les vieilles pinèdes peuvent être belles, quand le soleil déclinant enflamme les écorces rouges des pins sylvestres, à travers leurs couronnes sombres et bleutées. Que les jeunes pinèdes sont laides, rangs serrés couvrant d'une ombre maussade des sols où presque rien ne pousse. Plus loin, heureusement, des futaies de hêtres ou de chênes montent vers la lumière, parfois depuis plus de deux siècles. Là-bas, la blancheur tachetée des bouleaux, jaillissant dans les chaos, conquérant les landes. Ailleurs encore, sur des versants calcaires tournés au sud, des chênes pubescents évoquent une ambiance méridionale. Soudain, à une croisée de chemins, un panneau dissuade de pénétrer dans une réserve biologique intégrale : là, des parcelles de forêt sont depuis très longtemps livrées à elles-mêmes, encombrées de branches mortes et de troncs effondrés.

Promu au milieu du XIXe siècle par les peintres de Barbizon, Théodore Rousseau en tête, le massif de Fontainebleau est rapidement devenu, grâce au chemin de fer, un haut lieu touristique, célébré pour la diversité de ses paysages. Les différences de substrat géologique y sont pour beaucoup : les sables fins et purs, les tables de grès dont les rebords s'écroulent en chaos, les couches calcaires, portent des sols très différents. L'orientation joue aussi : aux versants exposés au sud, chauds et volontiers plus secs, s'opposent les versants frais et plus humides tournés vers le nord. Cette diversité des milieux se reflète dans la composition des communautés de plantes et d'animaux.

L'association d'un milieu particulier, de sa flore et de sa faune forme ce que les écologistes appellent un « écosystème ». Le mot est pratiquement passé dans le langage courant, sans que l'on connaisse toujours la signification exacte du concept. Or celui-ci a joué un rôle majeur dans le développement de l'écologie scientifique. Il se comprend mieux lorsque l'on étudie l'histoire de cette discipline.

Contrairement à ce que beaucoup croient, l'écologie n'est pas née dans les années 1970, avec l'émergence des mouvements s'inquiétant de la dégradation de l'environnement. Chaque année, rencontrant les nouveaux étudiants de la Chaire UNESCO « Développement et Aménagement Intégré des Territoires », venus de nombreux pays, je faisais un petit sondage. Rares étaient ceux qui savaient que le mot « écologie » avait été inventé dans la deuxième moitié du XIXe siècle, précisément en 1866. Même certains étudiants qui avaient suivi une formation en écologie l'ignoraient.

C'est un biologiste allemand, Ernst Haeckel, qui avait proposé le terme *« Ökologie »* pour désigner la science des relations que les organismes vivants ont entre eux et avec leur environnement. Haeckel était un fervent adepte de la théorie de l'origine des espèces publiée peu de temps auparavant, en 1859, par le naturaliste anglais Charles Darwin. En développant sa conception de la sélection naturelle, celui-ci avait en effet mis en relief l'importance des interactions entre les organismes et leur milieu : tous les individus d'une même espèce n'ayant pas la même aptitude à survivre et à se reproduire dans un environnement donné, ceux qui se trouvent être les mieux « préadaptés » ont plus de chances d'avoir une descendance. Certains passages de *L'Origine des espèces* pourraient avoir été écrits par un écologiste moderne. On comprend que Haeckel ait eu l'intuition forte de la nécessité de développer l'étude des interactions dans les milieux naturels. Bien qu'il ne fît lui-même aucune recherche en écologie, il inventa un mot qui a fait florès.

Il arrive que les historiens de l'écologie débattent de l'influence réelle de Darwin sur le développement de cette science. Il est vrai que d'autres savants ont joué des rôles plus importants au cours du XIXe siècle : l'écologie moderne s'est en effet constituée par convergence de plusieurs courants scientifiques. L'un des plus importants fut celui de la géographie botanique.

Parti d'Europe fin mai 1799, revenu fin août 1804, un jeune ingénieur des mines prussien, Alexander von Humbolt, parcourut toute une partie de l'Amérique du Sud avec le botaniste français Aimé Bonpland. Équipé de nombreux instruments de mesure, il associait à ses observations naturalistes le relevé des caractéristiques physiques du milieu. Ainsi, dans les Andes, il étudia les changements de la végétation en fonction de l'altitude, du sol et du climat. Ce faisant, il a été à l'origine de l'idée fondamentale qu'en chaque lieu, le type de végétation dépend des caractéristiques physiques de l'endroit. Tel est le concept fondateur de la géographie botanique, que vont approfondir d'autres savants au cours du XIXe siècle… sans penser faire de l'écologie. C'est toutefois un botaniste danois, Eugenius Warming, qui publie en 1895 le premier ouvrage d'enseignement dans le titre duquel figure le mot « écologie ». Des travaux dans d'autres domaines vont également contribuer aux fondements de cette nouvelle science. Des agronomes étudient les sols, des zoologistes explorent la biologie de populations animales. On étudie divers milieux. Les étangs et les lacs, notamment, font l'objet de nombreuses recherches, tant en Europe qu'aux États-Unis.

En 1887, un naturaliste nord-américain, Stephen Alfred Forbes, publie dans un journal de sciences naturelles de l'Illinois un merveilleux texte, intitulé « The lake as a microcosm ». La métaphore du microcosme évoque un monde complet, une totalité se suffisant à elle-même. Aux yeux de Forbes, tous les organismes vivants dans le petit univers que forme un lac ont entre eux des rapports équilibrés. Il explique avec finesse comment se passe le jeu entre prédateurs et proies : si les premiers abusaient des secondes au point que celles-ci disparaissent, les prédateurs se condamneraient eux-mêmes. La sélection naturelle – Forbes s'inspire à l'évidence de Darwin – doit donc favoriser des rapports entre espèces garantissant leur intérêt mutuel. Forbes introduit ainsi la notion de « communauté d'intérêt », formée par les espèces vivant dans un même milieu. Le caractère circonscrit d'un lac invite à cette vision d'un assemblage d'espèces adaptées aux caractères physiques et chimiques locaux et interagissant de telle manière que l'ensemble se maintient au cours du temps.

Un siècle après Humboldt, le botaniste nord-américain Frederic Edward Clements introduit une notion nouvelle, la succession végétale : sur un espace initialement dépourvu de végétation, des espèces vont progressivement s'installer, selon un processus qui aboutit à une communauté végétale stable, le

« climax », dont les caractéristiques traduisent l'ajustement aux conditions de sol et de climat. Clements propose une métaphore qui va provoquer de sérieux débats. Il imagine que les espèces végétales formant une communauté sont comme les diverses cellules composant un organisme vivant, et il présente cette communauté comme un « super-organisme » : la succession conduisant à une communauté stable serait l'équivalent du développement d'un organisme pluricellulaire atteignant sa maturité. La métaphore est reprise et magnifiée, dans une série d'articles, par un scientifique sud-africain, John Phillips.

Phillips finit par agacer un botaniste anglais, Arthur George Tansley, qui se décide à réagir. En 1935, dans la revue *Ecology*, il publie un article pourfendant l'usage abusif de la métaphore du super-organisme. On peut s'amuser du titre de cet article, « The use and abuse of vegetational concepts and terms », car Tansley propose à son tour un nouveau concept et un nouveau terme. Mais c'est à juste titre, car il raisonne en véritable écologiste. Cela ne sert à rien de bavarder sur la communauté végétale et d'en faire un soi-disant super-organisme, alors que dans la réalité, explique-t-il, ce qu'il faut considérer, c'est l'ensemble des micro-organismes, des végétaux et des animaux qui vivent dans un même milieu, formant ce qu'il considère être « la plus petite unité de nature ».

Il y a là une idée essentielle : la nature peut se décomposer en unités « élémentaires », à condition que ces unités comprennent en même temps les trois catégories d'êtres vivants et le milieu physique auquel ils sont adaptés. Tansley propose d'appeler « écosystèmes » ces unités élémentaires. Je ne pense pas qu'il fût un spécialiste du marketing – ces gens que l'on paie très cher pour rhabiller un produit connu avec un nouveau nom – mais la construction du mot était habile : « éco » fait référence à l'écologie, au point que celle-ci sera souvent présentée plus tard comme la science des écosystèmes ; et « système » anticipe sur le développement à venir de la théorie des systèmes, dont bénéficiera l'écologie. Coup de génie ? Sans nul doute, mais le succès n'a pas été immédiat. Un nouveau concept scientifique doit faire ses preuves : il faut que lui soient associées des démarches de recherche structurées.

C'est en 1942, toujours dans la revue *Ecology*, que paraît un article signé d'un jeune écologiste nord-américain, Raymond Lindeman, décédé alors que son texte était sous presse. Spécialisé dans l'écologie des lacs, il proposait une démarche fondamentalement quantitative. Il s'agissait de mesurer dans les écosystèmes les flux de matière et d'énergie transitant le long des chaînes alimentaires : les végétaux, par un mécanisme physique et chimique complexe, la photosynthèse, construisent leurs cellules à partir de molécules simples, en particulier le gaz carbonique qui apporte les atomes de carbone, en captant l'énergie solaire. Des animaux consomment ces végétaux, utilisant leurs constituants comme source d'éléments chimiques et d'énergie ; eux-mêmes sont consommés par d'autres animaux, et ainsi de suite. Enfin, les cadavres, les débris organiques, sont repris par des micro-organismes qui, en extrayant l'énergie des grosses molécules, en même temps les décomposent et, étape par étape, restituent les éléments chimiques à l'environnement. C'est tout cela que Lindeman propose de quantifier.

En préférant le terme d'écosystème à ceux de « holocénose » et « biosystème », proposés par d'autres chercheurs quelques années auparavant, Lindeman le projette dans l'avenir. Il n'en donne pas une définition formelle, mais les ingrédients sont là : un écosystème est un ensemble d'espèces microbiennes, végétales et animales inféodées à un habitat particulier, ayant entre elles et avec leur habitat des interactions dont le fonctionnement assure la perpétuation de l'ensemble au cours du temps, pour autant que l'environnement ne change pas durablement. Ce fonctionnement se résume en une circulation de molécules, entretenue par un flux d'énergie, captée sous forme de lumière et restituée sous forme de chaleur.

À chaque milieu physique particulier – le biotope –, et à moins que ses caractéristiques ne soient incompatibles avec la vie, correspond une communauté vivante – la biocénose – composée d'espèces qui diffèrent, au moins en partie, des communautés liées à d'autres milieux. Ainsi, dans le massif de Fontainebleau, les mares, selon la nature physique et chimique de leur substrat, sont autant d'écosystèmes distincts ; parmi les milieux terrestres, les landes de platière constituent un type d'écosystème, les pinèdes un autre, les hêtraies, les chênaies, d'autres encore.

La diversité écologique

Lorsqu'un territoire est occupé par une gamme variée d'écosystèmes, on dit qu'il possède une diversité écologique élevée. Cette notion est assez intuitive : il est clair que des plaines d'agriculture intensive ont une bien moindre diversité écologique qu'un vaste et complexe massif forestier. Il n'est cependant pas si aisé d'exprimer cette diversité de façon standardisée, ce qui est pourtant nécessaire pour faire des comparaisons.

L'idée qui vient d'abord à l'esprit, c'est de comptabiliser pour chaque territoire le nombre d'écosystèmes différents qui s'y rencontrent. Plus facile à dire qu'à faire. Comment être sûr que l'on distingue bien tous les écosystèmes présents ? Ne risque-t-on pas de regrouper sous un même type des écosystèmes ayant des différences que l'on n'a pas su voir ? À l'inverse, ne risque-t-on pas tout autant de distinguer des « unités de nature » qui ne sont pas parfaitement identiques, par exemple du fait de l'absence chez les unes de certaines espèces présentes chez les autres, sans que cela entraîne de différences sensibles entre leurs fonctionnements ?

Il y a aussi des questions d'échelle. Dans une grande forêt, une pinède couvrant des dizaines d'hectares d'un seul tenant constitue à l'évidence un écosystème dont le fonctionnement est peu influencé, sauf en bordure, par les écosystèmes voisins. En revanche, dans un îlot boisé de quelques hectares, s'il y a au milieu une petite parcelle plantée en pins, peut-on croire qu'elle n'interagit pas avec les parcelles voisines plantées de feuillus ? Certes, il doit y avoir de fortes différences dans la faune du sol : la vie n'est pas la même dans une couche d'aiguilles de pin que dans une litière de feuilles de charmes ou de chênes ! Et il est vrai que certains oiseaux préfèrent nicher dans les pins, d'autres dans les feuillus. Mais pour une famille de sangliers, c'est l'îlot qui compte, surtout s'il comporte une mare. Sans doute serait-il judicieux de dire que l'écosystème, c'est l'îlot tout entier, un écosystème hétérogène certes, mais qui forme un tout par rapport aux champs qui l'entourent.

L'idée que les écosystèmes sont des unités spatiales parfaitement délimitées, chacune ayant à l'intérieur de ses frontières une composition en espèces clairement différente de celles des unités contiguës, est une idée trop simple. Il est cependant des situations concrètes qui lui correspondent de façon assez satisfaisante. Ainsi, les lisières d'un îlot boisé sont généralement franches, parce que les agriculteurs les entretiennent régulièrement, afin de cultiver leurs champs jusqu'en limite de bois. Autre exemple : je me souviens des savanes, en Côte d'Ivoire, où j'ai étudié les communautés d'araignées vivant sur le sol et dans les herbes. Ces savanes sont parcourues de forêts-galeries le long des cours d'eau et des marigots. Les lisières, là aussi, sont tranchées. J'avais placé de part et d'autre d'une lisière, à environ deux mètres les uns des autres, des pots enterrés dont l'ouverture affleure le sol, qui piègent les araignées errantes. Selon qu'ils étaient placés en forêt ou en savane, les pièges capturaient des espèces totalement différentes : les araignées qui se déplaçaient dans un écosystème ne s'aventuraient donc pas dans l'autre, et réciproquement. Là, pas de faucheuse pour entretenir les lisières : ce sont les feux de brousse qui font le travail, à la saison sèche. Parcourant les savanes, ils viennent s'épuiser le long des forêts-galeries ; au passage, ils détruisent les éventuelles plantules d'arbres forestiers qui se seraient installées entre les herbes, à partir de graines transportées par des animaux. En revanche, qu'une zone soit définitivement protégée des feux, et vite des arbres s'y développent, au point que, pendant des années, on n'est plus vraiment en savane, mais pas encore en forêt.

L'homme, par l'outil ou par le feu, est faiseur de limites écologiques tranchées. Des changements brusques de substrat géologique peuvent aussi déterminer des modifications quasi immédiates de communautés végétales et animales. Mais, bien souvent, le passage d'un écosystème à un autre est beaucoup plus progressif. Il est alors difficile de préciser à partir de quand on a quitté l'un et pénétré dans l'autre.

Revenons dans les plaines du Gâtinais. Au bord des routes et des chemins ruraux, des herbes, quelques fleurs. Le long des fossés aussi. Tel chemin qui pénètre dans un bois continue d'être frangé d'herbes, surtout s'il reste assez large pour que la lumière l'atteigne directement. En fait, la campagne est parcourue par un réseau d'étroites bandes herbeuses possédant une flore qui n'est ni celle des champs (il n'y pousse plus guère que les plantes cultivées) ni celle des sous-bois. Difficile d'appliquer le concept d'écosystème à ce type de structure. Le problème est le même avec les bocages : on n'imagine pas de dire qu'une haie bordant un pré est un écosystème, mais le réseau de haies joue un rôle essentiel dans le fonctionnement du bocage, en influençant le microclimat des champs, en hébergeant des animaux insectivores qui limitent les populations d'insectes nuisibles, en freinant les phénomènes d'érosion, etc.

Où commence, où se termine un écosystème ? Comment prendre en compte, dans l'évaluation de la diversité écologique, les zones de transition ? Comment désigner des structures écologiques dont on voit bien l'originalité et l'importance pour le fonctionnement d'ensemble d'un territoire, mais auxquelles le concept d'écosystème ne s'applique pas ? Il ne faut pas croire qu'il s'agit là de questions que les chercheurs se posent simplement pour passer le temps. En vérité, ce qui est en jeu, c'est l'analyse ordonnée, logique, de l'occupation de l'espace par des structures écologiques qui ont des configurations différentes et qui, selon l'échelle à laquelle on les observe, se révèlent hétérogènes ou, au contraire, uniformes.

Pendant des décennies, les écologistes ont voulu étudier des écosystèmes homogènes. J'ai en mémoire un guide méthodologique, publié dans le cadre d'un programme visant à caractériser le fonctionnement des grands types d'écosystèmes de la planète, le Programme Biologique International. Pour les forêts, il était recommandé de faire les observations dans un emplacement suffisamment éloigné de toutes les lisières pour être vraiment représentatif de la forêt pure. Pourtant, il a bien fallu se rendre à l'évidence : la nature se montre plus souvent diversifiée qu'uniforme. C'est alors qu'une nouvelle branche de l'écologie a pris de l'importance : l'écologie des paysages. Elle ne résout pas toutes les difficultés, car nous ne savons pas faire autrement que de délimiter des « entités » que nous jugeons devoir distinguer les unes des autres. Notre arbitraire intervient nécessairement : des limites que nous traçons sur une carte ne le sont pas pour certains animaux ni pour des fruits légers, tels ceux d'un pissenlit, que le vent emporte. L'important, c'est de procéder selon une démarche logique et explicite, adaptée à l'échelle des phénomènes que l'on veut étudier. L'écologie du paysage ne cherche pas à découper la nature en écosystèmes. Elle s'intéresse à la forme des éléments paysagers et à la façon dont ils s'agencent dans l'espace. Le vocabulaire correspondant est simple.

Un îlot boisé, un étang, une clairière dans une forêt, sont des « taches », c'est-à-dire des structures écologiques de forme relativement compacte ; le talus herbeux d'une route, l'étroite forêt qui longe les rives d'un cours d'eau, les forêts-galeries dans une savane, un chemin forestier, une haie, sont des « corridors », c'est-à-dire des structures écologiques linéaires, le long desquelles peuvent par exemple circuler des animaux qui ne s'aventureraient pas en dehors ; inversement, ces corridors peuvent être des barrières infranchissables pour d'autres espèces.

Dans un paysage de plaine cultivée, îlots boisés, mares, corridors herbacés s'inscrivent dans l'espace d'apparence uniforme des champs. Dans une savane, les mares, les bouquets d'arbustes, les rochers et leur végétation particulière, les forêts-galeries ponctuent ou découpent de larges étendues couvertes d'herbes hautes. Dans une vaste forêt, les clairières, les mares, les chemins s'inscrivent dans l'espace boisé. Les grandes unités écologiques d'un seul tenant, caractérisées par un trait structural dominant (champs cultivés, savane herbeuse, couverture forestière...), sont des « matrices ». En dépit de leur apparente uniformité, elles ne sont jamais totalement homogènes. D'un champ à l'autre, la spéculation change : blé, maïs, betterave, pois... Les espèces formant la strate herbacée d'une savane changent selon la pente et le drainage. Les parcelles forestières ne sont pas toutes du même âge, l'essence plantée n'est pas toujours la même. Dès que l'on affine l'observation, c'est l'idée de mosaïque qui vient à l'esprit.

J'écris cela alors que j'ai devant les yeux les flancs de la vallée du río Mayo, une belle rivière du nord du Pérou, qui se jette dans le río Huallaga, lequel, quittant les Andes, va rejoindre l'Amazone vers le nord. Autrefois, tout devait être couvert de forêts. Aujourd'hui, je ne saurais dire si la matrice est forestière ou si elle est cultivée. Ce que je vois, c'est une mosaïque de taches cultivées et d'îlots boisés qui ignore le plus souvent les angles droits. Les superficies sont éminemment variables, des corridors boisés relient entre eux certains îlots, d'autres, coupés aux deux extrémités, sont perdus en plein champ. À l'inverse, des couloirs défrichés relient des pâturages en traversant une grande surface boisée. Par endroits, des fumées s'élèvent : de nouveaux défrichements ? Lorsque l'on monte dans la haute vallée du Mayo, la forêt est encore magnifique sur les rudes pentes des montagnes qui prennent de la hauteur. Mais des *« campesinos »*, quittant des terres moins généreuses, s'y installent illégalement. Et ils font des *« chacras »* dans la forêt, abattant et brûlant les arbres pour installer leurs cultures. Taches dans la matrice forestière, avant que la forêt dépecée ne se résorbe en îlots dans une matrice de champs et de pâtures. Au fil de ces transformations, la diversité écologique évolue.

Rendre compte de cette diversité de façon objective peut se faire de deux manières, complémentaires. La cartographie s'impose. Chaque territoire a sa propre configuration, dont il faut faire une représentation intelligible en mettant en évidence les entités que l'on juge utile de distinguer. Les systèmes d'information géographique (les « SIG ») permettent de construire des représentations où l'on peut superposer différentes catégories d'informations, les changer, faire apparaître des évolutions. À partir des cartes, il est possible, dans un deuxième temps, de calculer des indices numériques exprimant certains aspects de la diversité écologique. L'idée la plus simple est de mesurer les surfaces occupées par les divers types de taches ou, plus généralement, d'éléments de la mosaïque paysagère que l'on a décidé de distinguer. Intuitivement, on comprend que plus il existe d'éléments différents sur une étendue donnée, plus la diversité écologique est grande. Ce n'est pas tout à fait aussi simple cependant : si l'un des éléments occupe une surface beaucoup plus vaste que tous les autres réunis, la diversité est évidemment moins grande que si tous les éléments couvrent des surfaces équivalentes. Dans ce deuxième cas, un promeneur traversant la région étudiée aurait beaucoup plus de chances de voir des entités écologiques différentes que dans le premier. Il existe des formules mathématiques pour exprimer cela, qui permettent de rendre compte du niveau de diversité écologique d'un espace. On peut imaginer encore d'autres indices exprimant des aspects différents de la diversité d'un territoire. Ce peut être par exemple la longueur totale des corridors, couloirs boisés ici, talus herbeux ailleurs. Si ces corridors forment un réseau, celui-ci peut être caractérisé par le nombre de ses nœuds rapporté à sa longueur totale, ce qui donnerait une idée de son « taux de connexion ». Cela n'est pas sans intérêt, bien au contraire : plus un réseau écologique est interconnecté, plus les déplacements des espèces qui en dépendent sont facilités.

Retenons quelques idées. Caractériser la diversité écologique d'un territoire est une opération utile, soit pour le comparer avec d'autres territoires, soit pour suivre son évolution au cours du temps. Il peut être important, en effet, de savoir si le territoire a conservé sa diversité ou si au contraire celle-ci a varié, dans le sens d'une diminution aussi bien que dans le sens d'une augmentation. Cela étant, il ne faut jamais perdre de vue que la notion de diversité écologique recouvre des réalités complexes, qui ne peuvent se réduire à quelques indices chiffrés, si utiles qu'ils puissent être. Ils risquent d'ailleurs de conduire à des interprétations erronées : certains, en effet, peuvent prendre la même valeur numérique dans des situations de terrain différentes ! Rien ne vaut la description concrète de l'organisation écologique des territoires que l'on veut caractériser.

Les petits bois ne sont pas ce que l'on croit…

Retournons dans le Gâtinais. Avec le biogéographe et historien des forêts Paul Arnould, j'y ai animé, de 1992 à 1994, un programme de recherches sur les îlots boisés, auquel de nombreux chercheurs de différentes disciplines ont participé. À y regarder de près, ces bois présentent une diversité écologique assez subtile. Un jour d'été, pénétrons dans le bois Boucherot, cet îlot « géant » affichant au cadastre une quarantaine d'hectares. Au fil des sentiers, en quelques mètres, le bois change d'aspect. On comprend qu'il est divisé en parcelles, que toutes n'ont pas été plantées des mêmes essences, que certaines sont abandonnées, d'autres entretenues. Brusquement, une grande tache de lumière : une parcelle a été exploitée ; elle est couverte de plantes herbacées. Dans les parcelles voisines, les arbres serrés laissent tout juste passer un rayon de soleil ici ou là ; le sol est nu, à moins que n'y poussent quelques plantes capables de se développer à l'ombre. Ainsi, la diversité écologique est loin d'être négligeable à l'échelle d'un seul bois. L'homme semble y être pour beaucoup.

En étudiant le cadastre, nous avons découvert que le bois Boucherot était composé, en 1993, de 289 parcelles réparties entre 116 propriétaires ! On imagine volontiers qu'un citadin, propriétaire par héritage d'une parcelle de quelques centaines de mètres carrés perdue au milieu d'un bois perdu au milieu des champs, ne s'en occupe guère. Des agriculteurs, à condition de disposer de surfaces suffisantes, poursuivent parfois une exploitation essentiellement productrice de bois de feu. Échelonnant leurs coupes sur plusieurs années, ils entretiennent une mosaïque de parcelles correspondant aux stades successifs du développement du peuplement arboré, depuis les jeunes plants ou rejets sur souche jusqu'aux arbres bientôt en âge d'être récoltés. D'un bois à l'autre, la situation peut être très différente, en fonction de leur position dans le paysage et surtout de leur superficie. En effet, les bois les plus petits sont souvent totalement abandonnés, car ils sont eux aussi composés de plusieurs parcelles réparties entre plusieurs propriétaires qui se désintéressent de biens par trop minuscules. Étudié soigneusement, chaque îlot révèle ainsi des particularités qui résultent de son histoire. À l'échelle de l'ensemble des bois, il y a de ce fait une diversité écologique qui est d'un autre ordre que celle mise en évidence au niveau d'un bois particulier. À ces deux échelles, pour interpréter cette diversité, il apparaît nécessaire de reconstituer l'histoire du paysage et de chacun de ses constituants, et d'évaluer le rôle des activités humaines dans le façonnage de structures écologiques.

En préparant notre projet de recherche, j'avais imaginé que les petits bois étaient peut-être des restes de très anciennes forêts, conservés lors des défrichements comme sources de produits forestiers. Nous avons exploré des archives, en particulier les cartes dites « de Cassini » dressées au XVIIIe siècle, les cadastres, les photographies aériennes. Nous avons étudié les sols pour tenter de savoir s'ils avaient été cultivés à certaines époques ou semblaient avoir toujours été sous forêt. Nous avons fait des fouilles archéologiques dans le bois Boucherot. L'analyse d'une photographie de la région prise par satellite a été menée pour voir si la répartition des bois paraissait liée ou non à une logique d'organisation des terroirs agricoles. Résultat : des découvertes, des déceptions et l'obligation d'abandonner l'idée initiale, décidément bien naïve.

Au mieux, nous avons pu vérifier l'existence de l'un de nos îlots boisés déjà au XIIe siècle. C'était à l'époque une vaste propriété ecclésiastique ; au XVIIIe siècle, entourée de murs, elle couvrait plus de 150 ha. À la fin du XXe siècle, après bien des vicissitudes, il n'en subsistait qu'un maigre bois de 2 ha… qui fit le bonheur de mon collègue du Muséum, Jean-Marie Betsch, spécialiste de la faune du sol. Il y découvrit une espèce de collembole – une sorte de minuscule insecte sans ailes mais doté d'un propulseur lui permettant de sauter – connue pour n'exister qu'en pleine forêt! Était-il le lointain rejeton d'aïeux qui prospéraient dans la forêt du XIIe siècle, témoin de la continuité de l'état boisé en dépit de la réduction progressive de la superficie? Il nous plut de le croire. En revanche, les preuves les plus anciennes de l'existence du bois Boucherot dataient seulement du XVIIIe siècle: il fut une propriété seigneuriale, vendue par lots à la Révolution, de plus en plus divisée au fil des successions, mais sans perte de surface. Impossible de remonter plus avant dans le temps. Nul tesson n'apparut dans les fouilles archéologiques, qui révélèrent en revanche un système de talus et de fossés, antérieur au XVIIIe siècle, pouvant correspondre à des enclos. L'étude des sols ne montra nulle trace de labours anciens, mais pour des raisons compliquées, les pédologues ne pouvaient pas en déduire la permanence de l'état boisé.

La photographie satellitaire mit en évidence un fait intéressant: le passage à l'agriculture intensive, après la Seconde Guerre mondiale, n'avait pas totalement effacé une structure en terroirs circulaires, centrés sur les villages, les îlots boisés se situant le plus souvent en périphérie de ces terroirs. Il était tentant de penser qu'ils avaient été préservés des défrichements. S'ensuivit un débat sur l'ancienneté de terroirs circulaires qui nous laissa dans l'incertitude. Coup de grâce, enfin, pour mon idée initiale: lorsque furent réunies toutes les informations disponibles sur l'ancienneté des soixante et onze îlots choisis pour avoir une vision « statistique » de leur diversité, on s'aperçut que plusieurs étaient des

« néo-formations », datant quelquefois de moins d'un siècle. Il pouvait s'agir de plantations sur des parcelles auparavant cultivées ou d'anciennes vignes abandonnées et rapidement colonisées par des essences forestières, grâce au vent et aux oiseaux qui transportent des graines parfois loin des semenciers.

… Les vieilles forêts non plus !

J'ai appris, il y a quelques années, que des recherches entreprises dans une forêt bien connue de la région parisienne, la forêt de Rambouillet, avaient mis en évidence, sous le couvert des arbres, des traces de villas gallo-romaines… qui influent sur la nature des espèces de collemboles vivant dans le sol !

La sylve antique s'efface de notre imaginaire. Certes, nous savons que nos terres européennes sont depuis longtemps défrichées, cultivées, remaniées, abandonnées, aménagées. Les vastes plaines agricoles en sont le symbole, et l'on admet vite que les petits bois sont tout autant des produits des actions humaines que les champs, les fossés et les chemins. Mais nos grandes forêts ne sont-elles point originelles ? Hélas, il y a de forts arguments, tirés de l'étude de grains de pollen fossiles conservés dans certains sols, pour penser que la forêt de Fontainebleau, il y a 4000 ans environ, était déjà influencée, dans sa composition, par des activités humaines. N'est-il pas perturbant de découvrir que ce qui est à nos yeux d'occidentaux urbanisés le symbole même de la nature, la forêt, est dans son état actuel le fruit de bien des phénomènes dans lesquels les hommes ont souvent eu une influence considérable, voire déterminante ?

Allons donc nous consoler dans les vraies forêts vierges, en Amazonie par exemple.

Mais est-ce réellement une bonne idée ? Non. Depuis des millénaires, les forêts amazoniennes sont habitées par des hommes – les peuples forestiers – qui furent bien plus nombreux qu'aujourd'hui. Au cours des trois dernières décennies, des spécialistes en ethnobotanique – l'étude des représentations, des savoirs et des pratiques relatifs aux plantes – ont découvert que ces peuples avaient profondément influencé la composition de la végétation forestière, et ce de plusieurs manières. Les cultures itinérantes sur brûlis entretiennent une mosaïque de parcelles subtilement exploitées, de telle sorte que la forêt régénère rapidement après une mise en culture temporaire. Certaines essences sont privilégiées au détriment d'autres ; des plantes sont presque domestiquées et leur concentration favorisée par endroits. Des graines sont recueillies, et celles qui sont laissées sur place et germent après l'abandon d'un campement donnent également lieu à des concentrations de certaines espèces. Peu à peu, ces recherches ont démontré que l'organisation écologique des forêts amazoniennes a été influencée par les pratiques des peuples forestiers, sans doute pas partout avec la même intensité, mais de façon importante dans certaines régions.

Évidemment, les forêts amazoniennes existaient bien avant que des humains ne s'y installent. On connaît certaines espèces d'arbres qui existent en Afrique et en Amérique du Sud, sans qu'il y ait de différence morphologique entre les individus sud-américains et africains : ces espèces étaient donc formées il y a plus de cent millions d'années, avant que les deux continents ne soient définitivement séparés. Récemment, une équipe de chercheurs, dont Dario de Franceschi, du Muséum, a découvert des restes fossiles de différentes espèces d'arbres, datés d'il y a quinze millions d'années, dans l'ouest du bassin amazonien. Au vu des espèces trouvées, il devait exister là une forêt similaire à celles qui existent aujourd'hui dans le delta de l'Amazone. Il est évident que depuis des dizaines de millions d'années, les forêts amazoniennes se sont diversifiées selon le substrat géologique et selon la topographie, qui fait qu'elles peuvent être inondées ou non lors des crues. En outre, les cours des fleuves se sont déplacés, générant une mosaïque extrêmement compliquée. Pour toutes ces raisons, la composition en espèces d'arbres varie considérablement d'un endroit à l'autre. Mais les humains ont remodelé cette composition, en influençant la répartition spatiale des espèces. L'immense enfer vert emblématique de la nature vierge est « anthropisé ».

Pour bien des écologistes, ces découvertes ont été dérangeantes. Certains les ignorent, parfois dédaigneusement, dans la mesure où ils ne considèrent que le fonctionnement actuel des écosystèmes, sans penser qu'il puisse avoir été influencé par des événements passés. Les recherches sur les états antérieurs des systèmes écologiques ne datent pourtant pas d'aujourd'hui : quand les paléontologues reconstituent les forêts du Carbonifère, l'aspect des milieux marins du Jurassique, peuplés d'ammonites, ou l'environnement de l'homme de Néanderthal, ils reconstituent des étapes de l'histoire écologique de la planète. Curieusement, l'expression « écologie historique » n'a cependant pas été inventée par des écologistes, mais par des anthropologues s'intéressant aux interactions des humains, au cours du temps, avec leurs environnements : Carole Crumley, qui travailla sur l'histoire des paysages de la Bourgogne de 1975 à 1987, et William Balée, qui a publié ses recherches en Amazonie dans les années 1990.

L'écologie du paysage, dont l'idée fondatrice revient au géographe allemand Carl Troll, qui inventa le terme « *Landschaftsökologie* » en 1939, se développa réellement, au plan international, à partir de la fin des années 1970. L'approche a été souvent plus structurale et fonctionnelle qu'historique : les chercheurs ont d'abord privilégié la mise au point de concepts et de méthodes permettant l'analyse de l'organisation spatiale des entités écologiques au sein des paysages et l'étude des relations existant entre elles, qu'elles soient de nature physico-chimique ou biologique. Mesurer des flux d'eau et de substances dissoutes transitant dans un bassin versant, évaluer les déplacements d'animaux entre des « taches d'habitat », déterminer le rôle des corridors dans de tels déplacements, voilà quelques exemples des problèmes de fonctionnement abordés en écologie des paysages. Cependant, celle-ci a su affronter d'emblée la question du rôle des activités humaines dans le façonnage des structures écologiques, reconnaissant ainsi leur artificialisation comme un sujet et non plus comme une gênante perturbation. La convergence avec la démarche de l'écologie historique des anthropologues était donc naturelle. Aujourd'hui, il va de soi que, pour comprendre la diversité écologique des paysages, il faut pour autant que de besoin considérer les influences, passées et présentes, des humains.

Richesse en espèces et diversité spécifique

Décrire la diversité écologique de nos campagnes européennes, c'est distinguer des milieux terrestres et des milieux aquatiques, des prairies et des forêts – les unes plantées de résineux, les autres de feuillus –, des champs cultivés et des friches, des étangs, des mares et des cours d'eau. Nul besoin, pour cela, d'être un botaniste expérimenté, encore moins un zoologiste; à moins que l'on ne se demande quelles espèces végétales et animales vivent dans ces milieux, et si un territoire à diversité écologique élevée héberge une plus grande variété d'espèces qu'un autre moins diversifié.

Lieu d'inspiration artistique, la forêt de Fontainebleau est en même temps un joyau exceptionnel pour les naturalistes: de toutes les forêts de plaine d'Europe tempérée, elle est la plus riche en espèces, dont certaines très rares. Les botanistes y dénombrent de l'ordre de 1 400 espèces de plantes à fleurs et de fougères, quand la France métropolitaine en compte environ 4 900 (en ne considérant que les espèces indigènes). De toute évidence, cette richesse est liée à la diversité de la mosaïque écologique du massif : beaucoup de plantes sont strictement inféodées à un type d'écosystème particulier, de même que nombre d'animaux. Alors que certaines espèces sont ainsi étroitement spécialisées, des opportunistes se retrouvent dans des écosystèmes différents, tandis que d'autres exigent la coexistence de différents milieux pour accomplir leur cycle de développement, comme beaucoup d'animaux à larves aquatiques dont les adultes sont terrestres.

À l'échelle d'un paysage ou d'un écosystème, la « richesse spécifique » est le nombre des espèces différentes qui y existent. La richesse spécifique est donc un nombre, plus ou moins élevé selon le système écologique qu'il caractérise : un nombre, donc une entité abstraite qui ne rend que très imparfaitement compte de la réalité. Imaginons par exemple deux écosystèmes qui auraient le même nombre d'espèces, mais des espèces toutes différentes : dire que leur richesse spécifique est la même serait de bien peu d'intérêt ! Imaginons aussi deux forêts composées exactement des mêmes espèces d'arbres, au nombre de 10, les arbres étant mélangés au hasard dans les deux cas ; imaginons qu'une espèce seulement soit très abondante dans la première forêt, alors que, dans la seconde, toutes les essences auraient des effectifs voisins. Dans la première, en désignant une dizaine d'arbres au hasard parmi 100, il y a de fortes chances qu'ils appartiennent à un tout petit nombre d'espèces, voire à une seule. Même opération dans la seconde : cette fois, la probabilité est grande que les arbres échantillonnés appartiennent chacun à une espèce différente. Même richesse en espèces, donc, mais deux organisations différentes : un écosystème où quelques espèces dominent fortement en effectif paraît moins diversifié qu'un écosystème où les espèces ont des abondances voisines. Les scientifiques ont inventé des outils mathématiques pour exprimer ce phénomène ; ces outils sont appelés « indices de diversité spécifique ». La diversité spécifique est donc une notion plus complexe que la seule richesse spécifique, puisqu'elle prend en compte non seulement le nombre des espèces, mais aussi leur proportion. Cela étant, dans le jargon courant, repris par les médias, on parle indifféremment de diversité ou de richesse.

Diversité géographique : des riches et des pauvres

Soit une carte de la planète. Divisons-la selon une maille de 1° de longitude par 1° de latitude. Il est aujourd'hui possible, grâce aux banques de données nourries par les ornithologues du monde entier, d'indiquer pour chaque « carré » la liste des espèces d'oiseaux qui y nichent. Des chercheurs l'ont fait.

Ils ont mis en évidence les régions les plus riches en espèces et celles qui ont le plus d'espèces endémiques (c'est-à-dire qui n'existent qu'au sein d'une seule région). On doit pouvoir faire cette opération pour quelques familles de mammifères, peut-être pour certaines catégories de plantes. C'est tout. Pour tous les autres êtres vivants, la couverture géographique de la planète est insuffisante, même dans le cas de groupes dont l'inventaire peut être considéré comme achevé ou presque. Pays par pays, l'inventaire des espèces est donc bien loin d'être établi. Mais ce que l'on sait, évidemment, c'est qu'il y a des pays économiquement riches dans des régions tempérées dont la richesse spécifique est relativement modeste. Et qu'il y a, dans des régions tropicales, des pays bien moins riches en devises et beaucoup plus riches en espèces. On a peine à imaginer les différences.

D'après une étude de Birdlife International, publiée en 2004, les États de l'Union européenne, y compris les Açores, les Canaries et Madère, comptent 524 espèces d'oiseaux observées, dont 453 régulièrement. D'après mes toutes dernières informations, communiquées par Frédéric Giguet, un collègue du Muséum, depuis 1800, on aurait observé en tout et pour tout 567 espèces au moins une fois en France métropolitaine, dont le grand pingouin, éteint en 1844. Dans le nord du Pérou, il y a une région qui était encore très mal connue il y a une vingtaine d'années : il s'agit des montagnes de l'Alto Mayo, une petite partie du département San Martín. Les ornithologues y ont dénombré, dans une zone de

182 000 ha, 420 espèces. Tout près de Moyobamba, le chef-lieu du département, je connais un site, une jolie vallée, où la famille d'un naturaliste péruvien possède un peu plus de 100 ha d'une belle forêt, étagée entre 1 000 et 1 600 mètres. Le naturaliste y a dénombré 327 espèces ! À lui seul, le Pérou héberge 1 800 espèces d'oiseaux, soit plus du cinquième des presque 10 000 espèces de la planète ; et la petite vallée de Moyobamba, à elle seule, près de 4 %, l'équivalent des 300 à 340 espèces (selon les sources) nichant en France métropolitaine plus ou moins régulièrement.

Le Pérou fait partie des quelques pays que l'on dit, sans élégance, « méga-divers ». Tous tropicaux, ils hébergent une proportion importante de la richesse spécifique mondiale. Comment expliquer cela ? Le Pérou ou la Colombie, pour rester en Amérique du Sud, n'ont pas de limites naturelles ; leur diversité spécifique élevée s'explique d'abord par le fait qu'ils recouvrent des régions très variées, des côtes du Pacifique à l'Amazonie, d'où une diversité écologique exceptionnelle. Faisons un voyage, de moins de 1 000 kilomètres, au Pérou. Un trajet d'ouest en est, partant de Chiclayo pour arriver à Tarapoto, fait d'abord découvrir le désert côtier – qui s'étend jusqu'au Chili –, puis la cordillère occidentale, aux versants orientaux plus humides. La route traverse ensuite la vallée moyenne du Marañon, né bien plus au sud au cœur des Andes, et qui deviendra l'Amazone loin en aval : surprenants paysages arides, avec une végétation basse, une sorte de matorral ponctué de grands cactus ramifiés. Le trajet remonte la vallée de l'Utcubamba ; des rizières dans la plaine alluviale, puis les versants se redressent, se resserrent en gorges ; l'aspect de la végétation traduit des conditions de moins en moins arides. L'altitude augmente, jusqu'aux environs de 2 000 mètres. Au nord de la route, le mystérieux massif du Colan, qui passe les 3 000 mètres. Il y existe un oiseau-mouche endémique, merveilleux colibri doté de deux longues plumes caudales terminées en spatules.

Bientôt le paysage change ; arrêtons-nous au pont sur le río Nieva, qui se jette au nord dans le Marañon. Les montagnes sont couvertes d'une forêt dense ; les arbres ne sont pas très hauts ; leurs branches sont revêtues de plantes épiphytes, orchidées, broméliacées… L'air est saturé d'humidité : venus d'Amazonie, les nuages s'accrochent aux pentes ; nous sommes dans le « *bosque de neblina* », la « forêt des brumes ». Avec un peu de chance, si c'est la saison, si c'est la fin de la matinée, si le soleil arrive à percer, on peut voir voler le long du río le papillon emblématique de cette forêt ; ses ailes fragiles semblent jaune pâle, mais elles s'illuminent de subtils reflets d'un bleu léger ou nacré, selon l'angle qu'elles font avec la lumière.

Maintenant, c'est la descente en lacets, le long de raides versants, vers la vallée du río Mayo, qui s'élargit en plaine cultivée, vers 900 mètres d'altitude, avant de se resserrer à nouveau, puis de s'ouvrir en direction de Tarapoto. Désormais, les altitudes sont inférieures à 600 mètres ; la chaleur se fait plus pesante.

Les versants sont largement défrichés et cultivés, mais on voit que la végétation a profondément changé. Arrivés à Tarapoto, nous avons le choix. Vers le nord, la route monte rapidement à 1 000 m, le long des pentes de la Sierra Escalera, couvertes d'une belle forêt dite « humide », car les précipitations y sont fortes. Un court tunnel permet de franchir ce dernier contrefort andin, qui plonge vers la plaine ; traversée de la forêt amazonienne, du moins de ce qu'il en reste ; terminus : Yurimaguas. Vers le sud, direction Tingo María, dans la haute vallée du río Huallaga. Alors que des nuages restent accrochés à l'Escalera et, à l'est, à la Cordillera Azul qui sépare la vallée de l'Amazonie, le ciel est dégagé ; l'ambiance est chaude et sèche. Et l'on retrouve des cactus, souvent hauts de quelques mètres. L'aridité n'est pas aussi élevée que dans la vallée du Marañon, et la végétation est une forêt basse, appelée ici le *« bosque seco »*. Il faut atteindre Juanjuí, quelque 100 kilomètres plus au sud, pour trouver à nouveau des forêts humides. Au-delà, la coca domine. Inutile de s'aventurer.

En France, en choisissant bien son trajet, en moins de 1 000 kilomètres à vol d'oiseau, du Cap Blanc-Nez, au bord de la Manche, à Menton, sur le rivage méditerranéen, en passant par la forêt de Fontainebleau, les petits bois du Gâtinais, la Sologne, le Massif Central, les Cévennes, la vallée du Rhône et les Alpes du Sud, on découvre une diversité écologique peut-être plus grande qu'en traversant le nord du Pérou. À l'échelle européenne, la France est incontestablement un pays « mégadivers, mais pas plus riche en oiseaux que, dans l'Alto Mayo, l'équivalent en surface de deux ou trois gros îlots boisés du Gâtinais.

Riche, pauvre, chaque pays est responsable de la diversité de son territoire. Rappelons-nous : en 2002, à Johannesburg, au Sommet de la Terre, cette conférence mondiale où le président de la République française, Jacques Chirac, avait évoqué l'inconscience des humains, regardant ailleurs alors que leur maison brûle. Il était question, à ce sommet, du développement durable et, dans ce contexte, du devenir de la diversité du monde vivant : solennellement, les gouvernements se sont engagés à réduire significativement la perte de « biodiversité » à l'échelle planétaire.

La biodiversité : un CGM[1] envahissant

Biodiversité ? Ce vocable, en 2002, était peu connu du grand public, bien qu'il eût fait son entrée dans les médias dix ans auparavant, à l'occasion du précédent Sommet de la Terre, tenu à Rio de Janeiro en 1992. C'est à cette occasion en effet, qu'avait été signée la convention internationale sur la diversité biologique, dont l'objectif principal était de réglementer l'accès aux ressources naturelles biologiques, les problèmes d'appropriation de ces ressources et

1. Concept Graphiquement Modifié.

des connaissances qui leur sont associées et le partage équitable des revenus tirés de leur utilisation.

Pourquoi cet intérêt soudain, à la fin du XXe siècle, pour la biodiversité ?

Auparavant, le public était sensibilisé aux problèmes environnementaux : les pollutions, les déchets nucléaires... La protection des plantes et des animaux restait la préoccupation de cercles restreints. En réalité, depuis longtemps, les écologistes scientifiques s'intéressaient à la diversité spécifique des écosystèmes, cherchant à expliquer les différences observées et se demandant si les écosystèmes sont d'autant plus stables qu'ils possèdent une plus grande richesse en espèces. Des questions scientifiquement importantes, vivement débattues entre spécialistes au cours des décennies 1960-1970. Mais, au début des années 1980, l'intérêt était retombé, d'autres thèmes de recherche étant devenus à la mode.

En 1986, aux États-Unis, la National Academy of Sciences et la Smithsonian Institution organisent un forum national sur la *« biological diversity »*, auquel sont invités à participer non seulement des biologistes, mais aussi des philosophes et même un religieux. Les organisateurs, cherchant un titre, choisissent la compression *« BioDiversity »*, qui devient le titre des actes du Forum, publiés en 1988. Le succès est fulgurant, et *« biodiversity »* devient un mot, traduit dans de multiples langues, honoré par les dictionnaires.

Le mot a vite parcouru le monde : il arriva dès 1989 au Muséum national d'Histoire naturelle, à

Paris. L'assemblée des professeurs s'en saisit aussitôt et me demanda, ainsi qu'à mon collègue Jean-Claude Lefeuvre, d'élaborer un document de prospective pour définir les actions possibles du Muséum en matière de « biodiversité ». En même temps, scientifiques et muséologues préparaient la future Grande Galerie de l'Évolution. Avec un petit groupe interdisciplinaire, j'étais chargé de la conception de la partie intitulée « L'Homme, facteur d'évolution ». D'emblée, nous décidons de présenter la notion de biodiversité et les problèmes que pose sa conservation. Le projet est au point en 1992. Ouverte en 1994, la Grande Galerie de l'Évolution va donner à des millions de visiteurs l'occasion de mieux comprendre ce qu'est la biodiversité et pourquoi une telle importance lui est accordée.

Le biologiste américain Edward Osborne Wilson, célèbre – chez les scientifiques – pour avoir proposé avec son collègue Robert Helmer MacArthur, à la fin des années 1960, une théorie pour expliquer la plus ou moins grande richesse spécifique des îles, était le grand maître du forum national « *BioDiversity* ». Lui-même, dans le livre issu de cet événement, proposait deux pistes pour expliquer l'importance soudainement accordée à la diversité du monde vivant. Il soulignait d'abord le fait que des données solides s'étaient accumulées, en peu d'années, sur la destruction des forêts tropicales et l'extinction des espèces qu'elles hébergent. En même temps, on avait pris conscience du fait que ces forêts contiennent une très grande proportion des espèces de la planète, tandis que les photographies satellitaires révélaient une destruction d'une ampleur que l'on n'imaginait pas. En second lieu, Edward Wilson mettait en avant la prise de conscience croissante de l'existence d'un lien étroit entre la conservation de la diversité du vivant et le développement.

Curieusement, Wilson n'a pas proposé de définition formalisée de la biodiversité, mais d'autres s'en sont chargés à sa place. Un consensus s'est rapidement établi sur l'idée que la biodiversité se définit à trois niveaux : celui des systèmes écologiques composant un paysage, c'est la diversité écologique ; celui des espèces formant la communauté vivante associée à un système écologique particulier ou à un paysage dans son ensemble, c'est la diversité spécifique ; enfin celui des gènes possédés par l'ensemble des individus d'une espèce, c'est la diversité génétique. Des programmes de recherches ont été lancés, notamment sous l'égide d'organismes internationaux comme l'UNESCO. Avançant l'hypothèse que les trois niveaux de la biodiversité sont interdépendants – dans un espace donné, la diversité écologique conditionnerait la diversité spécifique qui conditionnerait la diversité génétique –, certains ont affirmé qu'il y avait en perspective un renouvellement profond de la biologie, à condition de montrer concrètement en quoi pouvaient consister ces interactions. Il y a là matière à de passionnantes recherches fondamentales… parmi bien d'autres, car les questions qui se posent lorsque l'on compare les richesses spécifiques de divers écosystèmes ou paysages, voire des continents, sont nombreuses. En voici des exemples.

Pourquoi deux forêts du même type, dans la même région géographique, comme l'Europe occidentale, ont des richesses spécifiques différentes ? Pourquoi les forêts d'Amérique du Nord, qui ressemblent tant aux forêts européennes, sont-elles notablement plus riches en essences arborées ? Pourquoi une forêt tropicale peut-elle compter plus de 200 espèces d'arbres différents sur un hectare, alors qu'une autre, qui compte 10 fois, 20 fois, 200 fois moins d'espèces est elle aussi une forêt ? Même chose avec les animaux. En pleine forêt guyanaise, en 1993, je me suis amusé à faire ce que d'autres ont fait ailleurs beaucoup plus sérieusement : le long d'une lisière de quelques dizaines de mètres de long, j'ai compté, à raison de 8 heures par jour, les espèces de papillons observées, en notant d'un jour à l'autre les espèces non encore vues ; puis j'ai tracé une courbe cumulative, en indiquant chaque jour le nombre total d'espèces notées depuis le début des observations. Une semaine, deux semaines : la courbe ne cessait de grimper, dépassant rapidement plusieurs dizaines d'espèces. Faite de façon rigoureuse, cette expérience montre qu'on n'atteint un plafond qu'au bout d'un temps très long, tant les espèces de papillons des forêts amazoniennes, tout comme les espèces d'oiseaux, sont nombreuses en un seul endroit. Pourquoi ? Et pourquoi les papillons et les oiseaux des forêts du bassin du Congo sont-ils totalement différents de ceux des forêts amazoniennes, alors que, vues du ciel, ces forêts paraissent si semblables, comme s'il s'agissait du même écosystème ? Est-ce qu'une forêt plus grande héberge nécessairement davantage d'espèces qu'une forêt plus petite ? Pourquoi, à richesse égale, les diversités spécifiques peuvent-elles être différentes ? On pourrait transposer ces questions à tous les types de systèmes écologiques, terrestres et aquatiques.

Dans des conditions environnementales extrêmes, rares sont les espèces capables de vivre et de se reproduire, si seulement il en existe. Quand la température est toujours favorable au fonctionnement des organismes, quand l'eau est abondante, les éléments minéraux en suffisance, on comprend que la végétation soit luxuriante et on admet volontiers que les animaux puissent être nombreux et diversifiés. Écosystèmes riches, écosystèmes pauvres : il y a de fait des explications d'ordre écologique assez évidentes, mais elles sont insuffisantes. Il faut aussi se tourner vers le passé, l'histoire des continents et des mers.

L'histoire longue de la planète, oui, sans laquelle rien ne se peut comprendre, mais aussi le passé récent, celui de son envahissement par notre espèce, qui a changé le cours de la vie. Les humains (pas tous encore, et cela se comprend, pour ceux qui survivent à peine) prennent conscience qu'ils appauvrissent la biodiversité ; les États qui s'engagèrent à Johannesburg l'on dit, il faut inverser ce processus. Vient aussitôt à l'esprit une question simple : combien reste-t-il d'espèces sur la Terre ?

2.

La Terre, combien d'espèces ?

Vous aviez osé calculer ses richesses !… Votre grand législateur ne propose guère que sept à huit mille espèces de plantes : on prétend que le célèbre Shérard en possédait une fois plus, et un calculateur moderne a cru entrevoir le maximum du règne végétal, en le portant à vingt mille espèces… Eh bien ! Je vous en ferai voir à moi seul vingt-cinq mille et je ne crains pas de vous annoncer qu'il en existe au moins quatre ou cinq fois autant sur la surface de la terre : car pourrais-je raisonnablement me flatter d'être parvenu à en ramasser le quart ou le cinquième ? Il est vrai qu'excepté le Brésil, déjà un peu aperçu, j'ai eu le singulier bonheur de n'avoir visité que des pays absolument neufs : mais les ai-je exploités seulement à moitié ?

Philibert Commerson,
Lettre à Lalande, 1771.

Des noms, des noms

Hêtre, charme, chêne pédonculé, chêne sessile, bouleau, pin sylvestre, noisetier, houx, coquelicot, ortie, pissenlit, primevère, jonquille, jacinthe des bois, sanglier, chevreuil, cerf, lapin de garenne, renard, buse variable, pinson, mésange bleue, mésange charbonnière, pic-vert, rouge-gorge, merle, lézard des murailles, crapaud commun, truite, sole, araignée de mer, homard, bulot, bigorneau…

Des arbres, des fleurs, des animaux rencontrés à la campagne, en forêt, ou sur l'étal du poissonnier. Chacun peut faire la liste des « espèces » qu'il reconnaît et nomme sans hésitation. Mais que l'on fasse une simple promenade avec un naturaliste, et la liste prend une dimension insoupçonnée.

Selon la Bible, Dieu donna à l'homme la responsabilité de nommer les espèces. Quelles que soient les religions, les cosmogonies, nommer les autres êtres vivants est pour les humains à la fois une nécessité vitale et la manifestation d'une emprise sur la nature. Les pouvoirs d'un chaman amazonien sont liés à une extraordinaire connaissance des plantes de la forêt et de leurs propriétés.

Chaque société humaine a élaboré un système de catégorisation et de nomenclature des plantes et des animaux. En Occident, cette démarche s'est inscrite progressivement dans le mouvement de construction de ce que nous appelons la science. Afin que les connaissances soient échangeables, il fallait que la façon de nommer les espèces soit unique, universelle. On doit au naturaliste suédois Carl von Linné la stabilisation de la nomenclature des espèces. Le Code International de Nomenclature Zoologique a fixé arbitrairement la date de parution de la dixième édition de son ouvrage majeur, le *Systema Naturae*, au 1er janvier 1758. Cette œuvre constitue ainsi le point de départ de l'inventaire moderne du monde vivant, sauf pour les araignées. Un autre naturaliste suédois, Carl Clerck, avait en effet publié en 1757 un livre, *Aranei Svecici*, où étaient décrites des araignées selon le système binominal. Ce travail satisfaisant parfaitement aux canons linnéens, la communauté des zoologistes, qui avait décidé que tout avait commencé avec Linné, dut se résoudre à reconnaître, en 1948, grâce à l'obstination d'un arachnologue de l'Université de Toulouse, Pierre Bonnet, la validité des noms publiés par Clerck. Au prix d'un gros mensonge : on décida que l'ouvrage de Clerk avait été publié le 1er janvier 1758, comme le *Systema Naturae*, mais avec priorité sur celui-ci !

Depuis Linné – et Clerck –, toute espèce doit être désignée par un double nom dans la langue universelle des savants de l'époque, le latin. Double, parce que Linné, avec d'autres naturalistes de son temps, admettait que les espèces se groupaient en catégories, et que des espèces aux caractéristiques voisines appartenaient à un même genre. Chacune, se distinguant des autres par quelques particularités, devait être désignée à la fois par le nom du genre d'appartenance et par son nom d'espèce. Les papillons, par exemple, étaient regroupés par Linné dans le genre *Papilio*. Des papillons européens, bien sûr, comme le *Papilio machaon*, ce beau voilier aux ailes jaune vif décorées de taches noires, bleues et rouges, que mon grand-père m'attrapait naguère, et qui est encore commun dans les zones peu touchées par les pesticides. Mais Linné décrivit aussi beaucoup de papillons exotiques, en leur donnant souvent des noms tirés de la mythologie grecque : *Papilio achilles*, *Papilio menelaus*, furent les noms choisis pour de grands papillons reçus du Suriname, aux ailes largement couvertes d'un bleu métallique étincelant. Linné nomma ainsi des milliers d'espèces de plantes et d'animaux provenant de nombreuses régions du globe. Il donnait pour chacune sa description en latin et il indiquait sa région d'origine, quelquefois bien imprécise. Aujourd'hui, les descriptions se font dans des langues variées, mais les noms doivent toujours être de forme ou de consonance latine, même s'ils sont fabriqués de toutes pièces. Le naturaliste qui décrit et nomme une espèce nouvelle en est le « père » ; son nom, accompagné de l'année de publication de la description, suit le nom de l'espèce : nous appartenons à l'espèce *Homo sapiens*, Linné, 1758.

Fondamentalement, le travail des systématiciens modernes reste le même. La démarche est comparative : considérant plusieurs spécimens qui se ressemblent suffisamment pour appartenir à un même genre, il s'agit de préciser les caractères qui permettent soit de les classer dans une seule espèce, soit de les répartir entre deux ou plusieurs espèces différentes.

Il faut donc trier en fonction de caractères qui sont communs aux spécimens d'une espèce et que ne possèdent pas les individus des autres. Le plus souvent, chez les plantes comme chez les animaux, ces caractères sont liés à des mensurations précises, à la forme de certains organes, à des caractéristiques de coloration : on parle de caractères « morphologiques ».

Mais, au fait, qu'est-ce qu'une « espèce » ?

Il suffit de regarder quelques *Homo sapiens* pour constater que les individus d'une même espèce ne sont pas identiques. Cela est vrai dans tous les cas. Dans la pratique, une espèce est donc un ensemble d'êtres vivants qui ont entre eux plus de caractères communs que de différences. Du temps où l'on pensait que chaque espèce était sortie tout apprêtée des mains du Créateur, cette conception de l'espèce – dite « conception morphologique » – ne posait aucun problème, à condition d'admettre qu'il pouvait toutefois exister des différences entre individus d'une même espèce, et tout d'abord entre mâles et femelles pour les espèces à sexes séparés.

Le concept d'espèce allait devenir bien moins évident quand la réalité de l'évolution s'est imposée aux scientifiques, à partir des idées de Jean-Baptiste Lamarck, qui avait compris que les espèces pouvaient se transformer au cours du temps, et surtout avec l'œuvre fondatrice de Charles Darwin, qui proposa une solide théorie pour expliquer ces transformations. Cependant, comme les autres biologistes de son temps, Darwin ignorait tout de la façon dont les caractères d'une espèce étaient déterminés et comment ils étaient transmis de génération en génération. Peu d'années après la parution de son livre, en 1866, Gregor Mendel, un moine autrichien, publiait les résultats de ses études sur les croisements de variétés du petit pois qu'il avait réalisés dans le potager de son couvent. L'article, remarquable par sa rigueur et son formalisme quasi mathématique, ne se fit pourtant pas remarquer. C'est seulement au début du XXe siècle que l'on se rendit compte que le religieux avait découvert les lois fondamentales de ce qui allait devenir la génétique, la science de la transmission des caractères au fil des générations.

Georges Buffon, contemporain de Linné, avait compris que ne pouvaient pas appartenir à la même espèce des individus dont le croisement était infructueux ou dont les descendants étaient stériles. Il entrevoyait ce qui n'a pu se concevoir clairement que deux siècles plus tard. Pour qu'une compréhension moderne du concept d'espèce émerge, il fallait en effet avoir découvert la nature des cellules sexuelles – les gamètes –, avoir compris comment ces dernières sont formées dans les glandes génitales et comment se passe la fécondation. Il fallait surtout que l'on admette – et cela ne fut pas facile – que les « gènes », ces choses mystérieuses qui déterminent les caractères d'un individu, ont un support matériel, sous la forme de minuscules petites choses, les chromosomes, découvertes dans les noyaux des microscopiques cellules dont sont faits les champignons, les plantes et les animaux. On pouvait alors concevoir qu'entre deux espèces, la transmission des gènes devait être matériellement impossible, sans quoi tous leurs caractères finiraient par être mélangés. C'est ainsi que l'on en vint à élaborer le « concept biologique » de l'espèce. Valant pour les organismes à reproduction sexuée, il ne s'applique pas aux bactéries : les « espèces » bactériennes se définissent essentiellement à l'aide de caractéristiques biochimiques.

Dans le cas d'organismes à reproduction sexuée, appartiennent à une même espèce les populations chez lesquelles les individus arrivés à maturité sexuelle peuvent se reproduire et avoir une descendance fertile : au sein d'une espèce, chaque individu a des chances de pouvoir transmettre ses gènes aux générations suivantes. En revanche, appartiennent à deux espèces différentes des populations entre lesquelles les croisements sont impossibles ou stériles. Un individu d'une espèce ne peut donc pas introduire ses gènes dans la population d'une autre espèce : il y a comme une barrière aux échanges de gènes. La conception biologique de l'espèce s'impose quand on cherche à comprendre comment se forment de nouvelles espèces : la bonne question, en effet, est de savoir comment peuvent se mettre en place des barrières à la reproduction entre des populations appartenant initialement à une seule espèce. Il y a plusieurs réponses possibles, aussi bien chez les plantes que chez les animaux. Chez ceux-ci, par exemple, on connaît des systèmes de reconnaissance exclusive des partenaires sexuels, mettant en jeu des signaux chimiques, visuels, ou sonores. Il peut y avoir incompatibilité entre les gamètes mâles et les gamètes femelles, la fécondation ne pouvant alors se réaliser. Dans d'autres cas la fécondation est possible, mais l'embryon ne se développe pas, à moins qu'il ne donne un individu physiquement viable, mais stérile.

Il y a donc deux façons de concevoir la notion d'espèce. C'est tout de même ennuyeux. La Société Zoologique de France, à la fin des années 1970, a publié rien moins que trois mémoires consacrés aux problèmes rencontrés, dans le règne animal, pour définir et reconnaître les espèces de façon satisfaisante ! La question fondamentale était la suivante : les « espèces » que l'on distingue grâce à des critères morphologiques correspondent-elles à des espèces biologiques, génétiquement séparées ?

Retenons deux faits, importants pour la problématique de l'inventaire des espèces. Premièrement, il existe dans la nature des espèces que l'on appelle « jumelles » : elles sont incontestablement séparées pour ce qui concerne la reproduction, mais il est pratiquement impossible de les distinguer à l'aide de critères morphologiques. De ce fait, le nombre des espèces est certainement plus élevé qu'on ne l'imagine lorsque l'on distingue les espèces uniquement sur des bases morphologiques. Deuxièmement, on connaît des cas où deux « espèces » sont morphologiquement distinctes mais ne sont pas totalement séparées du point de vue biologique. Il y a par exemple des situations où deux « espèces » occupent des aires géographiques adjacentes et s'hybrident dans la zone de contact, en donnant des descendants fertiles. Le mélange de gènes reste peut-être limité aux populations de cette zone étroite, auquel cas il n'y aurait qu'une faible diffusion des gènes d'une « espèce » dans l'autre. Mais, du strict point de vue biologique, il n'y aurait qu'une espèce, tandis que du point de vue morphologique, il y en a deux, plus des individus inclassables, puisqu'hybrides. Ce type de situation, et d'autres encore, démontre que l'évolution est une réalité : des espèces sont en voie de formation à partir d'une « espèce-mère » ; le processus n'étant pas achevé, il est logiquement impossible d'appliquer la définition biologique de l'espèce, donc de savoir si, en termes comptables, on admet une seule entité ou davantage.

S'assurer que deux « espèces morphologiques » sont en même temps des « espèces biologiques » requiert souvent des recherches complexes, combinant études sur le terrain et travaux de laboratoire. Mettre en évidence des espèces jumelles n'est pas plus immédiat. Au quotidien, les naturalistes poursuivent donc l'inventaire du monde vivant en utilisant des critères morphologiques pour distinguer les espèces, ou du moins des « unités taxonomiques reconnaissables », tant qu'ils ne sont pas en mesure de leur attribuer un nom officiel.

L'aventure de l'inventaire

Au XVIIe siècle, de riches bourgeois, des princes et des rois européens réunissaient des collections dans leurs cabinets de curiosités. À Amsterdam, le pharmacien Albertus Seba avait rassemblé des spécimens d'histoire naturelle de nombreuses régions du monde. Il les fit représenter, en couleurs, sur plus de 400 planches réalisées de 1734 à 1765. Ce fut l'un des premiers panoramas de la diversité spécifique de la planète : des plantes, des mammifères, des oiseaux, des serpents en quantité, des coquillages, des crustacés, des oursins, des insectes… Sur l'une des planches, j'ai reconnu un grand papillon mexicain, dont Linné n'avait pas connaissance, car il fut décrit seulement en 1962 ! Il est fascinant d'imaginer comment les spécimens pouvaient être récoltés dans ces pays lointains, conservés avec soin, transportés aux travers des océans, au risque des naufrages, pour arriver finalement dans les mains de ces collectionneurs passionnés, puis être dessinés, gravés, coloriés par des artistes méticuleux. Des cabinets ont disparu, comme celui d'Albertus Seba. D'autres ont été à l'origine de nombreux muséums d'histoire naturelle. À l'Université d'Uppsala, en Suède, sont précieusement conservés des spécimens étudiés et nommés par Linné, émouvants témoins du travail du grand naturaliste ; le *Papilo menelaus* a gardé tout l'éclat du bleu métallique qui couvre ses grandes ailes.

Au XVIIIe et au XIXe siècle, de nombreuses expéditions scientifiques ont été organisées par les grands pays européens pour poursuivre la découverte des flores et des faunes du globe. Du 27 décembre 1831 au 2 octobre 1836, Charles Darwin fit le tour du monde, accumulant les observations qui allaient nourrir sa réflexion sur l'origine des espèces. Des voyageurs naturalistes s'aventuraient toujours plus à l'intérieur des continents, abordaient des îles perdues. Alfred Russel Wallace explorait l'Amazonie, puis l'archipel malais, et parvint en même temps que Darwin aux mêmes conclusions sur le rôle de la sélection naturelle dans le façonnage des espèces. D'abord avec Wallace, puis seul, Henry Bates découvrait en Amazonie d'étonnants phénomènes de mimétisme entre des papillons appartenant à des genres très différents, mais que l'on aurait pu croire de la même espèce ; phénomènes qui apportèrent de remarquables arguments à la théorie de la sélection naturelle.

Le nombre des collectionneurs d'insectes augmentant, des naturalistes européens se spécialisèrent dans la chasse aux papillons et autres coléoptères. Plusieurs passèrent parfois 20 ans, 30 ans, dans des pays lointains. En Amérique du Sud, par exemple, de la fin du XIXe siècle jusqu'aux années 1930, les Garlepp, Hahnel, Michael, Fassl, Krüger, Klug, Boy, Steinbach, firent un travail extraordinaire, fournissant collectionneurs privés et muséums en spécimens de grande valeur scientifique. Certains furent terrassés par des fièvres tropicales, comme Fassl qui mourut à Manaus, en pleine Amazonie, où il avait fait des chasses extraordinaires, après avoir prospecté en Bolivie et en Colombie. Il est émouvant de retrouver, dans les collections, des spécimens portant des étiquettes écrites de la main de tel ou tel de ces naturalistes, indiquant lieux et dates de collecte. Il est émouvant de lire le récit de certaines chasses, quand ces hommes capturaient enfin une merveille inconnue. Wallace raconte ainsi l'intense bonheur qui le saisit lorsqu'il réussit à prendre, dans l'île de Batjan, un immense papillon aux ailes dorées et cuivrées, rehaussées de velours noir : le courageux explorateur se sentit plus près s'évanouir que s'il avait regardé la mort dans les yeux. Bien des captures étaient acrobatiques, comme celle d'un papillon extrêmement rare que Michael vit se poser sur une haute branche, dans la forêt amazonienne. Filet en main, il grimpa dans un arbre voisin, peu stable, réussit à se pencher, le filet au bout du bras, pour saisir l'insecte ; puis il redescendit prudemment, étreint par l'angoisse que le papillon ne s'échappe. L'opération réussit ; une donnée nouvelle allait enrichir les connaissances.

La découverte d'une espèce inconnue, quelles qu'en soient les modalités techniques, est un moment d'exception : il faut essayer d'imaginer ce que peuvent ressentir les spécialistes des abysses, dans leurs engins, lorsque surgit dans le faisceau lumineux un poulpe translucide, un bizarre poisson doté d'organes luminescents, ou l'excitation qui doit être celle de botanistes portés par le radeau des cimes, découvrant la surface d'une forêt tropicale, à 30 ou 40 mètres au-dessus du sol. Lorsque le spécialiste, dans son laboratoire, reçoit les échantillons récoltés, l'émotion est là aussi quand il trouve soudain une nouveauté ; aucun parfum d'aventure, évidemment, mais la découverte, quelque soit son contexte, provoque immanquablement de fortes sensations.

De la nature à la collection

J'avoue : je suis collectionneur de papillons. J'en ai attrapé moi-même, les premiers je n'avais guère que cinq ou six ans, dans la campagne proche de Saint-Servan-sur-mer, au début avec un haveneau à crevettes, plus tard avec un vrai filet en soie verte à manche de bambou. Les plus récents, je les ai pris au Pérou, dans le cadre d'un programme de recherche engagé depuis 2005. J'en ai aussi piégé en Côte d'Ivoire, le piège à bananes fermentées fonctionnant tandis que je collectais des milliers d'araignées pour ma thèse. À moi seul, j'ai bien dû tuer un millier de papillons. De plus, avec des correspondants dans différents pays, ayant même contribué à financer un chasseur qui allait en Nouvelle-Guinée, j'en ai fait tuer sûrement plusieurs milliers. Ceux que j'ai conservés en collection, piqués sur épingle, étiquetés, soit environ 5 000, sont maintenant incorporés dans les collections scientifiques du Muséum national d'Histoire naturelle. J'écris cela ni par vantardise de chasseur, ni par autoflagellation, en tant que protecteur de la nature. Simplement pour éclairer une interrogation que beaucoup peuvent avoir quant aux collectes des naturalistes et à l'accumulation des spécimens dans les muséums.

J'aime bien faire un calcul plus simple en prenant l'exemple des oiseaux. Imaginez qu'un muséum bicentenaire possède une collection de 100 000 spécimens, les uns montés sur socle, le plus grand nombre

« en peau » – c'est-à-dire non « empaillés » –, d'autres enfin sous forme de squelettes. Il existe approximativement 10 000 espèces d'oiseaux. Admettons que 5 000 soient représentées dans la collection par un seul spécimen, parce que rares, ou pour tout autre raison. En moyenne, les autres sont représentées par une petite vingtaine d'individus. Disons que, dans quelques cas, pour des recherches particulières, on a réuni plus d'un millier de spécimens d'une même espèce. Tout cela au cours de deux siècles. Globalement, quel peut être l'impact des prélèvements effectués ? Pour 5 000 espèces, un seul spécimen en 200 ans : pas de quoi provoquer l'extinction des espèces, sauf si, « par chance », on a récupéré quelques derniers survivants d'espèces de toute façon finies. Pour la plupart des autres, en moyenne un spécimen tous les 10 ans. Calcul farfelu ? Le Muséum de Paris, qui fait partie des trois ou quatre muséums les plus riches au monde, possède environ 130 000 oiseaux en peau, 30 000 sur socle, 6 000 squelettes. En gros, un quart des espèces connues manquent (elles existent dans d'autres muséums), un quart des espèces sont représentées par moins de cinq spécimens et la moitié par d'assez « bonnes », voire de très bonnes séries. Même s'il y avait 100 muséums ayant chacun une collection d'oiseaux équivalente, on voit bien que, globalement, les collections mondiales ont donné lieu à des prélèvements extrêmement modestes sur les populations naturelles.

Dans le cas des oiseaux, les collectes scientifiques sont aujourd'hui fortement limitées, et les inventaires se font essentiellement par des observations visuelles et auditives sur le terrain. On n'imagine pas d'avoir à tuer et « naturaliser » (un terme décidément bien paradoxal !) un condor des Andes ou une pie bavarde pour prouver qu'ils existaient là où on les a vus. Cela est vrai aussi pour quelques catégories d'insectes, en particulier les papillons. L'opération « Papillons des Jardins », centralisée par le Muséum, ne demande pas aux participants d'épingler les insectes dans des boîtes, mais d'en noter la présence. Dans les forêts péruviennes, je peux déterminer à distance plusieurs espèces de papillons du genre *Morpho* ; pour certains, les attraper est nécessaire mais, en s'y prenant bien, ils peuvent être relâchés sans dommage après détermination. Les captures ne s'imposent que pour constituer des échantillons permettant des études au laboratoire, par exemple pour comparer les caractéristiques de spécimens de différentes localités. Encore que, dans certains cas, des photographies de spécimens tenus entre les doigts, puis libérés, peuvent suffire. En revanche, pour l'immense majorité des espèces, la collecte, la mise à mort et la mise en collection sont indispensables pour pouvoir les étudier, les déterminer, voire leur donner un nom si elles s'avèrent nouvelles.

Quand je tue un papillon ou quand un ichtyologue pêche un poisson et le met dans un bocal d'alcool, nous accomplissons un acte grave. Albert Schweitzer a écrit : « Chaque fois que je détériore une vie quelconque, il faut que je me pose clairement la question de savoir si c'est nécessaire. Jamais je ne devrai m'autoriser à aller au-delà de ce qui est indispensable, même dans les cas apparemment insignifiants. » C'est là une invitation, pour les scientifiques comme pour les amateurs, à pratiquer une collecte réfléchie, responsable.

Il est des collectionneurs d'insectes, de coquillages, de plantes, etc., qui ont un comportement de philatélistes, cherchant à ce que chaque « case de leur album » soit remplie, voire s'échinant à trouver la moindre variété, comme un timbre ayant un défaut d'impression. Il n'est pas rare, heureusement, que des collections ainsi constituées, souvent avec un soin extraordinaire, aboutissent dans des institutions scientifiques qui les valorisent, car elles ne manquent pas d'informations utiles. Les collections de bien des muséums ont d'ailleurs souvent été constituées en bonne partie grâce à des legs ou des dons de collections d'amateurs. Ainsi, par diverses voies, se construisent de véritables outils scientifiques, car tous les spécimens réunis dans les muséums du monde forment une mémoire unique de la biodiversité.

L'introuvable total

Avec toujours les mêmes angoisses, impatiences, bonheurs, l'inventaire de la nature se poursuit sans discontinuer depuis les listes d'espèces établies par Clerck et Linné. En 1990, un ouvrage consacré à la conservation de la biodiversité mondiale comptabilisait 1 435 662 espèces décrites par les naturalistes. La précision fait sourire quand on sait qu'il n'est pas rare qu'une espèce soit décrite deux fois – ou davantage – de façon indépendante, et qu'on sait aussi que derrière un seul nom se cachent parfois des espèces jumelles que l'on n'a pas su détecter. Peu importe, l'ordre de grandeur est là. En 2008, 250 ans après la parution du *Systema Naturae*, approximativement 1 800 000 espèces ont été décrites, soit en moyenne un peu plus de 7 000 par an. Actuellement, le travail avance à raison de 16 000 espèces par an, environ (dont plus de 2 000 pour le seul groupe des insectes coléoptères !). Cela peut paraître beaucoup. Imaginons cependant qu'il reste 5 millions d'espèces à découvrir : au même rythme, il faudrait encore plus de 250 ans pour finir le travail, à condition qu'il y ait toujours suffisamment de spécialistes pour le faire. Ne serait-ce que pour déterminer l'ampleur des moyens nécessaires, il serait évidemment utile d'avoir une évaluation sérieuse du nombre d'espèces vivant actuellement sur la planète.

Des scientifiques ont tenté de le faire. Il y a les « raisonnables » qui pensent qu'il s'agit de quelques millions, peut-être une dizaine ; raisonnables, mais sans véritable raison pour proposer un nombre plutôt qu'un autre. Et il y a ceux qui avancent des chiffres bien plus considérables : on lit ici ou là des estimations de l'ordre de 80, voire 100 millions. La responsabilité première en incombe à un entomologiste, Terry Erwin. En 1982, ce spécialiste de coléoptères tropicaux a publié une estimation du nombre d'espèces d'arthropodes (les animaux à squelette externe articulé, comprenant principalement les insectes, les arachnides, les myriapodes et les crustacés) pouvant exister dans les forêts tropicales humides. Son résultat a de quoi donner le vertige : 30 millions d'espèces. Certes, l'estimation s'appuyait sur un processus d'extrapolation que l'on peut critiquer, mais la démarche était astucieuse. Erwin avait échantillonné les coléoptères associés à une espèce d'arbre, *Luehea seemannii*, dans une forêt tropicale du Panama, en projetant une fumée d'insecticides foudroyants dans les couronnes d'une vingtaine de pieds de cette essence. Il trouva ainsi plus de 1 000 « unités taxonomiques reconnaissables » de coléoptères, qu'il classa par type de régime alimentaire (prédateurs, mangeurs de végétaux, mangeurs de champignons…). Ayant estimé – selon une méthode discutée par d'autres chercheurs – le pourcentage des espèces strictement inféodées à *Luehea seemanni*, il calcula que 162 espèces de coléoptères ne se trouveraient que sur cette espèce d'arbre. Considérant que les coléoptères représentent 40 % des arthropodes de la canopée, il en déduisit que ceux-ci seraient au nombre de 400 espèces. Supposant que les espèces de la canopée sont deux fois plus nombreuses que celles qui sont associées à l'arbre au niveau du sol, il avança le nombre de 600 espèces d'arthropodes liées à une espèce d'arbre particulière. Et puisqu'il existe 50 000 espèces d'arbre dans les forêts tropicales du monde, une dernière multiplication : les forêts tropicales hébergeraient 30 millions d'espèces d'arthropodes. Et encore, je me demande s'il n'a pas oublié, dans ses calculs, toutes les espèces capables de vivre sur plusieurs essences. Un autre chercheur, reprenant sa démarche en 1988, mais en faisant des hypothèses différentes, est arrivé à une fourchette de 8 à 80 millions d'espèces d'insectes dans les forêts tropicales.

Mais il n'y a pas que les forêts. Des spécialistes des faunes marines se sont également risqués à des estimations du nombre des espèces vivant sur les fonds des mers. En 1993, l'un d'eux, considérant le seul groupe des nématodes (des sortes de petits vers), est arrivé au nombre de 100 millions ! Chiffre fortement contesté, certains chercheurs estimant que le nombre total d'espèces animales marines devrait être inférieur à 2 millions. Quoi qu'il en soit, on mesure le travail qu'il reste à faire pour terminer l'inventaire des espèces, même en ne les distinguant que par la morphologie. Mais la biologie moléculaire s'en mêle.

Dans le dernier mémoire de la Société Zoologique de France consacré aux problèmes de l'espèce, publié en 1980, un chapitre présente les critères biochimiques de l'espèce. On imagine facilement que deux espèces peuvent différer par la présence de pigments différents ou par la formule de bien d'autres composés chimiques, par exemple ces molécules qu'émet la femelle de certains insectes pour attirer exclusivement les mâles de son espèce. Des différences chimiques peuvent ainsi permettre de distinguer des espèces, la démarche étant au fond la même que lorsqu'on emploie des critères morphologiques classiques. Mais, dans ce chapitre, les auteurs annonçaient une révolution. Moins de trente ans après, elle est en marche, car la biologie moléculaire est devenue pourvoyeuse de nouveaux outils.

Dans chacune de nos cellules, dans celles de tous les animaux et de toutes les plantes, il y a un noyau, où se trouvent les chromosomes. Ceux-ci contiennent de l'acide désoxyribonucléique, substance communément désignée par le sigle ADN. Une molécule d'ADN est formée d'une suite de nombreuses molécules plus petites, appelées bases azotées, qui sont de quatre types. Un gène est une séquence plus ou moins longue de ces molécules unitaires, comme une phrase écrite avec des mots formés de quatre lettres. Lors de la fécondation, le noyau du spermatozoïde et celui de l'ovule fusionnent, mettant en commun leurs chromosomes, donc leurs contenus en ADN. Autrement dit, la fécondation réunit des gènes les uns d'origine paternelle, les autres d'origine maternelle. Dans les cellules, il y a aussi des sortes de petits sacs, les mitochondries, qui sont les usines mettant l'énergie à disposition de la cellule. Elles contiennent chacune une molécule d'ADN. Fait remarquable, les mitochondries des cellules d'un individu proviennent uniquement, par multiplication, des mitochondries de l'ovule maternel, car les spermatozoïdes, au cours de leur formation, perdent les leurs. L'ADN des mitochondries n'a donc rien à voir avec l'ADN qui est contenu dans les noyaux des cellules. Il comporte plusieurs gènes, dont certains commandent la synthèse de molécules très spéciales qui interviennent dans la machinerie de transfert de l'énergie.

Imaginons qu'une femelle d'une certaine espèce ait deux femelles dans sa progéniture. Celles-ci auront des ADN mitochondriaux identiques, sauf si des mutations sont intervenues, lors de la multiplication des mitochondries maternelles, au cours de la formation des ovules. Une mutation, c'est, quelque part dans une séquence d'ADN, la perte ou le remplacement d'une base azotée par une autre : un changement de lettre dans un mot, ce qui peut changer la signification de celui-ci, voire celui de la séquence tout entière. Chacune des femelles filles transmettra ses mitochondries à sa descendance, avec un ADN qui pourra donc être devenu légèrement différent de celui des mitochondries de sa sœur, et ainsi de suite. Au cours du temps, dans une lignée de mitochondries, l'ADN subit ainsi des mutations à un rythme plus ou moins régulier. Au fil des générations, les mutations s'accumulant, les séquences d'ADN au départ identiques deviennent de plus en plus différentes entre les lignées issues des deux sœurs.

D'où l'idée qu'ont eue certains scientifiques. Ici commence la révolution… Si deux espèces aujourd'hui différentes proviennent d'une espèce ancestrale commune, cela veut dire que les individus qui les composent actuellement ont eu une aïeule commune. Depuis, leurs ADN mitochondriaux ont divergé à force de mutations, cela d'autant plus que l'aïeule est plus éloignée dans le temps. En comparant les séquences d'un même segment d'ADN mitochondrial chez des individus appartenant à des espèces différentes bien connues, on doit donc pouvoir mesurer un « taux de divergence », c'est-à-dire le pourcentage d'emplacements où les bases azotées ont changé par mutation. Ayant déterminé ce taux, à chaque fois que l'on trouvera entre deux individus un taux égal ou supérieur, on en déduira qu'ils appartiennent à des espèces différentes. Sitôt dit, sitôt fait. La technique est appelée le « barcoding », par analogie avec l'étiquetage à l'aide de codes-barres, qui permet de différencier des produits par des modifications dans une séquence de petites barres. La comparaison d'individus appartenant à des espèces distinctes a mis en évidence des taux de divergence de quelques pour cent. Forts de ce résultat, des chercheurs ont comparé des individus appartenant à ce que l'on croyait être une seule espèce. Dans certains cas, la surprise a été grande.

Au Costa Rica, un biologiste américain, Daniel Janzen, a commencé l'inventaire de toutes les espèces de papillons d'une aire protégée ayant une diversité écologique assez élevée, avec toute une gamme d'écosystèmes : forêts de plaine, forêts d'altitude, forêts pluviales et forêts sèches. En permanence, des techniciens prospectent la végétation, cherchant les chenilles pour les mettre en élevage, en les nourrissant chacune avec la plante sur laquelle elle a été trouvée. Les papillons adultes obtenus sont déterminés par des spécialistes. Une patte de chaque papillon est envoyée à un laboratoire qui extrait l'ADN mitochondrial et établit le « barcode » de l'animal, en déterminant la séquence d'une section précise d'un gène, la même pour tous. Parmi des centaines d'autres, un joli papillon, *Astraptes fulgerator*, décrit en 1775, bien connu du sud des États-Unis jusqu'au nord de l'Argentine, a été élevé de nombreuses fois. Tous les adultes obtenus avaient les mêmes caractéristiques morphologiques. Pas de problème. Sauf que les « barcodes » ont révélé des taux de divergence aussi élevés qu'entre des espèces morphologiquement très distinctes. N'aurait-on pas confondu depuis des décennies, sous un même nom, de véritables espèces au sens biologique du terme ? Retour aux chenilles, toutes photographiées, et aux plantes nourricières, toutes notées. C'est alors que le chercheur s'aperçoit qu'à chaque catégorie d'adultes révélée par le « barcoding » correspond une catégorie de chenilles consommant une plante particulière. Mieux, alors que les adultes sont identiques, les chenilles, vivement colorées, sont très différentes d'une catégorie à l'autre. Mieux encore, il apparaît que certaines catégories vivent en forêt pluviale, d'autres en forêt sèche. Au bout du compte, il y a toutes les bonnes raisons de conclure que derrière l'espèce morphologiquement unique se cachent dix espèces biologiquement séparées.

L'affaire pourrait paraître anodine. Imaginons néanmoins que sur 30 millions d'espèces d'arthropodes distinguées à l'aide de caractères morphologiques, une sur dix en regroupe en réalité dix : on aurait alors affaire à presque 60 millions d'espèces. Et l'on peut jouer à d'autres calculs, pas moins irréalistes, qui conduiraient sans peine à bien plus de 100 millions d'espèces. Sans compter que les océans ont des réserves : le monde des « microalgues », extraordinairement petites, est à peine exploré ; celui des bactéries des fonds abyssaux pas davantage.

Restons optimistes : supposons qu'il ne reste que 100 millions d'espèces à découvrir, toutes catégories confondues ; à raison de 50 000 espèces nouvelles répertoriées par an – on en est loin –, il ne faudrait plus que 2000 ans pour achever l'inventaire. À moins qu'il ne s'achève bien plus tôt, grâce à une rapide et intense perte de biodiversité, au cas où les engagements pris à Johannesburg seraient sans effet.

***

L'inventaire des espèces de la Terre a une triple dimension. Il s'agit d'une part d'établir la liste planétaire des espèces existantes, et d'autre part de savoir où ces espèces vivent effectivement, c'est-à-dire de connaître leurs aires de répartition géographique, au moins de façon approximative. Il faut enfin que chaque pays, dans les limites de ses frontières, qu'elles soient naturelles ou purement politiques, puisse établir l'inventaire de la biodiversité dont il est responsable.

Selon les catégories d'êtres vivants, l'inventaire général est très avancé ou à peine ébauché. Depuis longtemps, à l'échelle mondiale, il y a beaucoup plus d'ornithologues qu'il n'y a d'espèces d'oiseaux (elles sont à peine 10 000). L'inventaire de ces lointains descendants de dinosaures est de fait pratiquement terminé, et la découverte d'une nouvelle espèce est un événement qui met en émoi les ornithologues du monde entier. À l'inverse, il y a infiniment moins d'entomologistes capables de décrire une nouvelle espèce qu'il ne reste d'espèces à découvrir! Du temps où j'étudiais les araignées en Côte d'Ivoire, j'avais entrepris de mettre au clair la systématique confuse d'une famille, à l'échelle du continent africain, travail indispensable pour savoir comment nommer les espèces récoltées. Dans un coin de savane protégé des feux de brousse, je découvris une petite espèce, faisant une toile sur un arbuste. J'en capturais (un bien grand mot: un flacon, une pince, un minimum de dextérité, et le chasseur a son trophée) quelques spécimens. Ayant appris à distinguer les genres et les espèces de ce groupe d'araignées, je me rendis compte qu'il s'agissait non seulement d'une espèce nouvelle, mais d'un genre nouveau! Si mon araignée avait été un oiseau, vous imaginez la glorieuse découverte. Malheureusement, nous n'étions guère que trois dans le monde à travailler sur la systématique de ces araignées, avec un Américain étudiant les espèces américaines et une Allemande étudiant comme moi des espèces africaines, mais elle se limitait à un seul genre, regroupant des espèces liées aux milieux aquatiques. Je fus donc le seul à être véritablement ému par ma trouvaille.

Quand on décrit une nouvelle espèce, il faut s'assurer que quelqu'un ne l'a pas déjà fait avant vous. Ce n'est pas si simple, pour deux raisons au moins. Spécialiste d'un genre, vous pensez avoir sous les yeux une espèce lui appartenant qui semble n'avoir jamais été décrite. Il faut donc connaître tout ce qui a été publié auparavant, mais on n'est jamais à l'abri d'une description par un naturaliste obscur, dans une revue obscure, peut-être dans une langue inhabituelle (le latin ayant été abandonné de longue date en zoologie !). Il est en outre prudent d'aller voir dans les genres voisins, car votre espèce a pu être déjà décrite, mais dans un autre genre. Il est quasiment toujours nécessaire de comparer vos spécimens aux spécimens de référence des espèces déjà décrites, à condition qu'ils soient conservés dans une collection accessible. Ensuite, c'est une question d'appréciation : si l'on observe quelques caractères différents, considère-t-on qu'ils sont suffisamment importants pour dire que l'espèce est vraiment nouvelle, ou qu'il s'agit seulement de différences mineures, comme il y en a toujours entre individus ? La décision est affaire d'expertise : un systématicien qui a beaucoup d'expérience, qui a lu et relu les descriptions originales, qui a vu et étudié les spécimens de référence, est supposé prendre une bonne décision. Tout bien pesé, il décrit sa nouvelle espèce. L'inventaire de la planète augmente d'une ligne. Vient un autre systématicien, qui en sait davantage (ou se croit plus savant) ; il considère que la nouvelle espèce ne l'est pas et que les individus sur lesquels elle est fondée doivent être classés dans une espèce déjà connue : il publie une « mise en synonymie » : le nouveau nom devient un synonyme du nom plus ancien ; l'inventaire fait un pas en arrière. Un troisième intervient et trouve de bonnes raisons de réhabiliter l'espèce mise en synonymie : le pas en avant est confirmé.

Avant la Seconde Guerre mondiale, l'arachnologue Pierre Bonnet avait entrepris de dresser l'inventaire des araignées décrites depuis Clerck jusqu'en 1939. Il fit une recherche bibliographique énorme, un travail que n'imaginent pas les étudiants d'aujourd'hui, qui croient que tout se trouve avec Internet. Sans ordinateur, mais avec des fiches et son écriture soignée, Pierre Bonnet releva les milliers de noms différents donnés à des araignées. Publiée après la guerre, la *Bibliographia Araneorum* remplit 11 gros volumes. L'arachnologue put ainsi constater que 6232 espèces – plus du quart des espèces décrites depuis 1758 – n'avaient jamais été citées, 50 ans, voire 100 ans après leur description. Dans bien des cas, c'est parce qu'elles avaient été décrites sous un autre nom : des spécimens nouvellement trouvés n'ayant pas été reconnus comme leur appartenant car les descriptions initiales étaient imprécises ou tout simplement ignorées. Ainsi « naissent » des synonymes. Plein d'humour, sur l'air de « Montagnes Pyrénééées... », Pierre Bonnet écrivit le « Chant des arachnologues », repris en chœur lors du banquet terminant nos congrès de joyeux arachnologues. Il y moquait le systématicien trop pressé qui décrivait une espèce, la croyant nouvelle, alors qu'elle avait déjà été nommée par quelqu'un d'autre : l'erreur découverte, le malheureux « n'était plus papa » !

Le problème est sérieux, car la proportion de noms donnés à des espèces qui sont reconnus comme étant des synonymes de noms plus anciens est souvent considérable. Gerardo Lamas, un entomologiste péruvien de renommée internationale, a établi, avec l'aide de quelques collègues, la liste de toutes les espèces de papillons diurnes décrits d'Amérique centrale et d'Amérique du Sud. Pour une seule sous-famille dont la systématique est relativement simple, sur 134 espèces retenues comme valides, 36 avaient été renommées au moins une fois, parfois trois. Imaginons que parmi les 1 800 000 espèces décrites en ce début de XXIe siècle, un quart d'entre elles soient des synonymes : l'inventaire ferait un pas énorme en arrière. Logiquement, le risque devrait diminuer avec le temps : la professionnalisation du travail des systématiciens progresse ; l'accès aux publications originales est de plus en plus facile. Mais le monde est imparfait : on m'a raconté qu'un entomologiste japonais serait payé par un musée au prorata du nombre d'espèces nouvelles qu'il décrit ; alors, pour améliorer son revenu, pas d'autre solution que d'en décrire le plus possible : du moment que les procédures prévues par le Code International de la Nomenclature Zoologique sont respectées, toutes ses espèces nouvelles sont réputées valides, jusqu'au jour où un entomologiste rigoureux y mettra bon ordre.

L'inventaire rencontre un autre type de difficulté. Beaucoup d'espèces présentent des variations géographiques : d'une région à une autre, les individus ont des caractères différents. Chaque groupe constitue une « sous-espèce », catégorie reconnue par le Code : une sous-espèce peut être nommée par adjonction d'un troisième nom, après ceux du genre et de l'espèce. Un exemple : le *Morpho helenor*, un grand papillon aux ailes d'un noir de velours traversées par une bande bleue scintillante, qui fut décrit de la région des Guyanes en 1776. Depuis, on l'a trouvé dans toute l'Amérique intertropicale, du nord de l'Argentine jusqu'au Mexique, mais avec de fortes variations de son aspect selon les régions (par exemple, dans certaines populations, les ailes sont presque totalement bleues). En 2007, ayant étudié l'espèce dans son ensemble, j'avais distingué 43 sous-espèces, dont plusieurs nouvelles ; l'année suivante, mon ami Andrew Neild, spécialiste des papillons du Venezuela, en décrivait une nouvelle, étonnante, découverte dans les forêts inondées du fond du golfe de Maracaibo ! Ainsi, un nombre considérable d'espèces sont divisées en plusieurs sous-espèces. Mais les systématiciens ne sont pas toujours d'accord entre eux. Pour certains, des « sous-espèces » sont de vraies espèces et doivent donc être comptées comme telles. Pour d'autres, des « espèces » ne sont en réalité que des sous-espèces à rattacher à des espèces déjà répertoriées. Et pour d'autres encore, certaines « sous-espèces » n'auraient même pas dû être distinguées et nommées. J'avoue avoir moi-même des états d'âme à propos de deux ou trois sous-espèces que j'ai décrites. Il y a ainsi des « diviseurs » et des « rassembleurs ». La comptabilité des espèces fluctue en conséquence. Juste un exemple : ces grands papillons bleus d'Amérique tropicale, avec d'autres moins brillants, qui forment le genre *Morpho*, du nom que leur a donné le naturaliste Fabricius, en 1807, en les détachant du genre *Papilio* de Linné. Au début des années 1960, deux Français, Émile Le Moult, faisant négoce d'insectes, et un scientifique, Pierre Réal, ont publié une étude complète de ces papillons : au compteur, 80 espèces. En 2004, dans sa liste, Gerardo Lamas n'en a retenu que 29, toutes les autres passant au rang de sous-espèce, voire tombant en synonymie. La richesse de la Terre en espèces du genre *Morpho* a chuté d'un coup de plus de 60 % !

Ces difficultés sont d'autant plus délicates à éviter que l'application du concept morphologique est, non pas arbitraire au sens péjoratif du terme, mais une affaire d'expertise. Deux experts, compte tenu de leur expérience, de leur culture, peuvent légitimement avoir des points de vue différents. Il coûterait trop cher de tester à chaque fois l'éventuelle séparation biologique des « espèces » litigieuses. Et il ne faut pas croire que le « barcoding » résoudra tout : le niveau de divergence au-delà duquel on dit que deux individus appartiennent à des espèces différentes a été fixé « à dire d'expert », sans que l'on puisse affirmer qu'il est universellement valable.

L'inventaire de la richesse spécifique terrienne est donc une longue et incertaine aventure, qui sera toujours émaillée de tergiversations et de débats. Dieu y avait-il pensé en laissant Adam commencer le travail ? Sans doute, car l'aventure est belle et procure bien des joies. Elle vaut bien la quête des étoiles, dont on ne finira jamais le dénombrement et dont l'avenir ne dépend pas de nous.

3.

Changeante planète

La Nature s'est trouvée dans différents états ; la surface de la Terre a pris successivement des formes différentes ; les cieux même ont varié, et toutes les choses de l'Univers physique sont comme celles du monde moral, dans un mouvement continuel de variations successives. Par exemple, l'état dans lequel nous voyons aujourd'hui la Nature est autant notre ouvrage que le sien ; nous avons su la tempérer, la modifier, la plier à nos besoins, à nos désirs ; nous avons sondé, cultivé, fécondé la terre : l'aspect sous lequel elle se présente est donc bien différent de celui des temps antérieurs à l'invention des arts.

Buffon, *Les Époques de la Nature*, 1778.

Tout bouge

Savane de Lamto, Côte d'Ivoire, près du fleuve Bandama, dans le Pays Baoulé. De vastes étendues herbeuses, piquetées de grands palmiers, barrées par des forêts-galeries. Ici et là, accrochées aux plus hautes tiges de graminées, des nappes de soie, obliques, pouvant dépasser un mètre de long. Elles se prolongent vers le sol en formant un tube qui donne accès à un gros trou. Je me souviens de mon étonnement, en 1973, la première fois que je vis l'une de ces toiles. Avec une machette, un manœuvre fouilla précautionneusement le trou ; une araignée apparut. Une grande, élégante araignée. Les pattes sont longues ; le corps, élancé, est couvert dorsalement d'une pilosité brun noir sur laquelle se détachent de fins graffitis argentés. Comme chez beaucoup d'araignées, les yeux sont au nombre de huit. Vers l'avant, au-dessus des crochets venimeux, deux yeux sont placés au bout de pédoncules, formant comme deux petites cornes. L'araignée se tient sous sa toile, le ventre vers le ciel. Inquiétée, elle plonge vers son trou. Quand le feu passe, à la saison sèche, elle s'y abrite. Plusieurs spécimens furent collectés. De retour en France, je fis le travail ordinaire de systématicien : recherche bibliographique, demande de spécimens de référence à différents muséums, comparaisons. Conclusion : il s'agissait d'une espèce de la famille des Pisauridae, décrite en 1916, sous le nom *Euprosthenops proximus*, d'après un spécimen de la région du Kilimandjaro.

Les belles araignées du genre *Euprosthenops* sont largement répandues en Afrique. D'après la révision que j'en avais faite en 1976, il en existerait sept espèces. Elles se ressemblent énormément et ne se distinguent guère que par des détails dans la forme des organes génitaux des femelles et des mâles. Autant que je sache, il n'existe aucune autre araignée de ce genre très particulier ailleurs dans le monde, sauf en Inde où l'espèce *Euprosthenops ellioti* est largement distribuée. Celle-ci construit une toile du même type que ses cousines africaines et présente le même comportement. Morphologiquement, elle n'en diffère guère, à ceci près que, chez le mâle, les pièces qui constituent les appareils copulateurs n'ont pas les mêmes proportions.

***

Cinq centimètres par an. C'est la vitesse à laquelle l'Inde s'éloigne actuellement de l'Afrique, en s'enfonçant sous l'Asie. Séparée de Madagascar il y a un peu plus de 80 millions d'années, elle a glissé à la surface de la planète avec une vitesse de pointe de l'ordre de 15 centimètres par an. Elle emportait avec elle espèces végétales et animales qui, avant la séparation, étaient répandues sur ce qui deviendrait l'Afrique : les araignées du genre *Euprosthenops* existaient peut-être avant la séparation, et n'auraient guère changé depuis. Il s'agit d'une hypothèse, bien sûr, mais plausible.

***

Tarapoto, Pérou, une ville moyenne du nord du pays. Une région d'une exceptionnelle biodiversité où, depuis 2005, j'étudie la répartition des papillons avec mon collègue entomologiste Gilbert Lachaume et l'aide d'amis péruviens. À une heure et demi de marche depuis la Plaza de Armas, au centre-ville, on franchit aisément – s'il n'a pas trop plu – le río Shilcayo, qui descend des pentes abruptes de la Sierra Escalera. Atteignant par endroits plus de 1 600 mètres d'altitude, cette chaîne étroite forme le dernier contrefort des Andes avant les plaines amazoniennes. Quelques versants sont cultivés, mais là, tout près de la ville, vers 400-500 mètres d'altitude, la forêt est encore belle. Dans une petite clairière, une sorte de maison en bois, posée sur des pilotis pour que les animaux n'y grimpent pas, nous attend pour quelques jours d'observation et de chasse aux papillons. Installation des hamacs, rangement des affaires, première tournée le long du río, retour au campement. À 18 heures, la nuit va tomber, brutalement. Soudain, jaillissant de la lisière, une grande ombre grise passe en zig-zag et disparaît. Elle revient ; coup de filet chanceux. Ce n'est pas une chauve-souris, mais un énorme papillon crépusculaire. Son nom latin est *Caligo eurilochus*. De jour, en circulant dans la forêt, on le dérange parfois. Il se pose vite un peu plus loin, sur une branche, et ne bouge plus. Sur ses ailes finement marbrées, un « œil » attire le regard : grande pupille noire, lunule blanche dessinant un reflet, iris jaune.

On voit souvent ces papillons, appartenant au genre *Caligo*, chez les marchands de souvenirs. Dans des cadres à prétention décorative, ils sont présentés de telle sorte que l'on dirait des têtes de chouettes avec leurs yeux énormes. Il en existe 21 espèces, toutes caractérisées par leur grande taille et par leurs « yeux » impressionnants. Les unes sont amazoniennes, d'autres sont inféodées à la Mata Atlantica du Brésil oriental ; certaines se trouvent uniquement dans les Andes ; d'autres, enfin, ne se rencontrent que le long du Pacifique, en Équateur et en Colombie, ou en Amérique centrale, jusque dans les forêts tropicales du Mexique. Le genre *Caligo* appartient à un groupe de papillons, les Morphinae, remarquablement divers, puisqu'il compte 21 genres et 134 espèces actuellement nommées. Ce groupe se rencontre exclusivement en Amérique du Sud et en Amérique centrale, essentiellement dans les forêts tropicales humides. De lointains cousins vivent en Inde et en Asie du Sud-Est.

***

Trois centimètres par an. C'est la vitesse à laquelle l'Amérique du Sud s'en va vers l'ouest. Elle s'est séparée de l'Afrique il y a 100 millions d'années. Comme l'Inde, elle emportait des espèces végétales et animales qui existaient aussi sur le continent africain. Mais les Morphinae n'ayant aucun proche parent en Afrique, ces papillons se sont vraisemblablement différenciés en Amérique du Sud après sa séparation de l'Afrique, à partir d'une souche dont la trace est perdue.

***

L'astronome et météorologue allemand Alfred Wegener avait avancé, dès 1912, l'hypothèse d'un déplacement des continents les uns par rapport aux autres. Cette idée lui était venue en comparant les formes complémentaires des côtes africaines et sud-américaines, de part et d'autre de l'Atlantique, idée renforcée par des concordances évidentes entre certaines formations géologiques présentes des deux côtés et par des données paléontologiques : des fossiles datés de plus de 200 millions d'années témoignaient de l'existence de flores et de faunes similaires sur les deux continents. La théorie de la « dérive des continents » souleva bien des polémiques. Il lui manquait une explication plausible. Celle-ci fut apportée, dans les années 1960, grâce aux progrès de la géophysique : la « tectonique des plaques » s'est substituée à la théorie de Wegener.

La croûte superficielle de la planète est formée de vastes plaques solides ; certaines forment le fond des océans, d'autres portent les continents. Ces plaques « flottent » sur une très épaisse couche de roches visqueuses plus denses, le manteau. Le cœur de la Terre diffuse de la chaleur. Comme dans une casserole de liquide que l'on chauffe, cela provoque une circulation au sein du manteau. De vastes courants de matière chaude viennent des profondeurs et, vers la surface, ils prennent différentes directions. Lorsque des masses issues d'un même courant ascendant partent dans des directions opposées sous une plaque continentale, celle-ci se fracture en blocs qui s'écartent peu à peu. Au milieu, les roches fluides s'échappent et se solidifient de part et d'autre de la cassure. L'ouverture qui se développe entre les blocs finit par être envahie par les eaux marines : progressivement, un nouvel océan s'installe. À l'inverse, lorsque deux blocs se rencontrent, l'un s'enfonce (c'est la « subduction ») sous l'autre, qui se soulève ; il se crée ainsi une zone de fosses sous-marines et une système montagneux.

Il y a encore 220 millions d'années, une partie de l'Asie, l'Europe, le Groenland, l'Amérique du Nord, l'Amérique du Sud, l'Afrique, Madagascar, l'Inde, l'Australie et l'Antarctique formaient une seule masse continentale, la Pangée, elle-même bâtie par des mouvements de la croûte terrestre beaucoup plus anciens. Entre 180 et 80 millions d'années, une fracture isole deux plaques, la Laurasie au nord, le Gondwana au sud, séparées par une mer. Il y a 145 millions d'années, le Gondwana était déjà partiellement divisé en un bloc occidental, comprenant l'Afrique et l'Amérique du Sud, et un bloc oriental, comprenant Madagascar, l'Inde, l'Australie et l'Antarctique. Une autre cassure isolait vers l'ouest la future Amérique du Sud, complètement séparée il y a 100 millions d'années. Parallèlement, la Laurasie était cisaillée dans sa partie occidentale, un bloc partant vers l'ouest qui constituera l'Amérique du Nord. L'océan Atlantique se mettait en place, parcouru par une immense cassure, formant une dorsale d'où sortent les laves qui construisent le fond de l'océan au fur et à mesure que les plaques s'écartent.

L'Inde est venue heurter le continent asiatique il y a un peu plus de 50 millions d'années. Elle était en fait beaucoup plus grande qu'aujourd'hui ; s'enfonçant sous l'Asie, elle s'est raccourcie de plus de 1 000 kilomètres, tout en provoquant la surrection de l'Himalaya et l'élévation du plateau tibétain. Une carte à petite échelle mettant en évidence les reliefs fait saisir d'un coup d'œil la violence de la collision : la croûte terrestre a été soulevée et plissée comme une pâte molle, tandis que la péninsule indochinoise semble avoir été éjectée sous le choc. En arrière du bloc indien initial, la plaque océanique se complétait à partir de la cassure la séparant de Madagascar et de l'Afrique. Au niveau de « points chauds », endroits où le manteau est à température plus élevée qu'ailleurs, les laves ont percé la plaque, des volcans bâtissant des îles, telle la Réunion, dont la partie la plus ancienne a émergé il y environ 2 millions d'années, la plus récente il y a seulement 500 000 ans. Terre vierge, comme toutes les îles volcaniques surgies au milieu des océans, elle a été peu à peu colonisée par des végétaux et des animaux qui y ont évolué rapidement, donnant de nombreuses espèces nouvelles, uniques au monde.

La plaque indienne emportait des flores et des faunes d'origine gondwanienne, globalement tropicales, la plaque asiatique était habitée par des espèces propres à la Laurasie, adaptées à des climats plus tempérés. La collision a mis en contact ces deux ensembles d'espèces. Aujourd'hui, le long des pentes de l'Himalaya, les espèces tropicales diminuent en nombre avec l'altitude, tandis que les espèces d'origine laurasienne augmentent.

Tandis que l'Inde filait vers le nord-est et que l'Amérique du Sud s'éloignait vers l'ouest, l'Australie s'engageait dans une tout autre histoire et l'Antarctique glissait vers le pôle Sud. Ce continent polaire a gardé longtemps un climat favorable aux espèces gondwaniennes qui l'occupaient initialement. Il y a environ 34 millions d'années, un refroidissement s'est enclenché, qui a permis la formation progressive d'une calotte glaciaire représentant d'énormes quantités d'eau. Diverses théories tentent d'expliquer ce refroidissement, parmi lesquelles l'hypothèse d'une réduction de la teneur de l'atmosphère en gaz carbonique, qui aurait favorisé à l'échelle planétaire une déperdition de chaleur.

Depuis une vingtaine de millions d'années, l'Afrique se fend, aujourd'hui à une vitesse de l'ordre d'un centimètre par an : la grande vallée du rift s'ouvre, le volcanisme y est important, une plaque somalienne est en voie de détachement. Dans quelques millions d'années, un océan se formera. Tout bouge, les séismes sont là pour nous le rappeler.

Petite histoire d'un continent

L'histoire de l'Amérique du Sud est différente de celle de l'Inde. En effet, le bloc gondwanien occidental n'est pas entré en collision avec un continent, mais avec deux grandes plaques océaniques : la plaque Nasca à l'ouest, la plaque Caraïbe au nord-ouest. Le bloc est formé de deux « boucliers », terme utilisé par les géologues pour désigner des morceaux de continents anciens, très aplanis par des centaines de millions d'années d'érosion : au nord, le bouclier guyanais, au sud le bouclier brésilien. Ils sont séparés par un grand couloir, cisaillé de multiples failles, correspondant à l'actuelle basse vallée de l'Amazone. Les plaques océaniques s'enfoncent sous les boucliers. Le processus s'est amorcé de façon significative il y a 80 millions d'années. Un amoncellement de roches très profondes et de sédiments est poussé en altitude, formant une chaîne de montagnes d'abord sous-marine. Les Andes ont émergé progressivement : il y a 60 millions d'années, la surface qui formera plus tard l'altiplano, en Bolivie et au Pérou, se situait au niveau de la mer. Peu à peu s'est formée une immense bande terrestre, bordée à l'ouest par l'océan Pacifique et à l'est par un bassin qui recevait surtout des sédiments provenant de l'érosion des boucliers.

Connectée très tôt au bouclier brésilien à hauteur de l'actuelle Bolivie, la jeune chaîne andine est longuement restée séparée du bouclier guyanais par un vaste ensemble d'écosystèmes aquatiques débouchant dans la mer des Caraïbes. Il y a 20 millions d'années, ce système mêlant eaux douces et marines, appelé « lac Pebas » par les géologues, couvrait une large partie de l'actuelle Amazonie occidentale, du Pérou au Venezuela. À l'époque, l'Amazone, coulant d'est en ouest, s'y jetait. De nombreux cours d'eau descendaient des Andes qui, au niveau de la Bolivie et du Pérou, devaient par endroits dépasser 2 000 mètres au-dessus du niveau des mers, alors que les Andes septentrionales étaient beaucoup moins développées. Les précipitations provoquaient une érosion intense. Les matériaux arrachés aux montagnes s'accumulaient dans le lac Pebas, le remplissant progressivement du sud-ouest vers le nord-est. Il y a seulement 8 millions d'années, la formation des Andes vénézuéliennes a commencé à modifier le réseau hydrographique du nord-ouest du continent, au point de déporter le cours du « Proto-Orénoque » loin vers l'est. C'est à cette époque que le cours de l'Amazone s'est inversé. Finalement, lorsque la cordillère orientale colombienne et la cordillère de Mérida ont atteint des altitudes suffisamment élevées, elles ont formé une barrière séparant les écosystèmes de basse altitude en écosystèmes « cis-andins », du côté oriental, et « trans-andins », du côté occidental.

Au cours de cette histoire mouvementée, flores et faunes sont restées cantonnées sur les boucliers gondwaniens pendant plusieurs dizaines de millions d'années. Les conditions écologiques y étaient certainement diverses, en particulier en fonction de l'altitude. En effet, il y a 120 millions d'années, avant même la séparation de l'Amérique du Sud, une partie du bouclier brésilien s'élevait déjà à plus de 1 000 mètres. En revanche, entre les deux boucliers, l'axe amazonien était un bassin d'accumulation de sédiments. Cette diversité des environnements avait déjà pu favoriser la diversification des espèces. La formation des terres andines leur a ouvert de nouveaux espaces, émergeant de l'océan. La palette des contextes écologiques s'offrant aux populations colonisatrices s'est progressivement accrue, depuis les milieux côtiers jusqu'à des altitudes qui s'élevaient progressivement, tandis que les alluvions andines comblant le bassin amazonien se couvraient de forêts sans cesse remaniées par les divagations des rivières. Les cordillères, en prenant de la hauteur, formaient une barrière de plus en plus efficace pour les nuages venant du bassin amazonien : de l'autre côté des Andes, d'immenses régions, le long des côtes chiliennes et péruviennes, sont devenues désertiques. À l'intérieur même des Andes, ce phénomène de barrière a influencé les conditions climatiques de certaines vallées, où se sont développés des écosystèmes adaptés à l'aridité, comme les matorrals de la moyenne vallée du río Marañon.

Pendant presque 100 millions d'années, l'évolution des végétaux et des animaux s'est passée « en vase clos ». Toutefois, il y a moins de 20 millions d'années, de premières jonctions, temporaires, s'établirent avec la plaque nord-américaine. Peut-être ne s'agissait-il que d'un cordon d'îles ; il fut en tout cas suffisant pour que des espèces sud-américaines arrivent ainsi à s'étendre jusqu'au futur Mexique. Mais, bientôt coupées du continent sud-américain par une montée du niveau des mers, leurs populations évoluèrent indépendamment. C'est seulement avec la fermeture de l'isthme de Panama, voilà 3 millions d'années, que les deux continents furent définitivement connectés. Une nouvelle vague de colonisation s'ensuivit, du sud vers le nord, tandis que des espèces nord-américaines pénétrèrent en Amérique du Sud. En même temps, cette fermeture coupait définitivement le Pacifique de l'Atlantique, ce qui a retenti sur l'évolution de certaines espèces marines.

À diverses époques, une élévation du niveau des mers d'environ 100 mètres a submergé les terres les plus basses. Certains chercheurs qui étudient la répartition des oiseaux dans le bassin amazonien avancent l'hypothèse que des terres d'altitude supérieure à 100 mètres ont formé des îles où les espèces auraient pu évoluer dans des directions différentes. Au cours du Quaternaire, les oscillations du climat ont également eu des conséquences importantes. Les étages de végétation se modifiaient en altitude dans les Andes, les forêts remontant en période chaude, descendant en période froide. Corrélativement, dans les régions basses, les forêts s'étendaient lors des périodes chaudes à pluviosité importante et se rétractaient lors des périodes froides, plus sèches, en faisant place à des savanes. De nombreux scientifiques pensent que les forêts se fragmentaient en « refuges », ce qui aurait pu favoriser des divergences évolutives entre les populations d'une même espèce se trouvant isolées les unes des autres.

Des blocs continentaux qui s'isolent et changent de latitude en se déplaçant, des terres nouvelles qui apparaissent, des surrections de montagnes atteignant des milliers de mètres d'altitude, des effondrements, des comblements, des fleuves qui changent de direction, des connections terrestres qui se forment, se rompent, se reforment, des variations du niveau des mers, des changements climatiques globaux et locaux. En 100 millions d'années, les « naufragés du Gondwana », plantes et animaux emportés par le radeau sud-américain, ont été confrontés à une diversification considérable des environnements disponibles dans l'espace et dans le temps.

Le passé antérieur

La fragmentation du Gondwana et celle de la Laurasie sont des événements récents et rapides au regard de l'histoire de la Terre, longue d'environ 4 566 millions d'années. Environ 100 millions d'années après la formation de la planète, une collision avec un énorme astéroïde – de la taille de Mars ! – provoque la formation de la Lune. Les premières traces de vie sont datées de plus de 3 465 millions d'années. Il s'agit de cellules ressemblant à des bactéries, trouvées dans des roches comptant parmi les plus anciennes connues, en Afrique du Sud et en Australie. Au Groenland, il y aurait des indices d'une activité vivante datés de 3 800 millions d'années. Ainsi, en quelques centaines de millions d'années, la Terre, boule de matières en fusion, s'est transformée au point de permettre l'émergence des premières entités vivantes. Il fallait qu'en surface la température ait suffisamment baissé pour que se forme une croûte de roches – il y a au moins 4 400 millions d'années –, que se constitue une atmosphère primitive composée surtout de vapeur d'eau, mais aussi d'azote et de gaz carbonique, et pour que la vapeur d'eau puisse se condenser en pluies formant les océans.

La nature exacte des processus qui ont conduit à l'apparition des premiers organismes qualifiables de vivants est toujours en débat. Le problème est d'une redoutable complexité, d'abord parce qu'il faudrait pouvoir donner une définition indiscutable de ce que nous appelons la « vie ». Avançons prudemment. La vie est une propriété que possède la matière lorsqu'elle se présente avec une certaine composition chimique et avec une certaine organisation de ses composants. Les êtres vivants se distinguent en effet du reste des constituants de la planète par une composition en éléments chimiques qui est originale du fait des proportions importantes de certains éléments, principalement le carbone, l'azote, l'hydrogène, l'oxygène, le phosphore et le soufre. Ces éléments sont assemblés en molécules complexes, dont les charpentes sont faites d'atomes de carbone. Les molécules composant les organismes vivants – les molécules « organiques » – sont d'une immense diversité, mais elles peuvent être classées en un petit nombre de catégories. Deux d'entre elles sont particulièrement étonnantes, parce que ce sont de très grandes molécules constituées par des enchaînements de petites molécules : des bases azotées pour les acides nucléiques, des acides aminés pour les protéines.

Deux des événements scientifiques les plus fascinants du XXe siècle ont été la découverte du processus de « reproduction » des molécules d'acides nucléiques et la mise en évidence de ce que l'on a appelé le « code génétique». Merveille d'horlogerie chimique: une molécule d'ADN (l'acide désoxyribonucléique) est formée de deux chaînes aux séquences complémentaires, chaque base azotée de l'une ayant sa correspondante dans l'autre. Lorsqu'une cellule se divise, l'ADN contenu dans chaque chromosome se dédouble: les deux chaînes se séparent et le long de chacune une nouvelle chaîne complémentaire se construit, de sorte que chaque cellule-fille hérite d'une copie conforme de l'ADN de la cellule-mère. Dans ce subtil processus de construction, des protéines particulières interviennent, en quelque sorte comme des robots spécialisés. On a montré que, dans les cellules vivantes, l'ADN commande la synthèse des protéines et l'on a découvert que l'ordre selon lequel se succèdent les bases azotées de l'ADN détermine l'ordre des acides aminés dans les chaînes protéiques. À chacun des vingt acides aminés pouvant exister dans les protéines correspond en effet une combinaison particulière de trois bases azotées, un «triplet». À une séquence donnée de triplets correspond ainsi un enchaînement particulier d'acides aminés: il y a en quelque sorte traduction de séquences nucléiques en séquences protéiques. Dans ce processus interviennent des molécules d'un autre acide nucléique, l'acide ribonucléique, ou «ARN»: la séquence d'ADN est d'abord transcrite en une séquence d'ARN, qui transfère le «message» à un atelier de traduction, formé d'une combinaison de chaînes protéiques et d'ARN. Ainsi, les êtres vivants actuels vivent et se reproduisent grâce à l'existence de molécules codées, les unes jouant le rôle de programmes commandant la fabrication d'outils, les autres étant quelques-uns de ces outils, indispensables non seulement à la lecture des programmes, mais aussi à leur fabrication. Une histoire de poule et d'œuf!

Expliquer l'origine de la vie, c'est donc expliquer la formation de molécules à charpentes d'atomes de carbone, expliquer l'apparition de grandes molécules faites de séquences de molécules plus petites, expliquer comment certaines de ces molécules sont devenues capables de se dédoubler en préservant l'ordre des molécules élémentaires, expliquer comment des correspondances strictes se sont établies entre les séquences de deux catégories de grandes molécules n'ayant *a priori* rien à voir, expliquer comment les molécules d'une des catégories ont pu commencer à « commander » la synthèse des molécules de l'autre catégorie… C'est aussi expliquer comment toute cette machinerie moléculaire s'est organisée à l'intérieur de petits sacs précurseurs des cellules telles que nous les connaissons aujourd'hui, délimitées par des membranes chimiquement très compliquées, qui à la fois isolent chaque cellule de son environnement et permettent ses échanges avec celui-ci.

Des chimistes, des biologistes cherchent des explications depuis longtemps. On se souvient de Stanley Miller, un chimiste américain qui, en 1953, avait réussi à provoquer la formation de molécules organiques simples, du type des acides aminés qui composent les protéines, en soumettant un mélange gazeux de méthane, d'ammoniac, d'hydrogène et d'eau à des décharges électriques. Ce mélange gazeux était supposé représenter l'atmosphère terrestre primitive, les décharges électriques des éclairs. L'expérience démontrait que les « briques élémentaires » des molécules propres aux êtres vivants avaient pu être produites par des processus naturels. D'autres chercheurs, cependant, pensent que les premières molécules organiques ont une origine extraterrestre : elles auraient été introduites sur la planète par les météorites et les micrométéorites carbonées. L'idée ne manque pas de poésie : la Terre fécondée par des corps tombés du ciel… Pourquoi pas ? De nombreuses molécules organiques différentes ont effectivement été trouvées dans les météorites carbonées, parmi lesquelles plus de 70 acides aminés, dont 8 faisant partie des 20 types existant dans les protéines des êtres vivants.

Naissance orageuse ou fécondation céleste : le débat n'est sans doute pas près de s'achever. D'autant que l'on se demande si tout n'aurait pas commencé dans le fond des océans primitifs, au niveau de sources hydrothermales analogues à celles qui ont été découvertes, il y a à peine plus de 30 ans, le long des dorsales océaniques. Certains chercheurs prétendent d'ailleurs que les eaux de surface étaient trop perturbées par les impacts météoritiques, beaucoup plus intenses qu'aujourd'hui : la chute d'une météorite de 30 kilomètres de diamètre – il en est tombé de cette dimension jusqu'à -3 000 millions d'années – suffirait à vaporiser les 200 premiers mètres des océans. Ce débat ne concerne que le commencement du début de l'histoire chimique qui précède l'histoire biologique. Chaque étape fait l'objet d'hypothèses, d'expérimentations. La « soupe primitive » n'est peut-être pas la meilleure idée. On imagine d'autres environnements qui auraient pu être plus favorables à la formation spontanée de chaînes de molécules. Dans certains scénarios, les argiles jouent un rôle important, car on sait que ces minéraux à structure feuilletée peuvent retenir des molécules organiques, ce qui pourrait faciliter des interactions entre molécules différentes. Mais d'où seraient venues les argiles ? Il fallait déjà que des roches ayant une composition particulière en minéraux aient été formées, puis altérées, certains minéraux se transformant alors en argiles. En vérité, les étapes conduisant à la formation des premières entités vivantes ne peuvent être imaginées sans concevoir à la fois l'évolution globale de l'enveloppe terrestre et la nature des divers environnements aquatiques, littoraux et continentaux apparaissant au fil du temps : l'apparition de la vie n'est que l'un des multiples aspects du changement planétaire. Les recherches sur l'origine de ces premières entités nécessitent des raisonnements rigoureux pour élaborer des hypothèses qui puissent être mises à l'épreuve d'expérimentations. Très schématiquement, il faut arriver à concevoir comment ont pu se mettre en place des molécules porteuses d'information (du fait de leur organisation en séquences de motifs moléculaires) capables de se reproduire et comment ont pu s'établir les premiers processus métaboliques, c'est-à-dire les processus de synthèse de molécules organiques commandés par les molécules porteuses d'information. Pour plusieurs raisons, les chercheurs pensent que l'ARN a dû apparaître avant l'ADN.

Imaginons que, dans un certain environnement, des molécules préfigurant l'ARN se soient formées, possédant la capacité de provoquer la synthèse de molécules identiques. Leur nombre devrait logiquement augmenter, au détriment de molécules moins stables et incapables de se reproduire. D'une molécule d'ARN « primitif » à l'autre, le processus de reproduction moléculaire pouvait être plus ou moins imparfait ; auquel cas, les molécules se recopiant le mieux devaient devenir proportionnellement plus nombreuses et mobiliser « à leur profit » les composants chimiques disponibles dans leur environnement. L'ARN pourrait être issu d'un processus de cette nature.

Trouver quel a été le cheminement le plus vraisemblable qui a débouché sur la formation de l'ARN puis de l'ADN est incontestablement une aventure scientifique passionnante. Mais il n'est pas nécessaire d'attendre qu'elle s'achève pour réfléchir aux propriétés de ces molécules et essayer de caractériser le phénomène de la vie. L'ADN a la capacité de se reproduire à l'identique. J'évoquais plus haut, sans entrer dans les détails, la précision des mécanismes chimiques qui font que les deux brins constituant une molécule d'ADN sont fidèlement recopiés quand ils se séparent lors de la division cellulaire : la reproduction de l'ADN est fondamentalement un processus conservateur. Mais une question surgit immanquablement : si ce processus de copie se déroulait à la perfection, la Terre ne devrait-elle pas être couverte uniquement d'innombrables répliques de la première molécule qui fut capable de se reproduire parfaitement ? Il n'en est rien, évidemment. La réalité, c'est la diversité. Une seule explication possible : le processus de reproduction de l'ARN, puis de l'ADN, a toujours été imparfait. Pourquoi ? Lors de la copie d'une molécule d'acide nucléique, le brin complémentaire est construit pas à pas, en suivant l'enchaînement des bases azotées du brin « modèle » : au fur et à mesure, en face de chacune est ajoutée la base azotée correspondante ; sauf que, de temps en temps, ce n'est pas la bonne molécule qui est mise en place. En supposant qu'avant l'apparition des premières cellules dites vivantes, des molécules d'ARN existaient déjà qui se multipliaient par reproduction, les mutations engendraient nécessairement une certaine diversité.

Des molécules préfigurant les acides nucléiques et les protéines aux premières cellules de type bactérien, les étapes ont sûrement été nombreuses. L'idée importante à retenir est que, dans tous les cas, les mutations ont dû jouer un rôle majeur, en provoquant une diversification des séquences dans les molécules d'acides nucléiques. D'où des systèmes chimiques aux propriétés diverses, dont certains ont été plus performants que d'autres en matière d'autoreproduction, devenant donc plus nombreux. Inversement, les systèmes autoreproducteurs les moins efficaces doivent logiquement devenir moins nombreux que les autres, voire disparaître. Cet aspect du raisonnement est essentiel : c'est exactement l'idée de Charles Darwin concernant la survie des individus les plus aptes à avoir une descendance dans un milieu donné ; en d'autres termes, c'est l'idée de la sélection naturelle. Toute la réflexion sur les processus conduisant à la formation des organismes vivants s'appuie sur l'idée d'une sélection « pré-biotique » de complexes moléculaires présentant au fil du temps des performances de plus en plus grandes.

Paradoxalement, nous sommes amenés à penser que l'autoreproduction a pu progresser en efficacité grâce au fait qu'elle ne fonctionne pas parfaitement. Ce paradoxe est au cœur de la caractérisation de la vie. J'écrivais plus haut que la vie est une propriété que possède la matière lorsqu'elle se présente avec une certaine composition chimique et avec une certaine organisation de ses composants. Cette propriété, c'est l'autoreproduction imparfaite, génératrice de diversité.

Autoreproduction par division : résultat, une multiplication. Logiquement, les premières entités vivantes devaient devenir de plus en plus nombreuses et, en même temps, de plus en plus diverses. Impossible de savoir si ces entités se sont formées en un seul lieu ou si le phénomène s'est produit indépendamment en différents endroits de la planète. Peu importe ; elles ont nécessairement occupé une place toujours plus grande, donc se sont probablement trouvées confrontées à des environnements variés. Faisons l'hypothèse que des systèmes autoreproducteurs qui sont efficaces dans un contexte physique et chimique particulier le soient moins dans un autre ou, au contraire, davantage. Si, par expansion, des entités vivantes sont susceptibles de coloniser un nouvel environnement, celles qui s'y multiplient le plus efficacement y réussiront le mieux, s'il en existe. Ce qui est d'autant plus probable que les entités sont plus diverses. La diversité apparaît ainsi comme une propriété collective des entités vivantes : elle conditionne la probabilité qu'il en existe qui soient capables de se reproduire efficacement dans de nouveaux environnements.

Les premières cellules vivantes obtenaient l'énergie nécessaire à leur fonctionnement par des réactions chimiques. Une étape majeure fut l'acquisition, par certaines cellules, de la capacité à capter l'énergie lumineuse pour synthétiser leurs constituants en utilisant le gaz carbonique comme source d'atomes de carbone. Ce mécanisme, la photosynthèse, s'est mis en place vers -3 500 millions d'années, dans des cellules vivant dans l'eau à faible profondeur. Pendant plus de 1 500 millions d'années, ces cellules se multiplièrent considérablement, ce qui contribua à diminuer la teneur du gaz carbonique dans l'atmosphère, qui s'enrichissait en même temps en oxygène, un gaz dégagé par la photosynthèse. Le processus se poursuivant, la concentration de l'atmosphère en oxygène continuait de croître sous l'influence du rayonnement solaire ; l'ozone a commencé à se former, réduisant peu à peu l'impact des rayons ultra-violets.

Ainsi, les êtres vivants ont eux-mêmes changé l'environnement terrestre, créant des conditions nouvelles qui ont sélectionné de nouveaux types d'organismes. C'est un phénomène absolument fondamental. L'existence d'organismes capables de synthétiser leurs constituants à partir de composés chimiques simples puisés dans le milieu rendait possible l'existence d'organismes « prédateurs ». On ne sait pas comment se sont mises en place les premières chaînes alimentaires. Il est en tout cas logique de penser que ce fut un processus favorisant à son tour la diversification des êtres vivants. Auparavant, deux innovations furent particulièrement importantes : l'apparition de la cellule à noyau – la cellule « eucaryote », dont l'existence vers -1 200 millions d'années est prouvée – et celle de la reproduction sexuée. Là encore, concevoir par quelles étapes les molécules d'ADN se sont organisées en chromosomes enfermés par une membrane à l'intérieur de la cellule, et comprendre comment se sont mis en place les mécanismes complexes de la formation des gamètes et de la fécondation est un défi pour la recherche.

Réfléchissons simplement à ce que signifie la reproduction sexuée. Elle consiste en la formation d'une cellule par fusion de deux cellules sexuelles provenant de deux individus parentaux. Cette fusion réunit ainsi deux jeux de chromosomes dans le noyau de la nouvelle cellule. Les chromosomes, qui contiennent des molécules d'ADN associées à des protéines, se présentent comme des petites structures ayant chacune une forme particulière. Chaque type de chromosome se retrouve donc en double – une « copie » paternelle et une « copie » maternelle – à la suite de la fécondation. Lorsque le nouvel individu forme à son tour ses propres gamètes, chacun de ceux-ci hérite d'un seul jeu de chromosomes à la suite d'un processus de division cellulaire particulièrement compliqué. Au cours de ce processus, les deux copies de chaque chromosome se répartissent de façon aléatoire, indépendamment de leur origine paternelle ou maternelle, de sorte que chaque gamète reçoit une combinaison particulière de chromosomes. En outre, avant cette répartition, des échanges de morceaux d'ADN peuvent se produire entre les chromosomes « paternels » et « maternels », qui se sont momentanément accolés par paires, selon leur forme. Sachant que par ailleurs, au fil des générations, des mutations ponctuelles se sont accumulées dans les molécules d'ADN, chaque individu né par reproduction sexuée hérite donc d'un « programme » original.

Chez les êtres vivants à reproduction non sexuée, les nouveaux individus sont constitués à la suite de divisions cellulaires au cours desquelles les mutations ponctuelles constituent la seule source de diversification. Par comparaison, la reproduction sexuée apparaît comme un mécanisme amplificateur de la diversité génétique, qui accroît la probabilité qu'existent des individus plus aptes que d'autres à vivre et à se reproduire, en particulier dans de nouveaux environnements.

Près de 3 000 millions d'années séparent l'apparition des cellules capables d'utiliser l'énergie lumineuse et les premiers fossiles connus d'animaux pluricellulaires. Ils ont été découverts à 600 kilomètres au nord d'Adélaïde, en Australie, dans les collines d'Ediacara. Dans des grès à grains très fins, vieux d'un peu plus de 600 millions d'années, des paléontologues ont découvert plus de 2 000 empreintes d'animaux à corps mou. Des fossiles analogues ont été trouvés dans des roches d'autres continents, ce qui témoigne d'une vaste répartition de cette faune qui vivait dans des milieux marins peu profonds. Certaines empreintes évoquent des méduses ou font penser à des vers, tandis que d'autres ne correspondent à rien de connu dans les fossiles plus récents et encore moins dans la faune actuelle. Il s'agissait dans tous les cas d'animaux ayant déjà une organisation complexe, ce qui oblige à admettre que la formation d'organismes pluricellulaires était antérieure à ces 600 millions d'années, sans que l'on sache de combien de millions d'années. Certains chercheurs mettent en relation cet événement avec une élévation suffisante des teneurs en oxygène de l'atmosphère et de l'eau de mer. Il est possible qu'une fois cette innovation apparue, la diversification soit allée vite.

La faune d'Ediacara disparut il y a un peu plus de 540 millions d'années, semble-t-il rapidement. Le phénomène est difficile à expliquer, et les hypothèses ne manquent pas. Certains auteurs évoquent le rôle de prédateurs, mais des prédateurs qui auraient exterminé leurs ressources n'auraient pas fait long feu. D'autres suggèrent l'impact de changements environnementaux, mais sans que l'on puisse en préciser la nature. Quoi qu'il en soit, une faune radicalement nouvelle s'est mise en place à cette époque. Elle est connue sous le nom de faune de Burgess, du nom de la localité canadienne, dans les montagnes Rocheuses, où le gîte fossilifère fut trouvé, au début du XXe siècle. Cette faune marine avait également une répartition mondiale. Elle était extraordinairement diversifiée, avec des formes annonçant clairement des groupes existant aujourd'hui, vers, mollusques, crustacés, arachnides, d'autres qui sont inclassables et se sont éteints rapidement. En peu de dizaines de millions d'années se sont donc formées de nouvelles catégories d'animaux, ayant des plans d'organisation différents et des modes de vie variés. Il y avait des consommateurs de particules organiques ou d'êtres unicellulaires, des brouteurs d'algues, des carnivores… Les écosystèmes de type Burgess étaient bien plus complexes que leurs prédécesseurs de type Ediacara. Et les transformations se sont accélérées ; seulement 100 millions d'années plus tard, des espèces végétales et animales avaient commencé à coloniser le milieu aérien, et les flores et faunes des milieux côtiers et continentaux se sont diversifiées en quelques dizaines de millions d'années.

Plus de trois milliards d'années entre l'apparition de premières bactéries et l'époque de la faune d'Ediacara, moins de 300 millions d'années entre celle-ci et la formation des premières forêts à *Archaeopteris*, une « fougère-arbre » apparue vers

-380 millions d'années : il y eut un emballement de la diversification du monde vivant. Deux processus y ont contribué : l'accroissement du nombre des espèces dans un même milieu, associée à la complexification des chaînes alimentaires, et la colonisation de milieux différents, avec sélection de formes de plus en plus adaptées. La formation progressive d'écosystèmes « inédits » a créé de nouveaux « espaces écologiques » susceptibles d'être colonisés par des organismes plus ou moins préadaptés. En d'autres termes, la diversification des espèces est un processus qui s'est lui-même favorisé. On imaginerait volontiers que ce phénomène s'est poursuivi sans discontinuer, ce qui expliquerait le niveau élevé de la biodiversité actuelle. L'analyse de tous les fossiles connus, des bactéries aux animaux en passant par les algues, les champignons et les plantes vasculaires, montre que la diversité des espèces marines et continentales a augmenté de façon exponentielle depuis environ 550 millions d'années. Mais, en réalité, ce n'est pas si simple.

De crise en crise

Il y a longtemps que les paléontologues ont mis en évidence des périodes, courtes à l'échelle des temps géologiques, au cours desquelles de nombreuses catégories d'organismes ont disparu. L'expression « extinction massive » était utilisée pour évoquer ces phénomènes, jusqu'à ce que le terme « biodiversité » soit inventé. Effet de mode, les extinctions massives sont devenues des « crises de la biodiversité ». Selon les auteurs, leur nombre varie, certaines crises étant considérées importantes, d'autres secondaires. Question d'appréciation. Des chercheurs ont calculé qu'entre sa formation et son extinction, une espèce n'existe au mieux que quelques millions d'années : tout au long de l'histoire de la vie, des espèces disparaissent, d'autres apparaissent. Les crises correspondent donc à des périodes où les extinctions sont beaucoup plus nombreuses que les apparitions de nouvelles espèces. Quelques scientifiques reconnaissent sept crises importantes, mais il y a un consensus assez général pour dire que la planète a connu jusqu'à présent cinq crises majeures.

Au cours de l'Ère primaire, vers -450 à -435 millions d'années, le pôle Sud, situé au niveau de la plaque continentale du Gondwana, s'est recouvert, en 2 millions d'années, d'une immense calotte de glace ; le niveau des mers a baissé en conséquence de 50 mètres, peut-être même de 100 mètres. Les eaux marines se sont refroidies, entraînant l'extinction d'environ 85 % des diverses catégories d'animaux marins. Ce fut la première crise.

Environ 70 millions d'années plus tard (-370 millions d'années), nouvelle crise, la deuxième, à nouveau liée à un refroidissement global de la planète, accompagné par une réduction drastique de l'oxygène dissous dans les océans, qui deviennent « anoxiques ». Deux hypothèses ont été avancées pour expliquer la chute des températures :

une intense activité volcanique, encombrant l'atmosphère de particules qui réduiraient la quantité d'énergie solaire arrivant à la surface de la Terre, ou bien une « pluie » de comètes ayant des conséquences analogues. Ces deux hypothèses ne s'opposent pas, et chacune est soutenue par un certain nombre de données. On sait par exemple qu'à l'époque, il y eut une très forte activité tectonique, conduisant à la formation de chaînes de montagnes – les chaînes dites « calédoniennes » –, activité à laquelle a dû être associé un volcanisme important. Quoi qu'il en soit, le refroidissement s'est à nouveau accompagné d'un abaissement du niveau des mers, dégageant des plateformes continentales qui ont en conséquence subi une érosion accélérée. Les matériaux produits par cette érosion auraient étouffé les récifs de type corallien qui existaient alors.

Il y a environ 250 millions d'années, à la fin de l'Ère primaire, troisième crise. Les océans mondiaux devinrent une nouvelle fois anoxiques, si l'on en juge par des données tirées de l'analyse de roches formées sous différents types de climat. Cela expliquerait l'extinction massive observée chez les organismes marins : de l'ordre de 90-95 % ! À cette époque, la planète a connu, en 8 millions d'années, deux des plus volumineux et plus explosif épisodes volcaniques continentaux depuis des centaines de millions d'années, en Chine puis en Sibérie. En moins d'un million d'années, le deuxième épisode a produit des quantités phénoménales de laves, qui ont couvert près de 3 millions de kilomètres carrés, formant d'immenses plateaux basaltiques appelés « trapps ». L'atmosphère a été modifiée, tant dans sa composition en gaz que dans sa teneur en particules, et la température moyenne s'est élevée d'environ 5 °C.

Une quatrième grande crise se situe vers -205 millions d'années, marquant le passage de la première partie de l'Ère secondaire, le Trias, à la seconde, le Jurassique. Il y a toutefois des chercheurs qui en contestent le caractère global, même si la disparition de plusieurs groupes d'animaux marins est indiscutable. Selon ces scientifiques, d'autres groupes n'ont pas manifesté des taux d'extinction exceptionnels. En outre, les données relatives aux espèces terrestres sont ambiguës : dans certaines régions, les flores auraient subi des changements profonds et rapides mais, dans d'autres, on constate des extinctions graduelles. De même, l'intensité des extinctions de vertébrés ne serait pas si importante que d'aucuns le prétendent. Deux autres crises, considérées comme mineures, ont suivi. Vers -183 millions d'années, un pic d'extinctions s'expliquerait à nouveau par de volumineuses éruptions volcaniques dans le sud du Gondwana, provoquant indirectement une large anoxie des océans. Vers -91 millions d'années, autre crise secondaire, bien que certains auteurs considèrent qu'il s'agit d'une période majeure de perturbation environnementale à l'échelle planétaire : élévation des températures de l'atmosphère et des océans, forte élévation du niveau des mers (de 300 mètres, selon certaines sources), anoxie, extinction de 26 % des genres connus, sur une période d'un peu moins d'un million et demi d'années. Cette époque a été marquée par une intense activité tectonique, avec la formation d'environ un million de kilomètres carrés de croûte océanique dans l'océan Indien et le Pacifique, ce qui suppose la montée de quantités énormes de magma. D'importantes quantités de gaz carbonique auraient alors été émises ; en outre, l'acidification des eaux marines aurait provoqué la dissolution de carbonates, libérant du gaz carbonique supplémentaire. Conséquence : un effet de serre provoquant un réchauffement global. Je n'entrerai pas, craignant de m'y perdre, dans l'enchaînement des processus qui auraient finalement provoqué une anoxie des océans entraînant une extinction massive, insuffisante toutefois pour être qualifiée de majeure.

C'est à la fin du Crétacé, la dernière partie de l'Ère secondaire, vers -65 millions d'années, que les auteurs situent la dernière crise majeure de la biodiversité. C'est sans doute la plus fameuse, car elle correspond à la disparition de plusieurs lignées de « reptiles » (un terme qui n'a plus de sens du point de vue évolutif, car ces lignées n'ont pas d'ancêtre commun direct), comme les ptérosaures, les ichtyosaures et les dinosaures – à l'exception du groupe de dinosaures qui a donné les oiseaux (en exagérant à peine, on pourrait dire que vous voyez un dinosaure quand vous croisez un merle dans votre jardin...). Elle est célèbre aussi en raison des vifs débats qui ont opposé les scientifiques à propos de ses causes possibles. D'un côté, les tenants de la chute d'une énorme météorite, de l'autre ceux d'une période de volcanisme intense.

Il est certain qu'une météorite d'environ 10 kilomètres de diamètre est tombée dans la région où se situe aujourd'hui la péninsule du Yucatan, au Mexique, formant le cratère de Chicxulub. Si la chute fut un événement très bref, ses conséquences sur le climat global de la Terre se seraient inscrites dans le long terme. En effet, des quantités considérables de particules ont dû être projetées dans l'atmosphère, puis se seraient répandues sur toute la planète. Interceptant le rayonnement solaire, elles auraient provoqué une forte diminution de l'activité photosynthétique, qui aurait entraîné des perturbations globales du fonctionnement des chaînes alimentaires et l'extinction en conséquence de nombreuses espèces.

Il est tout aussi certain que d'énormes épanchements de laves basaltiques ont eu lieu, vers -65 millions d'années, formant d'immenses trapps dans le Deccan, au centre de l'Inde. D'une épaisseur pouvant dépasser 2 000 mètres, ils ont couvert environ 1 500 000 km^2, dont les deux tiers ont été totalement altérés et emportés par l'érosion. La plaque indienne, il y a 65 millions d'années, se situait au-dessus du « point chaud » qui depuis a donné naissance à l'île de la Réunion. Lorsqu'un point chaud se trouve sous une plaque continentale, les roches chaudes qui montent des profondeurs du manteau s'accumulent et entrent en fusion du fait de l'augmentation de la pression et de la température. Le magma étant moins dense que les roches de la plaque continentale, il remonte et s'épanche en surface. Le volume initial des trapps du Deccan, qui fut produit en à peine un million d'années, est estimé à plus de 300 millions de kilomètres cubes. Le dégazage associé aurait injecté dans l'atmosphère l'équivalent de la moitié de la quantité de gaz carbonique actuellement dissoute dans les océans. La teneur de ce gaz dans l'atmosphère serait devenue trois fois supérieure à sa teneur actuelle, d'où un fort effet de serre : la température moyenne aurait augmenté de 4 °C. Sachant que l'altération des basaltes consomme du gaz carbonique atmosphérique, des géologues ont calculé qu'en 1,5 million d'années le gaz carbonique émis lors de la formation des trapps aurait été résorbé grâce à une altération très active, d'où une baisse de la température d'un peu plus de 4 °C. Parallèlement à ces changements climatiques globaux, il y aurait eu des modifications de la composition chimique des océans. Ces événements assez rapides – de l'ordre de 3 millions d'années – pourraient contribuer à expliquer les extinctions observées à la fin du Secondaire tant sur les continents que dans les océans.

Les données paléontologiques montrent que le déclin de nombreux animaux marins (ammonites, mollusques bivalves, foraminifères planctoniques) avait commencé au cours des 500 000 années qui ont précédé la chute de la météorite de Chicxulub. Celle-ci n'aurait donc que renforcé les bouleversements liés à la formation des trapps du Deccan. L'impact climatique de la météorite est contesté par certains chercheurs. Théoriquement, il aurait provoqué une diminution drastique de la photosynthèse du fait de l'émission dans l'atmosphère d'une poussière de particules de taille inférieure au micron. On trouve bien, largement répandue, une couche d'environ 3 millimètres d'épaisseur formée par les débris et poussières retombés après le choc. Mais son analyse, renforcée par des calculs théoriques, démontre que les poussières ultrafines ont été produites en quantité beaucoup trop faible pour avoir réduit de façon significative le rayonnement lumineux.

La question des « crises de biodiversité » donne lieu à deux types de débats dans la communauté scientifique. L'un porte sur les causes et sur leur répétition périodique éventuelle. Le second concerne les extinctions elles-mêmes. Il s'agit de savoir si elles affectent en même temps toutes les catégories d'espèces, végétales, animales, marines, continentales, et si leur caractère massif résulte d'un accroissement important des taux d'extinction des différentes espèces.

Des chercheurs envisagent l'explosion de supernovae pour expliquer les extinctions massives. Le flux de rayons gamma et de rayons cosmiques pourrait en effet détruire la couche d'ozone pour des centaines d'années, les ultra-violets solaires atteignant alors la surface terrestre avec une intensité désastreuse. Ce sont cependant les pluies cométaires et les chutes d'astéroïdes qui sont généralement privilégiées. Cette hypothèse, appelée « hypothèse Shiva », a l'avantage de lier des processus astrophysiques avec l'histoire de la vie. Selon certains chercheurs, des collisions avec des corps célestes de taille suffisante (quelques kilomètres de diamètre) pour produire des catastrophes environnementales (nuages de poussière, incendies) se sont produites avec une fréquence adéquate pour expliquer les cinq crises majeures et une vingtaine de crises secondaires au cours des 540 derniers millions d'années. La périodicité de ces événements pourrait être liée aux déplacements du système solaire dans la Voie lactée : tandis qu'il tourne autour du centre de la galaxie, il oscille de part et d'autre de son plan avec un demi-cycle d'environ 30 millions d'années. Ce phénomène pourrait provoquer des rencontres avec le nuage de comètes appelé Oort Cloud, qui serait proche de la Voie lactée, et entraîner des pluies cométaires à l'intérieur du système solaire.

L'analyse des extinctions à partir des restes fossiles est évidemment difficile au niveau des espèces, souvent délicates à définir. Les paléontologues travaillent surtout à l'échelle des genres et des familles (une famille regroupe plusieurs genres). L'étude des familles d'animaux marins, au cours des 250 derniers millions d'années (en gros depuis la fin de l'Ère primaire), a mis en évidence huit épisodes majeurs d'extinction. En considérant les genres, l'intensité de l'extinction apparaît encore plus forte, et deux événements supplémentaires sont mis en évidence. Une période de l'ordre de 26 millions d'années sépare les phases d'extinction les mieux datées. La tentation est évidemment forte de rapprocher ces observations de l'hypothèse des mécanismes extraterrestres évoquée plus haut.

Cela est toutefois contesté par des chercheurs qui notent que l'écart entre pics d'extinction varie de 20 à 60 millions d'années. En outre, la périodicité est plus ou moins évidente selon les organismes que l'on étudie. Elle a été révélée par l'étude d'animaux marins, mais pas de façon totalement satisfaisante. Elle l'est encore moins pour les vertébrés tétrapodes terrestres, en ce sens que s'il l'on considère l'ensemble des phases d'extinction massive qui se seraient produites tous les 26 millions d'années, les extinctions de tétrapodes coïncident dans certains cas, alors que dans d'autres ces animaux ne semblent pas avoir été particulièrement affectés. Au bout du compte, les données ne permettent pas de conclure en faveur ou en défaveur de l'hypothèse de la périodicité pour les tétrapodes terrestres.

Des géologues ont montré que des trapps ont été formés à différentes reprises depuis 260 millions d'années et qu'il y a une très bonne coïncidence entre quatre de ces événements et quatre des plus importantes phases d'extinction massive. À chaque fois, l'essentiel des laves – entre 1 et 4 millions de kilomètres cubes, rarement moins – aurait été émis en un petit million d'années. D'autres événements, y compris la formation de plateaux océaniques, ont été liés à des crises de second ordre. Il s'agit d'événements somme toute assez rares, puisqu'on en a mis en évidence seulement une douzaine au cours des 300 derniers millions d'années. Les scientifiques qui privilégient ces phénomènes pour expliquer les extinctions massives soulignent que si la chute de météorites de grande taille était systématiquement la cause de ces extinctions, on devrait trouver des traces des chutes correspondant aux crises. Or, selon eux, ce ne serait pas le cas, tandis qu'à l'inverse, disent-ils, on connaît des cratères de taille « valable » et bien datés auxquels ne correspond aucune extinction notoire.

Le débat sur les causes premières des extinctions massives ne semble donc pas totalement clos, même si les chercheurs n'opposent plus radicalement les hypothèses, en admettant que les différents phénomènes ont tous pu jouer un rôle à une époque ou à une autre. Grandes éruptions volcaniques, chutes d'astéroïdes, dans un cas comme dans l'autre, il faut de toute façon expliquer l'enchaînement des phénomènes qui aboutissent à la mort de quantités considérables d'organismes, dans les mers et sur les continents. Réchauffements provoqués par l'augmentation des gaz à effet de serre dans l'atmosphère, refroidissements liés à la réduction du rayonnement solaire arrêté par des nuages de poussière dense, augmentations du niveau des mers avec transgressions marines sur les terres basses, ou abaissements de ce niveau avec des fonds marins qui se découvrent, eaux marines qui s'appauvrissent drastiquement en oxygène. Les scénarios sont complexes et leur décryptage nécessite de longues recherches multidisciplinaires. Parfois il semble que les extinctions soient liées au retrait des eaux, d'autres fois à leur montée ; peut-être les deux phénomènes s'enchaînent-ils rapidement, leurs conséquences s'additionnant.

Pour pouvoir parler véritablement de « crise », il faut que le phénomène affecte de façon simultanée de nombreuses catégories d'organismes sur une grande partie de la planète. Il est des spécialistes des végétaux fossiles pour contester l'ampleur de la « crise » du Crétacé : de leur point de vue, il n'y a pas eu de réduction massive des végétaux chlorophylliens, ce qui voudrait dire que l'hypothèse d'un assombrissement de l'atmosphère par des nuages de poussière ne tient pas. On peut même imaginer que si la teneur de l'atmosphère en gaz carbonique avait augmenté, cela aurait pu stimuler la photosynthèse. De même, d'après les travaux d'André Nel, chercheur au Muséum, il semblerait que les insectes – c'est-à-dire, numériquement parlant, l'essentiel de la biodiversité ! – aient été peu affectés par cette crise du Crétacé.

Il ne faut pas oublier que, tandis que des espèces s'éteignent, de nouvelles apparaissent : de la balance entre les deux phénomènes résultent les variations quantitatives de la biodiversité. Une extinction massive peut résulter d'un abaissement du taux d'apparition de nouvelles catégories d'organismes, sans qu'il y ait nécessairement une augmentation importante du taux d'extinction dans toutes les lignées. Apparemment, c'est ce qui se serait produit par exemple à la fin du Crétacé en ce qui concerne les tétrapodes.

Les crises ? Et après ?

Crises majeures, crises secondaires, crises plus apparentes que réelles, parce que l'on focalise l'attention sur certaines espèces emblématiques : il y a naturellement une part d'arbitraire dans l'appréciation de ces événements. Il ne faudrait pas pour autant en minimiser l'importance. En effet, les extinctions massives ont joué de nombreux rôles dans l'évolution. Elles sont généralement suivies de phases de diversification intense des espèces, à partir de lignées qui ont « traversé les crises », pour des raisons qui sont d'ailleurs parfois difficiles à établir. Les espèces qui se sont éteintes jouaient chacune un rôle dans leur écosystème, y occupant une place d'une part dans l'espace, d'autre part dans le réseau d'interactions propre à cet écosystème. Selon une expression devenue depuis longtemps courante, chaque espèce éteinte occupait une « niche écologique » particulière. On imagine volontiers qu'une niche ainsi laissée vacante puisse être occupée par une espèce issue d'une lignée différente, mais dont des individus se trouvent avoir des préadaptations suffisantes pour s'y installer. Cette métaphore de la niche vacante que vient occuper une nouvelle espèce est utilement évocatrice, mais elle ne rend certainement pas compte de la réalité des processus. Il serait d'ailleurs fallacieux d'imaginer un écosystème comme un assemblage de niches, boîtes fixes pouvant ou non être occupées au gré des événements. La disparition d'espèces faisant partie d'un écosystème, et ce d'autant plus que ce n'est pas un phénomène instantané, ne laisse pas un logement inoccupé, mais provoque une réorganisation de l'écosystème, plus ou moins importante selon les fonctions qu'elles y remplissaient. Il s'agit donc d'une situation différente de celle qui prévalait, et qui peut par conséquent favoriser l'émergence d'espèces nouvelles par sélection naturelle.

Les extinctions massives sont donc génératrices de contextes écologiques nouveaux, qu'il s'agisse des conditions environnementales ou des réseaux d'interactions entre espèces. Il s'ensuit souvent une intense diversification de certaines lignées, phénomène désigné depuis longtemps par l'expression « radiation adaptative ». La plus célèbre – elle nous concerne ! – est celle des mammifères, au Tertiaire, qui fait suite à la disparition des dinosaures et autres lignées reptiliennes florissantes pendant l'Ère secondaire. À la fin du Crétacé, il existait 27 familles de mammifères, qui ne totalisaient sans doute pas plus de 300 espèces. La crise les a aussi affectés. Les marsupiaux, par exemple, ont perdu environ 90 % de leurs espèces et sur quatre grandes lignées, trois ont définitivement disparu. Celle qui a survécu est à l'origine des diverses familles de marsupiaux connus en Amérique du Sud et en Australie. En revanche, les placentaires (mammifères ayant un placenta, tandis que sa fonction est remplie par une structure différente chez les marsupiaux) ont mieux traversé la crise. Par la suite, la diversification a été considérable. Aujourd'hui, les mammifères comptent environ 5 400 espèces, dont une grande majorité de placentaires, répartis en plus de 100 familles, les marsupiaux représentant moins de 300 espèces, et les monotrèmes (mammifères qui pondent des œufs) trois espèces, dont le célèbre ornithorynque à « bec de canard ».

Cependant, la différenciation des grandes lignées actuelles de placentaires donne lieu à débat. Des chercheurs ont analysé, chez des espèces actuelles, les séquences de bases azotées de certains gènes et les séquences d'acides aminés de diverses protéines. S'appuyant sur le principe de « l'horloge moléculaire », selon lequel les mutations ponctuelles se produisent à un rythme constant dans certaines régions des acides nucléiques, ils ont daté la divergence de ces lignées : elle se situerait non pas au Tertiaire, mais entre -112 et -104 millions d'années, donc bien avant la fin du Crétacé ! Selon ces chercheurs, cette diversification serait associée à la dissociation des plaques continentales, en particulier avec la séparation de l'Amérique du Sud de l'Afrique.

Tout cela signifierait ou bien que des fossiles correspondant aux premiers représentants de ces lignées feraient défaut pratiquement pendant 35 millions d'années (alors que des fossiles d'autres mammifères sont connus), ou bien que la divergence au niveau moléculaire aurait précédé la divergence morphologique de plusieurs millions d'années. Les critiques ne manquent donc pas. Beaucoup de scientifiques, en effet, mettent en doute le principe même de l'horloge moléculaire, selon lequel les mutations se produiraient à rythme constant, ce qui n'est pas démontré. Critique recevable… mais le débat a été relancé il y a quelques années par la découverte, en Chine, d'un fossile extraordinairement bien conservé, daté de -125 millions d'années, qui correspond à des placentaires modernes ! Quoi qu'il en soit, il est certain que les placentaires ont « explosé » au début du Tertiaire, de façon particulièrement rapide au cours du premier million d'années, avec dans certains groupes une multiplication par dix, ou même plus, du nombre des espèces. Par ailleurs, alors que les mammifères qui subsistent après la crise sont très petits – on estime le poids moyen d'un individu, toutes catégories confondues, à moins de 100 grammes –, des animaux de la taille d'un rhinocéros existent une dizaine de millions d'années après, schématiquement vers -55 millions d'années. Cependant, une grande faune d'herbivores ne se constitue qu'une vingtaine de millions d'années plus tard. En fait, vers -55 millions d'années, on observe le déclin de nombreuses formes, que l'on qualifie d'archaïques, tandis que commencent à apparaître les groupes qui existent encore aujourd'hui. Il y a environ 30 millions d'années, toutes les familles actuelles sont constituées et, il y a 6 ou 7 millions d'années, quelque part en Afrique, s'annonce la lignée dont nous sommes issus.

Évidemment, bien d'autres groupes d'animaux et de végétaux ont connu des phases de radiation adaptative, très inégalement documentées selon le nombre et la qualité des restes fossiles. Les mollusques marins, avec leurs coquilles, les vertébrés, avec leurs os, ont laissé une mémoire abondante. Comme il est dommage que les papillons aient laissé peu de traces dans les sédiments du passé ! Comment des espèces gondwaniennes isolées sur la plaque continentale sud-américaine ont-elles formé la lignée des Morphinae, si extraordinairement diversifiée au travers de toute l'Amérique tropicale, du bord de la mer jusqu'à plus de 3 000 mètres d'altitude dans les Andes, de la banlieue de Buenos Aires jusqu'au nord du Mexique ? Difficile de savoir si cette diversification fut consécutive à l'extinction d'autres insectes. Mais peut-être n'est-il pas besoin d'une telle hypothèse : la formation des Andes offrait de nouvelles opportunités à des espèces démographiquement dynamiques, susceptibles d'investir de nouveaux espaces. Autant de milieux, autant de contextes où la sélection naturelle a dû entraîner les aventurières sur des voies divergentes.

Les radiations adaptatives ne se résument donc pas à un processus « en vase clos », faisant suite sur place à des extinctions massives. De nouvelles terres se forment, d'autres deviennent accessibles grâce à des connexions, temporaires ou durables : autant de circonstances favorisant des migrations de colonisateurs d'espaces vierges, ou d'envahisseurs d'écosystèmes existants, entrant en compétition avec les espèces locales et se trouvant donc confrontés à de nouveaux contextes sélectifs.

Et voici l'Homme

Vol de jour Lima-Rio de Janeiro, 6 avril 2005. Après plusieurs semaines dans le nord du Pérou à étudier la répartition géographique des papillons, je migre au Brésil, où je vais participer au premier congrès des spécialistes des papillons de l'Amérique tropicale. L'avion se dirige d'abord du nord vers le sud, en suivant la côte péruvienne. De là-haut, l'immense désert qui s'étend entre le rivage du Pacifique et la cordillère des Andes est impressionnant, et beau. Des couleurs ocre, jaune et rouge, s'enchevêtrent à l'infini, au gré des roches et des reliefs. Soudain, apparaissent des rectangles verts, géométriquement impeccables, comme un coupé-collé illogique. On devine quelques bâtiments, des pistes y parviennent : des agriculteurs transforment le désert en champs. L'avion oblique maintenant vers la Bolivie. Les nuages s'entrouvrent au-dessus du lac Titicaca ; voici les hauts sommets blancs de neige qui dominent la cuvette de La Paz ; puis les pentes andines deviennent vertes et basculent vers les plaines du bassin amazonien, veinées de fleuves rouges d'érosion. De nouveau, une étonnante géométrie d'immenses champs : des agriculteurs ont transformé la forêt.

En quelques heures, on passe de l'acharnement à cultiver le désert, à coups d'artifices, à l'acharnement à supprimer une forêt riche de dizaines de milliers d'espèces pour donner place à de tristes monocultures, à de monotones pâtures à vaches. *Homo sapiens* est à l'œuvre.

Homo sapiens, une espèce formée comme toutes les autres au cours de l'évolution de la vie, mais très récemment. La lignée des humains s'est individualisée il y a seulement quelques millions d'années. Toumaï *(Sahelanthropus tchadensis)*, Orrorin *(Orrorin tugenensis)*, Lucy *(Australopithecus afarensis)*, sont les vedettes d'une histoire africaine à rebondissements. Les préhistoriens traquent la dent, le morceau de crâne, la tête de fémur, le débris d'omoplate, tous ces précieux fragments de squelettes qui, datés, mesurés et auscultés en tous sens, comparés méticuleusement aux parties correspondantes de nos proches cousins les grands singes, et de notre propre squelette, permettent de préciser l'évolution des animaux dont nous sommes issus. Au fil des découvertes, des controverses, les interprétations évoluent, notre histoire se révèle peu à peu. Finie, la bande dessinée faisant croire que l'homme est un singe qui s'est redressé selon une progression linéaire : les fossiles ne s'enchaînent pas si simplement ; au contraire, ils dessinent un buisson de lignées, dont le genre *Homo* n'est qu'un rameau.

Une espèce voisine de la nôtre, *Homo neanderthalensis*, s'est éteinte, il y a moins de 30 000 ans, comme tant d'autres espèces animales et végétales au cours de l'histoire de la Terre. L'idée a été avancée que les hommes de Néanderthal n'auraient pas résisté à la compétition avec les *sapiens*. Les spécialistes en débattent. En tout cas *Homo sapiens* a réussi. Il est là, bien là, tout seul, en pleine croissance démographique.

Les prédécesseurs des *Homo* furent des migrants, s'aventurant très tôt hors de l'Afrique. Reconstituer cette expansion, retracer les voies migratoires, dater les étapes : de nombreuses équipes de chercheurs se sont attelées à la tâche. Peu à peu, les interprétations trop simples s'écroulent, les cartes se précisent au fil des découvertes, la chronologie s'affine avec les progrès des techniques de datation.

Les *Homo sapiens* se sont montrés particulièrement inventifs, créant des objets toujours plus raffinés. Il faut contempler des outils en silex taillé, observer la diversité des formes témoignant d'usages variés. Quiconque tenterait de tailler un morceau de silex ne peut qu'admirer la finesse, la précision avec lesquelles des pointes de flèche, des lames, des racloirs ont été façonnés, leurs tranchants minutieusement élaborés. Chasse plus efficace, découpe des gibiers et nettoyage des peaux plus faciles : les avancées techniques s'enchaînent au long des millénaires.

Bien après la maîtrise du feu, l'innovation la plus révolutionnaire fut l'agriculture. Imaginez les patientes observations, les longues réflexions de celui ou de celle qui, une première fois, imagina de semer les grains d'une herbe nourricière, et pour cela de préparer un coin de terre. Il me plaît d'imaginer que ce fut une femme, plutôt qu'un mâle se consacrant à la chasse. Elle savait qu'il fallait attendre que les plantes poussent et fructifient, pour enfin pouvoir récolter de nouveaux grains et se nourrir, en pensant à mettre de côté une partie de la récolte pour semer, dans l'espérance du prochain cycle des saisons. Nous devons rendre hommage à la Première Agricultrice, qui initia la transformation la plus rapide que la Terre ait jamais connue. Hommage que méritent tout autant ceux qui commencèrent à domestiquer nos futures vaches, nos futurs chiens et quelques autres espèces. Extraordinaire démarche que celle de la domestication, impliquant des générations d'humains poursuivant une même logique, pour obtenir, par sélection réitérée, des animaux correspondant à des projets précis. Parmi ces projets, il en fut un fort paradoxal : domestiqués à partir du loup, mangeur d'herbivores, des chiens ont été sélectionnés pour garder les herbivores domestiques ; ils ont été peu à peu « façonnés » en défenseurs de l'agneau innocent contre le loup féroce.

Des champs, donc des villages d'humains sédentaires, donc des chemins pour aller aux champs, pour se rendre d'un village à l'autre. L'espace est transformé, l'aménagement des territoires a commencé. Des chevaux, des ânes, des chèvres, des vaches, des poules, des canards, des chiens, des cochons. Les riz, maïs, blés, seigles, mils, avoines, patates et tomates, haricots et lentilles, les pommes, les agrumes, les potirons et autres courges… Des espèces sont transformées, des variétés nouvelles créées. Une biodiversité domestique.

Les humains se multiplient, se répandent par terre et par mer. Bientôt des villes, des routes, des machines, des chemins de fer, des bateaux à vapeur, des automobiles, des aéroplanes, le béton, l'asphalte, le pétrole brûlé à flots, des organismes génétiquement modifiés. Des herbicides, des insecticides, des éléments radioactifs, des zones humides asséchées, des lacs de barrage, des villages séculaires engloutis, des chinois déplacés par millions, des fleuves canalisés, une usine marémotrice dans mon pays d'enfance, génératrice de bouchons estivaux entre Saint-Malo et Dinard; l'air pollué, les nitrates déversés pour pallier l'épuisement de sols surexploités, trop de cochons, en tout cas trop de lisier, les eaux polluées, jusque dans la mer, et tant pis pour les ostréiculteurs, tant pis pour les baigneurs venus en voiture au plus près des plages, où surabondent des algues vertes qui pourrissent en émettant des effluves mortelles; les pluies acides (vous vous souvenez, dans les années 1980?), la couche d'ozone trouée, la mer d'Aral asséchée, les gaz à effet de serre commençant à produire leurs effets, les ordures des alpinistes s'accumulant aux abords de l'Everest; les débris de fusées et les vieux satellites commençant à former le premier anneau de la Terre, le nuage de Tchernobyl osant franchir la ligne bleue des Vosges, les admirables jardins des temples de Kyoto, un Christ indifférent voyant pousser les favelas de Rio de Janeiro depuis le Corcovado, sur les pentes duquel poussent encore de belles forêts, un ersatz de forêt tropicale entretenu à grand coût énergétique à Montréal dans un ex-équipement olympique, la muraille de Chine, les pyramides de Pei, des îles artificielles pour agrandir des micro-états pétroliers, des marinas habillant des côtes plus belles quand elles étaient nues, les terrasses séculaires des Cévennes ayant permis de cultiver d'abruptes pentes, tout comme, à une échelle autrement grandiose, les andes des Incas, dont les traces se voient sur les flancs de la vallée sacrée de l'Urubamba ; des autoroutes et encore des autoroutes, des champs d'éoliennes en Beauce, en mer ; les glaciers qui reculent, des îles qui craignent de disparaître sous quelques centimètres d'océan, l'idée de faire des retenues d'eau, en montagne, pour alimenter des canons à neige, faute de neige…

Il est dommage que le Code International de la Nomenclature Zoologique interdise de renommer une espèce ayant déjà un nom établi dans le respect des règles. Sinon, j'aurais proposé que l'espèce humaine prenne le nom de « *Homo transformator* » à la place de *Homo sapiens*. Il n'est pas évident, en effet, que l'homme ait la sagesse qui siérait à un animal savant ; en revanche, né du changement, il est devenu une espèce envahissante contribuant à son tour au changement de la planète, à une vitesse sans précédent, créant ainsi une situation radicalement nouvelle.

La vie a eu la vie dure

Le niveau des mers risque de s'élever sensiblement si l'augmentation de la température planétaire accentue la fonte des calottes glaciaires. Cela sera dramatique pour les populations humaines agglomérées le long des côtes très basses, ou dans ces deltas de terres incertaines à la merci des eaux. Cela n'est rien au regard de l'histoire de la planète. Cela est grave si c'est de notre faute et si nous ne faisons rien pour l'éviter. Cela est tout aussi grave si nous n'y sommes pour rien, parce que la vie de millions d'humains est en cause. Et ce n'est pas parce que des milliards et des milliards d'êtres vivants ont disparu, du fait des changements de leurs environnements, que les conséquences du changement climatique actuel sont à passer par pertes et profits. Mais tout cela doit faire réfléchir au cheminement de la vie au travers du temps, et à ce qui lui a permis de se maintenir : comment se fait-il que, jusqu'à présent, la vie ait été durable ?

Quel que soit son mode de reproduction, toute espèce tend à se multiplier et produit des individus aux héritages génétiques distincts. Les différences peuvent porter sur les aptitudes de chacun à vivre suffisamment pour, selon le cas, se diviser ou se reproduire sexuellement dans un environnement donné, et ainsi transmettre son patrimoine génétique (que des mutations, des recombinaisons modifieront) à ses descendants. En milieu constant, les individus qui y sont les moins adaptés tendent à disparaître au profit de ceux qui le sont davantage et, de génération en génération, la sélection naturelle doit favoriser une progression du niveau moyen d'adaptation au milieu. En revanche, si l'environnement change, il y a risque d'extinction s'il ne se trouve pas d'individus préadaptés aux circonstances nouvelles. Au contraire, s'il en existe, la sélection naturelle les favorise, d'où une divergence possible, qui ira en s'accentuant, par rapport à l'espèce initiale. De façon analogue, si une espèce tend à se répandre et à coloniser des milieux différents de son milieu d'origine, la sélection naturelle jouera dans le sens d'une diversification, là encore dans la mesure où existent des individus suffisamment préadaptés.

La durabilité de la vie, dans un univers changeant en permanence, est ainsi conditionnée par son adaptabilité, donc par sa capacité à changer, rendue possible par la diversité génétique existant au sein de chaque espèce. Idée essentielle, qu'il faut toutefois nuancer. Une espèce peut en effet se maintenir sans changement significatif dans la mesure où les individus qui la composent ont une large tolérance aux variations du milieu, par exemple grâce à des capacités d'ajustement physiologique ou comportemental. Bien entendu, si les changements environnementaux sont trop importants, l'adaptabilité individuelle ne suffit plus ; faute de diversité, c'est la disparition à plus ou moins brève échéance.

On peut imaginer qu'à l'origine de la vie, il n'y eut qu'une seule « espèce », si tant est que ce terme puisse être utilisé pour désigner les premières entités vivantes. La profonde unité de l'organisation moléculaire des espèces actuelles est un argument décisif à l'appui de cette idée. À quel moment et selon quelles modalités, des organismes différents, issus de cette « espèce » ancestrale, sont-ils devenus interdépendants, formant les premiers systèmes écologiques ? Difficile de le dire. L'important, c'est de comprendre qu'à partir de là, la durabilité de la vie nécessitait la continuité de jeux d'interactions garantissant à chaque espèce les ressources devant lui être fournies par d'autres. Les radiations évolutives par colonisation de terres vierges, telles les îles volcaniques émergeant au milieu des océans, n'ont donc été possibles que par mise en place de systèmes écologiques viables. Dans le cas de radiations au sein de systèmes écologiques préexistants, mais modifiés quelquefois radicalement par l'extinction d'espèces qui en faisaient partie, les nouvelles espèces s'y développant doivent être aptes à y interagir sans délai. Il est vraisemblable que des espèces « généralistes », dont les individus peuvent vivre dans une large gamme de situations, sont favorisées dans ce type de circonstances. À partir de telles espèces, des lignées peuvent se différencier et donner lieu à l'émergence d'espèces de plus en plus spécialisées. Il est bien connu que, dans certains écosystèmes actuels, il y a entre certaines espèces des liens obligatoires : dans les cas les plus « sophistiqués », on parle de symbiose. Ces couplages se sont sans doute établis progressivement par sélection d'individus de plus en plus étroitement coadaptés, selon un processus dit de « coévolution ». Il y a là un domaine de recherche particulièrement passionnant, notamment parce qu'il n'est pas simple de comprendre pourquoi certains écosystèmes, essentiellement (mais pas seulement) tropicaux, possèdent des assemblages d'espèces définitivement associées, jusqu'à l'extinction, par des liens quelques fois extrêmement subtils.

J'avançais plus haut, sans prendre de risque, que la vie est une propriété que possède la matière lorsqu'elle se présente avec une certaine composition chimique et avec une certaine organisation de ses composants. Allons maintenant plus loin. Cette propriété fondamentale, c'est la reproduction imparfaite, génératrice de diversité. La diversité rend possible, sans la garantir, l'adaptabilité. Il se trouve que, jusqu'à aujourd'hui, l'adaptabilité des êtres vivants a toujours été suffisante, puisque la vie a perduré à la surface d'une planète qui n'a cessé de changer. Des espèces se sont éteintes. Des espèces nouvelles se sont formées. Certaines se sont maintenues sans changement apparent pendant de très longues durées. D'autres se sont diversifiées rapidement. En conséquence, le visage de la vie n'a cessé de se modifier. L'évolution est un phénomène matériel, qui devrait se poursuivre. *Homo transformator*, pardon, *sapiens*, en est devenu un acteur majeur.

4.

Portées disparues

D'aucuns penseront – l'égoïsme humain aidant – que la Terre a déjà connu de vastes révolutions des flores et des faunes et que les interventions humaines ne sont qu'un épisode de plus. La différence fondamentale entre les « révolutions naturelles » et les destructions de l'homme réside dans le facteur temps. Il a fallu des millions d'années pour qu'évoluent sensiblement les flores et les faunes. Nous assistons au massacre de la vie naturelle par l'homme dans un laps de temps biologiquement et géologiquement négligeable.

Émile Dottrens,
La Place de l'espèce humaine dans la nature, 1961.

La mort du dernier

> J'excuse votre ignorance sur maintes questions concernant ce Grand Nord, car vous êtes jeune et n'avez guère voyagé. Toutefois, je suis d'accord avec vous sur un point : le mammouth n'existe plus. Comment le sais-je ? Parbleu, j'ai tué le dernier de ma main droite.

Il faisait nuit ; une nuit arctique qu'illuminait une aurore boréale. Un feu de camp, dans l'air gelé. Soudain, d'on ne sait où, Thomas Stevens avait surgi et demandé du tabac. La conversation s'installa ; histoires de chasse, d'animaux fabuleux. L'homme raconta comment il avait fait mourir d'épuisement le dernier mammouth, immense animal qui avait commis l'erreur de casser son fusil et d'écraser chienne et chiots sous un seul pied.

Dans une nouvelle publiée en 1901, Jack London avait imaginé cette étonnante rencontre, sous le titre « A Relic of the Pliocene ».

La disparition des mammouths, qui furent longuement contemporains des humains, interpelle. Notre espèce en serait-elle responsable ? Avec des variations selon les régions, l'extinction de ces animaux se situerait entre 12 000 et 9000 ans avant le présent, tant sur le continent nord-américain que sur le continent eurasiatique. Disparition définitive ? Pas tout à fait : dans l'île de Wrangel, au nord de la Sibérie, une population s'est maintenue jusque vers 1700 ans avant Jésus-Christ : les derniers mammouths ont vécu au-delà de la préhistoire. Le bruit court qu'encore, vers l'an 1000...

L'idée qu'il ait pu subsister quelques mammouths jusqu'à notre époque fascine. Jack London fit d'un humain furieux d'avoir perdu son fusil et ses chiens l'exterminateur de l'ultime représentant de l'espèce, à la fin du XIXe siècle. Aujourd'hui, les scientifiques s'interrogent surtout, et fort sérieusement, sur le rôle possible des hommes dans la disparition, en un temps somme toute assez court, de l'ensemble des mammouths.

La question est difficile, et nul ne s'aventure à trancher définitivement. Il faut déjà s'assurer que les mammouths étaient chassés. Il y a d'excellentes preuves, mais qui ne permettent pas d'évaluer réellement l'impact des prélèvements. L'existence de chasses très importantes en Europe centrale, il y a un peu plus de 18 000 ans, a été établie avec de solides arguments, en particulier par Stéphane Péan, un chercheur du Muséum. Plus récentes (15 000 ans environ), des accumulations de pièces squelettiques trouvées en Russie et en Ukraine auraient été liées à des activités de collecte d'ossements plutôt qu'à des chasses : les squelettes de mammouths n'auraient donc pas manqué. D'ailleurs, on trouve encore des restes de ces animaux, parfois extraordinairement conservés, dans les sols gelés de Sibérie. Il est clair que les pachydermes, en grand nombre, ne sont pas morts de main d'homme, sur l'ancien continent comme sur le nouveau.

Certains chercheurs ont avancé l'hypothèse que les migrations des humains, en Amérique du Nord, avaient pu favoriser des épidémies chez les animaux sauvages, hypothèse en réalité fort peu étayée. En fin de compte, les changements climatiques liés à la fin de la dernière glaciation semblent être la cause majeure de la disparition des mammouths, par le biais des transformations de l'environnement. Il y a 21 000 ans environ, l'Eurasie était couverte, des côtes occidentales aux côtes orientales, par des steppes, vastes écosystèmes herbacés adaptés à des précipitations relativement faibles. Les mammouths en étaient les hôtes ; ils y trouvaient leur nourriture en abondance. Aux plus hautes latitudes, ces prairies cédaient la place à la toundra. Avec le réchauffement du climat et l'accroissement concomitant des précipitations, des forêts ont progressé vers ces latitudes : les steppes ont été en quelque sorte laminées entre les forêts de conifères – la taïga – et la toundra. Le milieu de vie des mammouths s'est résorbé, leurs effectifs se réduisant en conséquence. Ici ou là, des prédécesseurs de Thomas Stevens ont pu mettre fin à des populations de toute façon au bord de l'extinction.

Drames insulaires

Il n'y a pas si longtemps, il est arrivé que soient mis aux enchères, à l'Hôtel Drouot, des œufs géants de Madagascar. Ils ne portaient point de date de ponte, mais on sait que celle-ci est ancienne : les parents, les oiseaux-éléphants ou aepyornis – qui n'existaient qu'à Madagascar – ont disparu il y a

1000 ans environ. Difficile d'appeler « volatiles » ces membres du groupe des autruches, émeus et autres nandous, qui pouvaient vraisemblablement peser près d'une demi-tonne et étaient incapables de voler. Ils existaient dans toute la Grande Île, et virent arriver les premiers humains, il y a peut-être moins de 2000 ans. Des morceaux de coquilles ont été trouvés associés à des restes de foyers : des œufs aussi énormes devaient pouvoir nourrir des familles ! Pour autant, cela ne suffit pas à expliquer la disparition des aepyornis. On évoque la chasse, des maladies transmises par des oiseaux domestiques, le rôle des rats et des chiens, qui auraient mangé des œufs. Pour certains, la chasse aurait provoqué l'extinction des oiseaux-éléphants en peu de temps. Pour d'autres, leur disparition résulterait d'un changement climatique ; du fait d'une période de sécheresse prolongée, les effectifs auraient chuté, les aepyornis se seraient rassemblés autour de points d'eau, finalement asséchés, et y seraient morts. Au final, difficile d'incriminer les seuls humains, dont les prélèvements n'ont peut-être fait que parachever l'action de facteurs naturels.

Des oiseaux géants ont également existé en Nouvelle-Zélande : les moas. Les plus grands d'entre eux pouvaient atteindre, voire dépasser, trois mètres et demi de haut. Comme les aepyornis, c'étaient des oiseaux marcheurs. Des ossements furent découverts par des voyageurs dans les années 1830. Des restes momifiés, des plumes, ont été également trouvés, ce qui a permis aux scientifiques de préciser l'aspect de ces oiseaux. À partir de l'an 800, semble-t-il, mais surtout au XIVe siècle, les ancêtres des Maoris arrivèrent dans l'archipel néo-zélandais. Quatre cents ans plus tard, les moas avaient disparu. Il a pu être établi que des tribus pouvaient consommer une dizaine de moas par semaine et, cette fois, la chasse et la consommation des œufs sont clairement en cause.

Bien plus populaire est le dodo. Fort petit en comparaison, tout aussi inapte au vol, il n'existait que dans l'île Maurice. Celle-ci avait été découverte par des marins hollandais à la fin du XVIe siècle. Facile à chasser, l'oiseau fut un gibier privilégié en dépit de la piètre qualité de sa chair. En outre, les rats introduits par les bateaux consommaient ses œufs. Vers 1680, le dodo était éteint. Il n'en existe aucun spécimen naturalisé, mais quelques muséums, dont celui de Paris, en possèdent des pièces squelettiques, voire un squelette complet.

Dans une salle de la « zoothèque » souterraine du Muséum national d'Histoire naturelle, il y a un gros poussin noirâtre et, à côté de lui, un adulte, lequel est si fragile que l'on évite de le déplacer. C'est une sorte de petite autruche, appelée l'émeu noir. L'animal, vivant, arriva à la Ménagerie du Muséum en 1805, où il mourut en 1822. Rapporté par l'expédition de Nicolas Baudin en Australie (1800-1804), il fit d'abord un court séjour à la ménagerie de la Malmaison. Il était accompagné d'une femelle ; ils s'accouplèrent, mais n'eurent point de descendance. Deux poussins avaient été capturés dans la nature, mais ils moururent pendant le long voyage de retour, ainsi que quatre autres individus plus âgés. Il y a quelques doutes sur l'origine géographique des spécimens qui subsistent dans les collections : l'adulte, le poussin et un squelette conservés au Muséum de Paris, une peau au Muséum de Genève, un squelette à Florence, un jeune individu naturalisé à Turin. L'adulte parisien provient vraisemblablement de l'Île King, située entre la Tasmanie et l'Australie. Mais on sait que deux individus furent pris dans une autre île, située plus au nord et plus près de la côte australienne, l'Île Kangourou. Il est possible que les émeus des deux îles aient constitué des espèces différentes. L'origine géographique du poussin conservé au Muséum ne pouvant être établie avec certitude, le spécimen ne peut être rattaché à une espèce précise. Pauvre poussin, trace apatride et sans nom d'une espèce disparue : au cours du XIXe siècle, les émeus des Îles King et Kangourou furent exterminés.

Le dodo est la première espèce dont la disparition, du fait de l'homme, est relativement bien documentée. Beaucoup d'autres ont suivi. En même temps que les Occidentaux colonisaient de plus en plus de régions, ils cherchaient à en connaître les faunes et les flores : des spécimens naturalisés venaient prendre place dans les cabinets des princes et des riches commerçants, des animaux étaient ramenés vivants, pour les ménageries des grands, vitrines de leur puissance. C'est grâce à cela que des muséums possèdent aujourd'hui les précieuses reliques de certaines espèces disparues, les unes célèbres, d'autres inconnues du public. Des endémiques insulaires, souvent, mais pas seulement : le massacre des espèces animales est l'une des manifestations précoces de la mondialisation.

AUX ESPÈCES DISPARUES, L'HUMANITÉ ATTRISTÉE

À Paris, dans le 5ᵉ arrondissement, le Panthéon, empli de tombeaux d'hommes célèbres, couronne la montagne Sainte-Geneviève. Au pied de celle-ci, près de la Seine, s'étend le Muséum national d'Histoire naturelle, avec ses bâtiments historiques, son Jardin des Plantes, où la Grande Galerie de l'Évolution préside la perspective du jardin à la française. L'imposant bâtiment, destiné aux collections de zoologie, fut inauguré en 1899 et qualifié à l'époque de « Louvre de la Science ». À l'intérieur, une longue salle – initialement dédiée aux oiseaux – présente aujourd'hui des spécimens d'espèces disparues ou en voie d'extinction. À l'entrée est disposée une tranche d'un chêne tricentenaire, abattu par la tempête de 1999, en forêt de Fontainebleau. Sur un bandeau transparent, des silhouettes d'animaux disparus se surimposent aux cercles concentriques bien visibles à la surface du bois : devant le visiteur, 300 ans de la vie d'un chêne, jalonnée par l'extinction de dizaines d'espèces animales…

Quand j'étais gamin, dans un livre lu et relu, un conte joliment illustré m'avait fasciné. Brûlant dans une cheminée, une bûche provenant d'un énorme chêne racontait à des enfants, accroupis devant le feu, tout ce que l'arbre avait vu depuis sa naissance. Il avait commencé sa vie, fragile plantule née d'un gland, au temps de Louis XIV ; trois siècles plus tard, du haut de ses 30 mètres, il voyait passer de belles automobiles amenant en forêt d'élégants pique-niqueurs. De là, sans doute, vient ma vénération pour les vieux arbres. Au pied de chênes séculaires de la forêt de Fontainebleau – je ne peux oublier feu le chêne Jupiter, qui vécut près de sept siècles –, comme au pied de géants en forêt amazonienne (peut-être plus jeunes, en dépit de leurs dimensions), je pense au déroulement de l'histoire humaine, à la succession de nos brèves générations, à l'extraordinaire transformation imposée à la planète en très peu de siècles.

De là, aussi, m'est venue l'idée de la tranche d'arbre de la Grande Galerie. Le chêne de Fontainebleau était né sous Louis XIV comme le chêne du conte. Mort à la veille du XXIe siècle, il raconte aux visiteurs, triste litanie, la succession des extinctions d'espèces provoquées par les humains, tandis qu'ils parcouraient le monde, se révoltaient, s'entretuaient, colonisaient, « mettaient en valeur » de nouvelles terres ; tandis qu'au Muséum, Jean-Baptiste de Lamarck s'interrogeait sur la transformation des espèces et que son collègue Georges Cuvier s'opposait à cette idée ; tandis que la révolution industrielle se mettait en marche, tandis que les taxidermistes des muséums « empaillaient » l'émeu noir et bien d'autres animaux rapportés par les naturalistes voyageurs ; tandis que Charles Darwin, de l'autre côte de la Manche, révolutionnait les sciences naturelles en proposant une solide théorie pour expliquer la transformation des espèces.

***

Pénétrons dans la salle des espèces disparues. Elle est sombre, il fait froid, climatisation oblige. Une monumentale horloge bicentenaire se fait entendre, inexorable. Des tombeaux vitrés couvrent les murs et jalonnent l'axe central. Des reptiles, des oiseaux, des mammifères de toutes sortes, figés par la naturalisation. Quelques-uns m'émeuvent particulièrement.

Vers le fond, à gauche, dans l'un des tombeaux, un curieux zèbre, appelé « couagga » ; les rayures de son pelage ne sont pas noires, mais ocre roux. À la fin du XVIIIe siècle, cet animal était venu d'Afrique à Versailles, où il avait eu l'occasion de rencontrer Louis XVI et Marie-Antoinette. À la Révolution, avec les autres pensionnaires de la ménagerie royale, il lui fallut se rendre à Paris, au Jardin du Roi, transformé par la Convention en Muséum d'Histoire naturelle. Il y passa quelques années paisibles. En 1804, il mourut et fut naturalisé. Au cours du XIXe siècle, les couaggas furent exterminés. Conservés dans divers muséums, quelques spécimens aux couleurs fanées perpétuent le souvenir de l'espèce.

Dans une autre vitrine, la rhytine de Steller n'est pas même représentée par un spécimen naturalisé. Seul un crâne et quelques os évoquent ce gros mammifère marin, parent des dugongs, qui vivait dans la mer de Béring, entre le Kamtchatka et l'Alaska. L'espèce fut découverte en 1741, par Georg Wilhem Steller, membre d'une expédition dirigée par Vitus Bering, chargée par le tsar de savoir si la Sibérie et l'Alaska étaient reliés ou non. Une rhytine pouvait atteindre 8 mètres de long. Un animal peu farouche, lent à se mouvoir à terre avec ses deux petits membres antérieurs. Chair excellente, lait, graisse, huile. De quoi attirer les prédateurs humains. Toutes les rhytines, 2 000 environ, furent massacrées en moins de 30 ans.

Il y a aussi un pigeon, assez joli, sans plus ; l'un des quelques « rescapés » du plus grand massacre de l'histoire. Le Natural History Museum, à Washington, en possède un, moins anonyme : on l'appelle Martha. Premier septembre 1914, 13 heures, Martha meurt au zoo de Cincinnati. Événement dérisoire ? Peut-être, à ceci près qu'il s'agissait du dernier représentant de la « tourte voyageuse », le pigeon migrateur d'Amérique du Nord, dont les Canadiens faisaient d'excellents pâtés. Au début du XIXe siècle, on observait des vols de cette espèce, qui cachaient le ciel. On calcula qu'un seul d'entre eux, qui pouvait s'étendre sur plus de 300 kilomètres, ne devait pas compter moins de deux milliards d'individus. La tourte fit l'objet d'une chasse intense, car elle était commercialisée comme nourriture pour les esclaves. De plus, elle était considérée comme nuisible à l'agriculture. Des compétitions étaient organisées pour en tuer le plus possible. À partir des années 1870, on observait de moins en moins de vols importants. En 1878, dans le Michigan, il existait tout de même encore une population abondante ; pendant cinq mois, elle fut chassée : de l'ordre de 50 000 individus étaient tués chaque jour. En 1896, un groupe de 250 000 pigeons fut sciemment exterminé par des chasseurs qui savaient que c'était la dernière population ayant un effectif important. À la fin du siècle, l'espèce n'était plus connue à l'état sauvage. Quelques dizaines d'années avaient suffi pour que soit rayée de la planète une espèce extraordinairement abondante.

Le Muséum possède un spécimen de thylacine, le loup de Tasmanie, qui faisait partie de la collection de Buffon ; mal naturalisé, il n'est guère présentable. Un autre spécimen occupe l'une des vitrines de la salle des espèces disparues. Le thylacine était un marsupial ; il y a d'ailleurs un musée qui possède un thylacine naturalisé dans la même attitude qu'un kangourou, appuyé sur ses pattes postérieures ! En réalité, il s'agissait d'un prédateur marchant à quatre pattes, montrant une remarquable convergence morphologique et comportementale avec les loups et autres membres de la famille des canidés. L'espèce, commune en Tasmanie, avait disparu d'Australie, voire de Nouvelle-Guinée, il y a plus de 2000 ans, donc bien avant la colonisation européenne : une conséquence possible de la concurrence des dingos, ces chiens introduits par des marins austronésiens, entre 4000 et 3000 ans avant notre époque, et retournés à l'état sauvage. En quelques décennies, Les colons occidentaux ont fini le travail en Tasmanie. Pendant une vingtaine d'années, entre 1888 et 1909, les autorités tasmaniennes versaient une prime à toute personne qui abattait ce « féroce » animal, tueur de moutons et de volailles. Ce fut un succès. Le dernier thylacine sauvage fut tué en 1930.

En 1936, au zoo de Hobart, est décédé Benjamin, l'ultime individu vivant connu ; deux mois auparavant, le gouvernement de Tasmanie avait rédigé un projet de règlement pour protéger l'espèce…

Il n'y a pas que des animaux dans la salle des espèces disparues. Une planche d'herbier, notamment, présente un échantillon de la violette de Cry, une modeste plante qui n'existait qu'en un seul lieu, le long du canal de Bourgogne, dans l'Yonne. Elle avait été découverte en 1860 ; observée une dernière fois en 1927, elle n'a jamais été retrouvée, en dépit de multiples recherches. Sa disparition s'expliquerait en partie par la création d'une carrière et par l'évolution de la végétation environnante. Mais elle pourrait bien être due, en réalité, aux récoltes abusives faites par des « botanistes » collectionneurs.

***

Je pourrais poursuivre longuement ces notices nécrologiques : plus de 800 espèces animales et végétales ont été officiellement déclarées disparues du fait des hommes, depuis l'an 1500. Une hécatombe ?

Une honte pour la civilisation

1er juin 1923. Le Premier Congrès International pour la Protection de la Nature tient séance dans l'amphithéâtre Cuvier, au Muséum de Paris. L'un des secrétaires donne lecture du rapport envoyé par l'Américain William Temple Hornaday, trustee du Permanent Wild Life Protection Fund. La communication est intitulée « La disparition de la faune dans les diverses parties du monde ». En voici le début :

> Un éminent zoologiste américain, le professeur Henry Fairfield Osborn, intitulait une conférence qu'il donna récemment : « La Fin de l'âge des mammifères ». Est-ce une exagération ? L'examen de la situation précaire faite aujourd'hui par l'homme aux principaux mammifères sauvages confirme malheureusement ses craintes.
>
> Nombre d'espèces ont déjà disparu. Et ce sont naturellement les plus utiles qu'on extermine. Tous les animaux-gibiers sont poursuivis sans pitié, soit pour le besoins de l'alimentation, soit pour le plaisir de la chasse : leur diminution fait prévoir un anéantissement général, vers lequel nous nous acheminons à grands pas. Actuellement, les races humaines, civilisées ou non, agissant à l'unisson, détruisent en vingt ans plus de bêtes fauves – et de forêts – qu'on n'en détruisait par le passé dans l'espace de cent ans ; et cette vitesse dépasse de beaucoup celle avec laquelle peuvent se reproduire la plupart des animaux sauvages.
>
> Au lieu des armes, déjà puissantes, en usage il y a trente ans, les chasseurs de notre siècle se munissent de mitrailleuses à longue portée et de grande précision, approvisionnées de milliers de cartouches ; les fusils « automatiques » et « rapides », surtout, sont de véritables machines de boucherie. Au lieu d'aller à pied ou à cheval, on va en bateau à moteur et même en aéroplane. Aux Indes, en Mandchourie, en Afrique, en Australie, au Canada et dans d'autres parties de l'Amé-

rique, l'automobile sévit particulièrement. Dans le monde entier, les expéditions de chasse sont devenues une industrie. Que le sportsman soit habile ou non, l'ingéniosité des inventeurs d'armes et des organisateurs de battues lui offre sur le gros gibier, comme sur les oiseaux, une supériorité qui ne leur laisse aucune chance de salut.

De même, les animaux à fourrure se voient incessamment traqués, le plus souvent pendant la mauvaise saison, sur la neige, qui aide à les dépister, et, outre la quantité énorme de ceux qu'on sacrifie ainsi chaque année pour l'exploitation de leur dépouille, il s'en fait encore une destruction inutile dans les mois où la peau a peu de valeur.

Non seulement on décime ainsi les animaux à fourrure classiques, mais aussi nombre d'espèces jadis épargnées et dont la peau n'est appréciée que depuis peu : par exemple le koala d'Australie *(Phascolarctus cinereus)*, les singes dits *« colobus »* de l'Afrique Centrale, le chinchilla de l'Amérique du Sud *(Chinchilla lanigera)*, le racoon de l'Amérique du Nord *(Procyon lotor)*, l'opossum *(Didelphis)*, les écureuils de Sibérie, etc.

Le « tableau » annuel s'élève, dans le monde entier, à plusieurs millions de pièces. Il est impossible que des mammifères, qui n'ont pas la fécondité de l'insecte ou du poisson, survivent longtemps à un tel carnage. Car, la valeur pécuniaire des peaux augmentant à mesure qu'elles deviennent plus introuvables, on ne peut même pas compter sur la raréfaction de tels renards ou de telles martres pour décourager ceux qui les piègent avec un acharnement toujours égal. Combien en existera-t-il encore d'espèces dans vingt-cinq ans ? C'est ce que nul n'oserait affirmer.

Le Congrès s'achève le 2 juin 1923. Le professeur Louis Mangin, président du Congrès, directeur du Muséum, prononce le discours de clôture dans le grand amphithéâtre. Il met l'accent sur les problèmes relevant plus particulièrement de la responsabilité de la France, tant en métropole que dans les colonies. En voici des extraits :

> [...] du moins dans ce pays, le bouquetin, le chamois, le gypaète, le lagopède, le coq de bruyère et la gélinotte sont menacés du même sort que ce bison d'Europe dont nos rapporteurs constataient hier la perte et dénombraient dans les parcs ou réserves les quelques survivants à demi-captifs... Une guerre sans merci décime progressivement les plus beaux des mammifères et oiseaux jusqu'à de qu'il n'en reste que quelques trophées pendus aux murs...
>
> Tenterons-nous de les sauver, Messieurs, ou nous bornerons-nous à en faire naturaliser dans nos Muséums les derniers exemplaires ?
>
> C'est au Sénégal, en Guinée, au Dahomey, au Soudan qu'une faune magnifique est en péril d'extermination.
>
> [L'éléphant d'Afrique] est, dans la majeure partie du continent noir, abandonné sans contrôle à la rapacité des marchands d'ivoire, et sa rareté devient telle que ce commerce même semble devoir assez prochainement devenir impossible. En Guinée, les inoffensifs chimpanzés, indispensables sujets d'expériences pour les laboratoires scientifiques, sont capturés et transportés avec une brutalité si maladroite qu'une multitude de ces pauvres bêtes affamées et meurtries succombe avant qu'elles aient été revendues par les misérables mercantis

> qui les achètent. Il convient de réformer radicalement ce trafic, qui est une honte pour la civilisation… Et combien de ruineuses hécatombes d'oiseaux de parure, même parmi ceux dont l'élevage et la reproduction protégée assureraient un revenu rémunérateur !

Louis Mangin ne se contente pas de stigmatiser la destruction de la faune ; il évoque la flore, en des termes tout aussi forts :

> La flore coloniale est moins ménagée encore que celle de l'Europe. Comme les incendies volontaires du maquis en Corse, vous savez que les feux de brousse au Sénégal, à Madagascar et en cent autres régions amènent – avec des désastres économiques résultant à la longue de l'altération du sol – la disparition d'une foule de végétaux intéressants et utiles. L'exploitation barbare des forêts tropicales tend à l'anéantissement des essences de prix sur tous les points qui ne sont pas absolument inaccessibles.
>
> Et plus près de nous, considérant à nouveau l'Europe, comment qualifier certains botanistes collectionneurs qui, après avoir fait leur provision d'exemplaires choisis, détruisent exprès une station de plantes rares pour demeurer les seuls possesseurs de l'espèce !

Retenons quelques termes et expressions utilisées par William T. Hornaday ou Louis Mangin :

Anéantissement général
Boucherie
Carnage
Destruction inutile

Exploitation barbare
Guerre sans merci
Péril d'extermination
Ruineuses hécatombes

C'était en 1923, peu d'années après d'horribles temps. Les mots employés pèsent lourd.

En 1999, l'un des écologistes français les plus impliqués dans la conservation de la nature, François Ramade, publie un livre intitulé *Le Grand Massacre*. Dans son introduction, il évoque les conséquences majeures, en termes écologiques, des diverses actions négatives de notre espèce : la destruction des divers habitats terrestres ou aquatiques, l'extermination des nombreuses espèces de plantes et d'animaux qui y vivent. Il poursuit :

> Cette extinction contemporaine et massive d'espèces est provoquée soit directement par la surexploitation du monde vivant par les populations humaines au travers de la coupe effrénée des forêts, d'une chasse et d'une pêche abusives, soit indirectement par suite des pollutions et de la destruction des habitats naturels dont dépendent les plantes et les animaux.
>
> En conséquence, on observe de nos jours, à une vitesse sans cesse accrue, la disparition d'un nombre considérable d'espèces inféodées aux milieux terrestres ou aux eaux continentales et océaniques. Ainsi, certains experts estiment qu'à l'heure actuelle, chaque journée voit s'éteindre à jamais 5 espèces de plantes propres aux forêts tropicales. Le rythme naturel d'extinction – en l'absence d'intervention humaine – est

> lui évalué au grand maximum à une espèce végétale tous les vingt-sept ans en moyenne au cours des dernier quatre cents millions d'années, soit depuis le milieu de l'aire primaire!
>
> Si l'on se place dans la perspective des prochaines décennies, les prévisions des scientifiques sont encore plus alarmantes puisqu'ils considèrent que, d'ici le milieu du XXIe siècle, pourraient s'éteindre plus de 20 % des espèces de plantes supérieures de la planète. Ils estiment de même que par exemple 15 % des espèces d'oiseaux et 25 % des espèces de mammifères sont dès à présent menacées de disparition.

Et François Ramade d'en conclure: «Aussi certains scientifiques ont-ils pu sans exagération assimiler cette hécatombe au pire des génocides jamais accomplis par l'homme, puisqu'elle conduira à terme à la disparition de millions d'espèces vivantes!»

Trois quarts de siècle séparent le Premier Congrès International pour la Protection de la Nature de la parution du livre de François Ramade. Il est frappant de constater que la communication de William T. Hornaday comme le discours de Louis Mangin se plaçaient sur un registre au moins aussi dramatique que *Le Grand Massacre*. Si j'ose dire, la seule avancée terminologique, sous la plume de François Ramade, c'est l'emploi du terme «génocide». D'autres temps terribles, entre-temps. Une métaphore dérangeante…

***

Contrairement à ce que l'on croit trop souvent, il n'a pas fallu attendre la fin du XXe siècle pour que l'alarme soit donnée. Très tôt, des naturalistes lucides ont dénoncé avec la plus grande vigueur les disparitions d'espèces provoquées par la rapacité et l'inconscience de leurs contemporains. Et, on le voit, l'idée que les extinctions contemporaines se produisent à un rythme bien supérieur aux rythmes du passé n'est pas neuve. Pourtant, il y a quelque chose de nouveau dans le propos de François Ramade : il parle de la disparition de millions d'espèces. William T. Hornaday, Louis Mangin, les participants au Congrès de 1923 pouvaient imaginer l'extinction des mammifères, voire des oiseaux, donc de quelques milliers d'espèces, mais ils ne pensaient pas en termes de « millions ». Il eut fallu qu'ils sachent que des quantités énormes de petits animaux, des insectes, des mollusques, des crustacés…, avaient disparu ou étaient sur le chemin de l'extinction. En ce début du XXe siècle, ce n'était pas encore le sujet, du moins à une telle échelle.

Cela dit, aujourd'hui comme alors, la question de la disparition des espèces recouvre trois problèmes complémentaires. Le premier concerne la détermination du nombre des espèces dont on a la certitude qu'elles sont éteintes. Le second est celui du calcul de la « vitesse d'extinction », c'est-à-dire du nombre des espèces qui s'éteignent dans un laps de temps déterminé. Le troisième a trait à l'évaluation du risque d'extinction encouru par certaines espèces, que j'appellerai les « espèces disparaissantes ».

Les indications données par François Ramade laissent perplexe. S'il disparaît cinq espèces de plantes par jour, soit 1800 par an, la vitesse d'extinction serait presque 50 000 fois plus élevée que la vitesse d'une espèce tous les 27 ans qui prévalait depuis des centaines de millions d'années. Ce serait énorme. Les scientifiques annoncent le plus souvent, pour l'ensemble des espèces, une multiplication par mille de la vitesse d'extinction naturelle, ce qui reste considérable. Pourtant, on recense aujourd'hui moins de 1000 espèces disparues depuis 500 ans, soit de l'ordre de deux espèces par an, ce qui paraît peu. Le rapprochement brutal de ces chiffres est plutôt perturbant : si l'on n'a pu répertorier que quelques centaines d'espèces éteintes du fait des hommes, que sont, où sont, les millions d'espèces disparaissantes sinon disparues dont parle François Ramade, et comment peut-on avancer des vitesses d'extinction actuelles aussi élevées ?

La Liste Rouge :
le petit bout de la lorgnette ?

Le décompte des espèces éteintes est établi, périodiquement, par l'Union Internationale pour la Conservation de la Nature, « l'UICN ». De nombreux scientifiques, spécialistes des mammifères, des oiseaux, des reptiles, des batraciens, de divers groupes de poissons, d'invertébrés, de plantes de diverses catégories, font régulièrement le point des informations sur la situation des espèces menacées de disparition et sur celles qui sont présumées définitivement éteintes. Les résultats de tout ce travail, qui mobilise des milliers de naturalistes du monde entier, sont publiés sous forme d'un document appelé la « Liste Rouge », régulièrement tenu à jour. D'une année sur l'autre, les données évoluent, malheureusement dans le sens d'un accroissement global du niveau des menaces, même s'il y a – bien rarement – de bonnes nouvelles, par exemple lorsqu'une espèce éteinte dans la nature fait l'objet d'une réintroduction réussie dans son milieu d'origine, à partir d'individus qui étaient maintenus dans des parcs zoologiques ou botaniques.

Inscrire dans la Liste Rouge un animal ou une plante sous la rubrique « espèces éteintes » n'est pas une formalité simple. Il faut que des études complètes, menées en fonction de la biologie de l'espèce, aient permis d'affirmer que le dernier individu est mort. Imaginez une espèce animale vivant dans un milieu d'accès difficile, dont l'observation nécessite l'organisation de véritables expéditions. Plus son effectif diminue, plus faible est la probabilité qu'une visite temporaire dans son habitat permette d'en voir quelques individus, ou même un seul. Imaginez en plus que l'animal en question soit de petite taille, ait un comportement particulièrement discret, voire nocturne : vérifier que le dernier représentant de l'espèce est bel et bien mort s'avère alors pratiquement impossible. L'apparence de l'absence n'est pas la preuve de l'extinction. D'ailleurs, il peut y avoir de bonnes surprises : c'est ainsi que le lézard géant de l'île de La Palma, aux Canaries, considéré comme éteint depuis très longtemps, a été redécouvert en 2007 ! À vrai dire, un tel événement est exceptionnel. Parfois, il y a des gens qui pensent avoir vu une espèce supposée disparue. C'est le cas du thylacine, officiellement éteint en 1936, qui a fait l'objet de plusieurs témoignages de personnes prétendant en avoir vu dans la nature ; de fortes sommes ont été dépensées pour tenter de vérifier ces assertions, toujours en vain.

Pour qu'une espèce puisse être déclarée disparue avec une quasi-certitude, il vaut mieux que sa biologie et son écologie soient bien connues, et qu'elle soit facile à observer : faute de témoins oculaires du décès du dernier individu, les spécialistes, dans ce type de situation, peuvent au moins tenter d'établir qu'aucun spécimen n'a été observé depuis une date suffisamment ancienne pour acquérir une intime conviction : l'espèce est « portée disparue ». Elle est dite « éteinte dans la nature » lorsque la conviction est acquise qu'elle n'existe plus que par quelques individus vivant dans des parcs zoologiques ou des jardins botaniques.

Les espèces pour lesquelles l'extinction est admise, sinon absolument certaine, sont pour une large part des espèces de grande taille. En outre, beaucoup sont des endémiques insulaires : leur habitat est un peu moins difficile à contrôler que dans le cas d'espèces continentales, même si le cas du lézard géant de La Palma montre que cela n'est pas nécessairement vrai. Enfin, il s'agit d'espèces sur lesquelles il a été possible de réunir de nombreuses informations, ce qui suppose que beaucoup d'observateurs et de scientifiques spécialisés se soient consacrés à recueillir des données fiables. Pratiquement, seuls les mammifères, les oiseaux et certains groupes de plantes peuvent donner lieu à de véritables bilans comptables. Objectivement, les mammifères et les oiseaux sont les deux seuls groupes d'animaux pour lesquels on peut considérer que la situation d'ensemble est très bien, sinon parfaitement connue.

Combien d'espèces ont disparu du fait des hommes ? À quelle vitesse ? Dans quelles proportions ? Telles sont les questions que les naturalistes se posent. Purement quantitatives, elles sont clairement différentes ; deux notions, cependant, sont souvent confondues, y compris dans des documents scientifiques : la vitesse d'extinction et le taux d'extinction. L'exemple des mammifères et des oiseaux permet de comprendre. Au cours des cinq siècles précédents, la vitesse de disparition des mammifères a été de l'ordre de 15 espèces par siècle (76 extinctions), celle des oiseaux de l'ordre de 28 (139 extinctions). Si les espèces actuellement en situation critique disparaissent au cours de ce siècle, soit 188 mammifères et 192 oiseaux, les rythmes d'extinction des deux groupes seront très voisins : presque deux espèces par an. Si maintenant on rapporte le nombre d'espèces éteintes au cours d'un siècle au nombre d'espèces qui existaient à son début, on obtient un taux d'extinction moyen, depuis 1500, de 0,28 % d'espèces par siècle, aussi bien pour les mammifères que pour les oiseaux. En revanche, pour le XXIe siècle, le taux d'extinction serait, en valeur arrondie, de 3,5 % pour les mammifères et « seulement » de 1,9 % pour les oiseaux. L'extinction des mammifères pourrait donc s'accélérer davantage que celle des oiseaux. Le taux d'extinction d'un groupe est au moins aussi intéressant à déterminer que sa vitesse, car il permet de caractériser l'intensité du processus de disparition. Cependant, il ne peut être calculé que si l'on connaît avec une assez bonne précision le nombre d'espèces composant le groupe et si les extinctions peuvent être toutes établies avec une certitude suffisante.

Aujourd'hui, plus de 800 espèces – toutes catégories confondues – sont déclarées définitivement éteintes ou « éteintes dans la nature » depuis l'an 1500, pris comme année de référence pour le décompte des disparitions éventuellement provoquées par l'homme. Les presque 5 500 espèces de mammifères répertoriées depuis lors ont fait l'objet d'une évaluation qui a mobilisé, sous la houlette de l'UICN, plus de 1 700 experts, dans 130 pays, pendant cinq ans. Les résultats publiés en 2008 sont les suivants : 76 espèces sont éteintes depuis 1500, auxquelles pourraient s'ajouter 29 autres, non retrouvées dans la nature depuis des années ; 188 espèces sont dans un état critique. En y ajoutant les espèces considérées en danger et celles qualifiées de « vulnérables », ce sont 1 141 mammifères qui sont sur le chemin de l'extinction, soit 21 % du total. Un travail équivalent a été fait pour les oiseaux ; depuis 1500, 139 espèces ont disparu ; 1 227 espèces sur environ 10 000, soit 12 %, sont menacées, dont 192 se trouvent en situation très critique.

En additionnant mammifères et oiseaux, et en arrondissant grossièrement les nombres, on enregistre un peu plus de 200 extinctions en 500 ans, soit une vitesse d'extinction de 40 espèces par siècle. En soi, cette valeur ne signifie pas grand-chose. Il faudrait pouvoir connaître la vitesse d'extinction « naturelle », c'est-à-dire celle qui correspondrait à la disparition des espèces de mammifères et d'oiseaux en dehors de toute influence humaine. Des paléontologues ont tenté d'en estimer l'ordre de grandeur à partir de l'analyse des faunes fossiles ; les informations disponibles, qui portent sur des millions d'années, ont conduit à des valeurs de l'ordre de 0,7 à 1,5 espèce s'éteignant naturellement par siècle. Au cours des cinq derniers siècles, la vitesse d'extinction aurait donc été multipliée, en moyenne, par un facteur se situant entre 25 et 60.

Si l'on imagine les extinctions de mammifères et d'oiseaux se poursuivant au rythme moyen des cinq siècles précédents, 40 espèces auront disparu au cours du XXIe siècle, 400 au terme du troisième millénaire et 4 000 – soit en gros 25 % des espèces qui existaient il y a 500 ans – au bout de 10 000 ans. En réalité, il y de nombreuses raisons de penser que la vitesse des extinctions s'accélère. De fait, si l'on considère le seul XXe siècle, près de 100 espèces de mammifères et d'oiseaux se sont éteintes, soit presque autant que pendant les quatre siècles précédents. Qu'en sera-t-il au XXIe siècle si la tendance se poursuit ? On sait que 188 mammifères et 192 oiseaux sont « en danger critique d'extinction » : potentiellement, ce sont 380 espèces qui pourraient s'éteindre rapidement. La vitesse d'extinction serait alors entre 250 et 550 fois plus élevée qu'elle ne l'était « naturellement », selon les estimations des paléontologues. Une honte pour la civilisation.

Cela étant, le but essentiel de la Liste Rouge n'est pas de dresser les « actes d'extinction » des espèces et d'alimenter les litanies des pleureuses. Bien plus important est l'inventaire des espèces disparaissantes, menacées d'extinction à terme rapproché, pour tenter d'agir avant qu'il ne soit trop tard. Dès 1949, la Conférence Technique Internationale pour la Protection de la Nature, organisée par l'UICN et l'UNESCO à Lake Success, aux États-Unis, proposait que l'Union tienne ouverte une liste mondiale des espèces animales et végétales rares et menacées, mentionnant les aires, les associations et les habitats correspondants. Elle proposait aussi que des recherches écologiques soient suscitées et encouragées, pour définir le statut exact des habitats de ces espèces, pour permettre que des conseils fiables et pertinents soient offerts aux gouvernements et aux organisations locales intéressées, en vue de définir les mesures nécessaires et efficaces à prendre pour préserver ces espèces. En 1962, une première « Liste Rouge » fut établie par la Commission de Sauvegarde des Espèces de l'UICN. C'était un document interne, tiré à peu d'exemplaires. Au fil des années, des critères de plus en plus précis ont été établis pour classer les espèces en fonction du niveau des menaces qui pèsent sur elles.

La Liste Rouge fait désormais l'objet d'une communication planétaire. Ainsi, en 2008, à l'occasion du Congrès Mondial de la Conservation organisé par L'UICN, le point a été fait sur 44 838 espèces d'animaux et de plantes. Retenons des ordres de grandeur. Environ 17 000 espèces sont menacées d'extinction, à des degrés divers : en gros 9 000 sont classées « vulnérables » (peu de risques à très court terme), près de 4 800 « en danger », tandis qu'un peu plus de 3 200 sont « en danger critique d'extinction ».

Les espèces au bord de la disparition représentent donc, approximativement, 7 % de « l'échantillon mondial » analysé par les réseaux d'experts de l'UICN, cela au prix d'un énorme travail. Mais cet échantillon n'est absolument pas représentatif de la biodiversité planétaire : il est constitué d'un tout petit nombre de groupes étudiés de façon approfondie, sinon exhaustive, et de quelques catégories pour lesquelles des informations fiables sont peu à peu réunies : par exemple, quelques espèces de mygales, quelques groupes de poissons, un peu moins de 600 libellules. Les informations sont limitées à des régions mieux connues que d'autres : par exemple, sur un peu plus de 300 espèces de mollusques réputées disparues, 57 sont des espèces de Polynésie, disparues au cours des années 1970-1980, sous les yeux de chercheurs qui les étudiaient, à la suite de l'introduction d'un escargot carnivore. La proportion des espèces en voie de disparition tirée d'un ensemble aussi disparate est-elle ou n'est-elle pas transposable à la totalité des espèces connues ? Nul ne peut répondre à cette question sans prendre le risque de se tromper.

Or ce sont environ 1 800 000 espèces qui ont été décrites et nommées jusqu'à présent. En d'autres termes, des milliers de naturalistes et de scientifiques se sont mobilisés pour établir la situation, au regard du risque d'extinction, de seulement un peu plus de 2 % de l'ensemble des espèces vivantes connues, et il en resterait des millions à découvrir.

William T. Hornaday n'osait imaginer combien il resterait de mammifères vers le milieu du XXe siècle. Réponse, grâce à la Liste Rouge : plus de 5 400. Et à la fin du XXIe siècle ? Un peu plus de 5 200, si ne s'éteignent que les espèces en situation critique, un peu moins de 4 300, si toutes les espèces menacées disparaissent. Est-ce beaucoup ? Est-ce peu ? D'un point de vue purement comptable, la disparition d'un millier de mammifères représenterait une perte d'en gros 0,05 % de la richesse en espèces de la Terre, à supposer que celle-ci ne soit que d'environ deux millions d'espèces.

Lors du symposium qui a lancé le terme « *biodiversity* » en 1986 à Washington, Terry Erwin, cet entomologiste qui avait évalué à 30 millions le nombre des espèces d'arthropodes vivant dans la canopée des forêts tropicales, n'avait pas hésité a dire que le temps était passé de ces listes rouges qui s'évertuaient à préciser le sort de quelques milliers d'espèces, alors que, selon lui, le risque d'extinction concernait des millions d'espèces. À l'en croire, la

Liste Rouge de l'UICN serait un instrument qui empêcherait de prendre la mesure de l'ampleur de la catastrophe.

Mais les espèces évoquées par Terry Erwin ne sont pas encore nommées ; pour une très faible part, elles sont représentées par des spécimens rangés dans des muséums avec des numéros d'ordre, en attendant que des zoologistes naissent en nombre suffisant pour les étudier. Pour l'essentiel, ces espèces sont inconnues, et pas encore échantillonnées. Comment Erwin pouvait-il donc s'autoriser à annoncer des extinctions par millions ?

Le massacre des habitats

C'était un paradis

Rio de Janeiro, Salvador de Bahia : noms évocateurs s'il en est. Icônes touristiques, mais plus encore témoignages de cinq siècles d'une histoire mouvementée, celle de la colonisation d'immenses territoires par les Européens. Histoire des hommes, mais aussi histoire de la nature.

Le site de Rio de Janeiro – la baie de Guanabara – fut découvert le 1er janvier 1502 par le navigateur portugais Gaspar de Lemos, accompagné par Amerigo Vespucci. Celui-ci, dans un de ses écrits, évoque son émerveillement devant les forêts de la région. Il était étonné par ces terres couvertes d'arbres de grande taille, par le vert profond de la végétation, par son parfum. Plus encore, il fut frappé par l'abondance et la diversité des oiseaux, en particulier les perroquets, « trop nombreux pour pouvoir les décrire tous », les uns rouge carmin, d'autres vert et jaune citron, ou noir et rouge écarlate. Amerigo Vespucci raconte qu'il était si fasciné par le chant doux et mélodieux de tous ces oiseaux qu'il s'arrêtait souvent pour jouir de cette douceur. Il pensait être dans un paradis sur Terre.

Au commencement était la Mata Atlantica, forêt tropicale humide à la fois originale et variée. Du Cabo de São Roque, à l'est de l'État de Rio Grande do Norte, vers 5° de latitude sud, au nord de l'État de Rio Grande do Sul, jusque vers 30° de latitude sud, de la côte Atlantique jusqu'au Paraguay à l'ouest, elle couvrait plus de 123 000 000 d'hectares. Aujourd'hui, il ne reste de cette vaste forêt que des lambeaux dispersés, totalisant moins de 100 000 km^2, soit 8 % de la superficie initiale. Le lambeau le plus important, l'aire protégée de Guaraqueçaba, sur la côte de l'État de Paraná, couvre 313 000 ha. Au cœur de l'agglomération de Rio, la forêt de Tijuca, tout en étant la plus grande forêt urbaine du monde, avec ses 3 200 ha, n'est qu'un bien modeste souvenir de ce qu'admiraient Amerigo Vespucci et Gaspar de Lemos.

La biodiversité de la Mata Atlantica est encore l'une des plus importante au monde : elle comprend environ 20 000 espèces de plantes, dont 8 000 endémiques, et 2 330 espèces de vertébrés, des mammifères aux poissons d'eau douce, dont 732 endémiques. Mais combien d'espèces ignorées ont été emportées avec les neuf dixièmes de la Mata Atlantica ?

Le Rondônia en coupe réglée

Vous pouvez vous installer dans un satellite d'observation de la surface de la Terre, grâce à un logiciel téléchargeable gratuitement. Rendez-vous au-dessus du Rondônia, à 600 kilomètres d'altitude. Le Rondônia ? Au sud de l'Amazonie. Un État brésilien d'environ 240 000 km^2, soit presque six fois la Suisse. Le spectacle est extraordinaire. Toute la partie centrale du Rondônia paraît régulièrement zébrée. Descendons à 80 kilomètres au-dessus du sol, par exemple dans la région de Rolim de Moura, une petite ville d'environ 60 000 habitants. Perpendiculairement à une longue route droite courant d'ouest en est, des bandes grises et vertes alternent avec une lancinante monotonie. Rapprochons-nous encore ; altitude : 20 kilomètres. Le pays est quadrillé par des pistes perpendiculaires à la route, écartées de quatre kilomètres, découpant l'espace en rectangles eux-mêmes divisés en parcelles régulières de 500 mètres de large, s'allongeant, à partir des pistes, sur 2 000 mètres. Au fond de celles qui ne sont pas entièrement défrichées, il subsiste des petits morceaux de forêt qui dessinent des bandes irrégulières à mi-chemin entre les pistes. La régularité de l'agencement n'est perturbée que par les cours d'eau et par l'existence de pistes obliques.

Au milieu du XXe siècle, le territoire du Rondônia comptait moins de 30 000 habitants ; il était entièrement couvert par la forêt amazonienne. À partir des années 1970, le Brésil lance un vaste programme de colonisation, en suivant les axes routiers qui sont renforcés et développés selon un quadrillage progressif. Chaque famille de colons se voit attribuer une parcelle de 100 ha, dont elle doit en principe laisser la moitié en forêt. En 1980, les habitants sont au nombre de 500 000 ; ils sont aujourd'hui plus de 1 500 000. Au cours de la période 1978-1988, plus de 230 000 ha en moyenne sont défrichés chaque année ; le rythme diminue au début des années 1990, mais remonte très vite à près de 260 000 ha en 1993-1994. En 1997, plus de 80 000 km^2 sont déjà défrichés, le tiers de la superficie de l'État. Une fois leur couverture forestière abattue et brûlée, les parcelles sont transformées en pâturages ou consacrées à des cultures annuelles. Au bout de quelque temps, des pâturages sont abandonnés et une forêt secondaire commence à pousser ; mais l'abandon, bien souvent, ne dure guère plus de huit ans, et le défrichement reprend. De ce fait, la forêt ne se reconstitue pas.

Quelles espèces forestières arrivent à se maintenir dans un patchwork de petits lambeaux forestiers souvent coupés les uns des autres ? Combien ont disparu ?

L'Île rouge en feu

En 1771, le voyageur naturaliste Philibert Commerson, qui avait participé à une grande partie de l'expédition de Bougainville (1767-1769), écrivait à un correspondant : « Quel admirable pays que Madagascar ! Il mériterait à lui seul, non pas un observateur ambulant mais des académies entières. C'est à Madagascar que je puis annoncer aux naturalistes ce qu'est la véritable terre de promission pour eux ; c'est là que la nature semble s'être retirée comme dans un sanctuaire particulier pour y travailler sur d'autres modèles que ceux auxquels elle s'est asservie ailleurs : les formes les plus insolites, les plus merveilleuses s'y rencontrent à chaque pas. » Commerson avait d'emblée saisi la richesse et la profonde originalité de la nature malgache. Il poursuivait malicieusement en suggérant que Monsieur Linné, s'il connaissait ce pays, serait obligé de reconnaître que son *Système de la Nature* ne traitait de celle-ci qu'une infime partie.

On sait aujourd'hui que Madagascar est de toutes les régions du monde dont la biodiversité est à la fois riche et en danger celle qui possède la plus grande proportion d'espèces endémiques, c'est-à-dire qui n'existent nulle part ailleurs. La flore, qui pourrait compter environ 14000 espèces, est endémique à 90 %. La Grande Île comprend une quinzaine de familles de vertébrés qui lui sont propres, en particulier les familles de lémuriens. Ces primates comptent actuellement 71 espèces ; 14 espèces ont disparu depuis que les humains se sont installés sur l'île, 11 sont dans une situation critique, 16 en danger et 18 sont vulnérables. Derrière ces symboles de la nature en danger, combien d'espèces discrètes de plantes ou d'invertébrés sont elles aussi en voie d'extinction ?

Octobre 1934. Roger Heim, futur directeur du Muséum, botaniste qui jouera un rôle éminent dans l'organisation de la conservation de la nature à l'échelle internationale, était en mission à Madagascar, pour évaluer la situation des réserves naturelles et, plus globalement, celle des forêts de la

Grande Île. Partout, il lui fallut constater l'ampleur des déforestations, dues aussi bien à la pratique malgache, ancienne, des « tavy » – cultures sur brûlis – qu'aux exploitations forestières menées par les colons français. Un exemple parmi d'autres, rapporté par le savant : « À la fin d'octobre, au cours d'une expédition dans le massif de l'Andringitra, actuellement réserve naturelle, j'ai eu le regret d'assister au développement de feux violents qui, le 20 octobre, ont embrasé toute l'aire comprise entre le Pic d'Ifaha, les flancs ouest de l'Andringitra et le Plateau de l'Ambohany. Des flammes immenses léchaient la brousse sur 80 km de long, n'épargnant que les buissons et les arbres réfugiés sur des pitons rocheux. Les flancs du Pic d'Ifaha, encore riches en espèces végétales autochtones, ont été entièrement ravagés dans la nuit du 20 au 21 octobre 1934, ainsi que les flancs ouest de l'Andringitra au-dessus du village de Tsiazomborona. » Roger Heim concluait par un bilan pessimiste. Aujourd'hui, il resterait 9 millions d'hectares de forêts de divers types, soit de l'ordre de 17 % de la couverture forestière originelle.

En janvier 2005, se tenait à Paris la conférence mondiale « Biodiversité : Science et Gouvernance », voulue par le président Jacques Chirac, auteur de la fameuse formule « la maison brûle, et nous regardons ailleurs ». Je me souviens de la séance inaugurale, surtout parce que le président en exercice de l'Île rouge en feu se félicita d'y être présent, en tant que représentant d'un pays riche… en biodiversité. Sombre humour, en vérité, quand on sait que le rythme annuel de destruction des forêts malgaches serait de 200 000 à 300 000 ha. Dans le sud et le sud-ouest de l'île, la cause principale en serait le développement de la culture du maïs sur des parcelles de forêt abattues puis brûlées. Une culture commerciale, qui rapporte momentanément de l'argent, mais se substitue aux cultures vivrières. Les parcelles sont exploitées au mieux pendant cinq à dix ans puis elles sont abandonnées, et les défrichements se poursuivent. D'après des recherches sur des parcelles abandonnées parfois depuis 30 ans, il semblerait que la forêt ne puisse pas se reconstituer. Qu'en sera-t-il de la richesse dont un président de passage se montrait si fier ?

Fumées d'Asie

Le 19 septembre 1997, l'état d'urgence est décrété au Sarawak, dans la partie malaisienne de l'île de Bornéo. D'énormes fumées viennent de l'Irian Jaya – la moitié occidentale, indonésienne, de la Nouvelle-Guinée –, de l'île Sulawesi – ou île des Célèbes – et de la partie indonésienne de Bornéo, le Kalimantan. Depuis le mois de juin, des centaines de milliers d'hectares de forêts brûlent. Cela va durer presque un an, jusqu'en mai 1998. Les fumées s'étendent vers l'ouest jusqu'en Thaïlande et au Cambodge. Elles perturbent les trafics maritime et aérien. Le 26 septembre, un avion commercial s'écrase à Sumatra : 234 morts. Des dizaines de milliers de personnes, intoxiquées, sont hospitalisées. En Irian Jaya, les secours ne peuvent atteindre les zones sinistrées, et des milliers de personnes meurent.

Officiellement, la destruction des forêts fut évaluée à 784 000 ha. Mais, en réalité, des études par télédétection ont évalué les surfaces incendiées entre 3 et 6 millions d'hectares, dont certainement 2 millions de forêt dense.

Cette catastrophe, qui fut largement médiatisée, n'était pas la première. Plus de 3 millions d'hectares avaient été détruits en 1982-1983, des centaines de milliers en 1987 et à nouveau en 1991, 5 millions en 1994… Le phénomène climatique appelé « El Niño », qui se produit plus ou moins régulièrement, a été accusé. En effet, il provoque des périodes de sécheresse en Asie du Sud-Est. Cela peut favoriser les incendies ; ceux de 1997 se sont de fait développés alors que l'Indonésie connaissait l'une des sécheresses les plus intenses de la deuxième moitié du XXe siècle. Mais El Niño n'est pas un phénomène nouveau. S'il était la cause première des incendies indonésiens, pourquoi n'y aurait-il pas eu de grandes dévastations au cours des siècles précédents, alors que la culture sur brûlis se pratique depuis bien longtemps et qu'un petit feu non maîtrisé a vite fait de devenir une catastrophe, en temps de sécheresse ?

Les vraies raisons sont ailleurs. À partir des années 1970, le gouvernement indonésien impulsa un développement considérable de l'exploitation forestière pour les industries du contreplaqué (puis de la pâte à papier, une fois les essences de qualité épuisées). Des concessions furent accordées sur des surfaces énormes : de moins de 17 millions d'hectares en 1972, elles atteignirent 53 millions en 1985, y compris dans des zones en principe protégées, comme des parcs nationaux. Au Kalimantan, les surfaces concédées dépassaient les 10 millions d'hectares de forêts considérées officiellement comme exploitables.

L'accessibilité des forêts permise par la multiplication des pistes a favorisé la venue de nombreux migrants. En outre, le gouvernement a mis en place un programme de colonisation pour installer des gens repoussés par l'urbanisation à Java : des milliers de familles ont obtenu chacune deux hectares en zone forestière. Les défrichements sont allés bon train. Dépecée, la forêt tropicale humide est devenue beaucoup moins résistante aux incendies : en 1982, alors que El Niño imposait une forte sécheresse, les feux allumés par les migrants se propagèrent sur plus de 3 millions d'hectares, cela d'autant plus facilement que les sols sont parcourus de veines de houille qui continuent longuement à se consumer.

Exploitation forestière destructrice, colonisation, puis développement de cultures agro-industrielles, en particulier celle du palmier à huile. Infernal enchaînement. L'huile de palme fait l'objet d'une demande croissante, notamment de la part de l'Europe, tant pour les industries agro-alimentaires que pour la cosmétique. Des multinationales sont lourdement impliquées. L'huile de palme a devant elle un bel avenir : des crèmes de beauté aux « bio »-carburants, en passant par les barres chocolatées.

Avant 2004, alors qu'il n'était pas encore sérieusement question d'utiliser l'huile de palme dans la fabrication de carburants (d'autant moins « bio » qu'ils contribuent à la destruction de la biodiversité !), les surfaces consacrées au palmier à huile avaient déjà doublé en 10 ans. Globalement, l'extension de la culture du palmier à huile constitue désormais la principale menace pour ce qui reste de forêts en Asie du Sud-Est. L'Indonésie, qui possède la plus grande partie des dernières forêts primaires de la région, en a déjà perdu plus de 70 % depuis un demi-siècle. Selon le Programme des Nations Unies pour l'Environnement, les forêts pourraient avoir disparu à plus de 90 % dans moins de 20 ans à Sumatra et à Bornéo. Tant pis pour les orang-outans.

Mais les forêts – et les tourbières, également transformées en plantations – ne sont pas les seuls écosystèmes en cours de destruction en Indonésie. Les engrais, les pesticides et les produits utilisés pour l'extraction de l'huile, le « POME » (le « palm oil mill effluent » déversé par les moulins industriels), se retrouvent dans les rivières, puis en mer, et affecteraient même les récifs coralliens.

Blanche mort des coraux

Les récifs coralliens sont à la mer ce que les forêts tropicales sont à la terre : des concentrés de biodiversité. Les coraux eux-mêmes sont d'une splendide variété de formes et de couleurs, et toute la faune qui y vit rivalise d'étrangeté et de beauté avec les insectes et les oiseaux des forêts d'Amazonie, d'Afrique ou d'Indonésie.

Les rejets d'engrais et de produits chimiques, les sédiments déversés dans les lagons depuis des pentes dénudées que ravagent les pluies, empoisonnent et étouffent les coraux. Dans leurs cellules vivent en symbiose des algues microscopiques, les zooxanthelles, qui les nourrissent et les colorent. Que la température augmente un tant soit peu, et les coraux stressés perdent leurs symbiotes, leurs couleurs, et leur mort s'ensuit. Selon les scientifiques formant le groupe intergouvernemental d'expertise sur l'évolution du climat, une augmentation de la température moyenne du globe de 2 °C provoquerait la mort de tous les récifs coralliens. D'autant plus que l'augmentation de la teneur en dioxyde de carbone dans l'atmosphère se traduit par une augmentation de la concentration de ce gaz, sous forme dissoute, dans les mers, qui entraîne une acidification de l'eau nocive pour les coraux.

Deux tiers des récifs coralliens de la planète seraient déjà gravement menacés. Ainsi, de nombreux récifs des Caraïbes ont été dégradés sur près de 80 % de leur superficie au cours du dernier demi-siècle. En outre, ils ont connu des pertes allant localement jusqu'à plus de 90 % en 2005, année qui fut particulièrement chaude.

Les coraux perdent leurs couleurs. En maints endroits ne subsistent plus que leurs admirables squelettes de calcaire. La blancheur de la mort. Fin des ballets multicolores des poissons.

Le silence des oiseaux

La découverte des nouveaux insecticides synthétiques, tels que le DDT, le HCH, etc., n'a pas seulement révolutionné l'entomologie appliquée, elle

> a aussi révolutionné le monde des protecteurs de la nature. De très nombreux articles ont déjà été écrits sur les dangers que présente la généralisation de leur emploi, principalement du DDT.

Cela a été écrit en 1949, dans un rapport présenté à la conférence de Lake Success. L'auteur, s'appuyant sur une littérature déjà abondante, décrivait les conséquences connues du DDT et d'autres produits sur la faune. Il citait notamment une expérience effectuée dans la région du Mississippi, où du DDT en poudre avait été répandu par avion sur une surface de 36 miles carrés : trente minutes après l'épandage, les insectes tombaient des arbres ; trois jours après, tous les oiseaux insectivores avaient disparu de la région, « probablement parce qu'ils n'avaient plus rien à manger ».

En 1954, Roger Heim, qui commençait son mandat de président de l'UICN, écrivait dans un texte intitulé « Action de l'homme sur le milieu naturel » :

> L'influence délétère de substances insecticides synthétiques comme le DDT, le HCH, le SPC, peut atteindre divers animaux auxiliaires : oiseaux insectivores, insectes hyperparasites, reptiles ou petits mammifères utiles. Les abeilles sont particulièrement affectées par l'intoxication résultant de la consommation du nectar prélevé dans des fleurs traitées préalablement par de tels produits [...] ; il en résulte encore de graves perturbations dans la pollinisation croisée des plantes mellifères, et par suite dans la composition même de la flore régionale. D'ailleurs, l'action répétée, exercée sur un parasite ou un commensal animal, peut

> conduire à l'apparition d'individus ou même de races résistantes au produit, primitivement plus ou moins efficace, dont l'ultérieur pouvoir agressif deviendra inopérant (résistance du carpocapse des pommes aux arséniates, des cochenilles à l'acide cyanhydrique, des acariens aux esters phosphoriques, de certains moustiques aux insecticides chlorés).
>
> Les épandages de corps chimiques sur de grandes surfaces – cultures (de betteraves, par exemple) ou forêts – risquent d'atteindre toute une faune indispensable au libre jeu naturel des équilibres, et particulièrement les populations des stations-refuges – haies, boqueteaux, lisières, galeries forestières – qui constituent autant d'abris, au sein des régions cultivées, pour les insectes phytophages et entomophages, les oiseaux utiles et autres auxiliaires. Les jeunes oiseaux entre autres, gavés d'insectes intoxiqués, se trouvent atteints, et parfois l'ensemble d'une population avienne est contrainte d'émigrer par suite de l'extermination des insectes locaux.

Ce texte le montre, il était logique qu'en 1963 ce soit Roger Heim qui préfaçât l'édition française de *Silent Spring*, le best-seller de l'Américaine Rachel Carson. N'écrivait-elle pas :

> Dans bien des villages d'Amérique, où les oiseaux migrateurs venaient annoncer l'arrivée du printemps, où chaque lever de soleil s'accompagnait d'aimables gazouillis, la nature conserve maintenant un silence inquiétant. Quelque chose s'est glissé parmi nous, qui a fait taire les oiseaux et nous a privé de la couleur, de la beauté, de la vie que les petites ailes légères donnaient à notre monde.

Rachel Carson rapportait notamment le témoignage d'une personne de l'Alabama, racontant que son pays avait été un véritable sanctuaire d'oiseaux et qui avait écrit ceci : « Un matin, je n'ai plus entendu de chants : c'était étrange, terrifiant. Qu'est-ce que l'homme a donc fait à notre monde si parfait et si beau ? » Réponse : les autorités fédérales avaient lancé une offensive chimique contre des fourmis.

Dès 1954, Roger Heim avait donc tout dit, sauf que les remembrements commençaient à peine : bientôt, il n'y aurait même plus à se soucier de la faune des haies et autres boqueteaux ! La France, amplement défrichée depuis longtemps, allait s'attaquer à des structures paysagères, faites de main d'homme, certes, mais dont le rôle vis-à-vis du maintien de la flore et de la faune n'échappait pas aux naturalistes avisés. De grosses machines, pour lesquelles les agriculteurs s'endetteraient durablement, leur permettraient d'épandre confortablement – en principe équipés de combinaisons spéciales et de masques, depuis que l'on sait qu'ils s'intoxiquent – des tonnes d'engrais et de pest-insecti-herbi-bio-cides variés. Nul n'imaginait alors que ces substances faisant le bonheur des actionnaires de quelques multinationales se retrouveraient dans les nappes phréatiques, dans les cours d'eau et en mer.

Les aliens menacent

Le 22 mai 2009, déclaré « Journée internationale de la biodiversité », les espèces exotiques envahissantes étaient à l'honneur, si j'ose dire.

Curieusement, il aura fallu plusieurs décennies pour que la question de l'impact des espèces venues d'ailleurs se trouve sur le devant de la scène, alors qu'elle était à l'ordre du jour de la conférence de Lake Success, le 26 août 1949. Seize communications, dont certaines fort documentées, y furent présentées. Quelques titres significatifs : « Consequences of uncontrolled introduction of agressive exotic species to the native flora and fauna », « Some effects of exotics on nature », « La régression des flores autochtones et l'extension des plantes adventices cosmopolites », « Introduction de poissons étrangers » et, pour finir : « The need for research on the introduction of exotic animals ».

Selon l'UICN, les espèces envahissantes constituent l'une des principales menaces, au niveau mondial, pour la biodiversité. Il s'agit d'espèces dont des semences ou des individus, transportés par des humains hors de leur aire de distribution naturelle, fondent des populations dans de nouveaux espaces et réussissent à s'y développer au point de modifier profondément les écosystèmes locaux et de mettre en danger, voire d'éliminer définitivement, des espèces autochtones.

Les exemples abondent, du lapin en Australie à la *Caulerpa taxifolia*, cette « algue tueuse », échappée en 1984 d'un aquarium et qui s'est répandue, en 20 ans, sur des milliers d'hectares le long des côtes méditerranéennes, menaçant en particulier les herbiers à Posidonie. Moins médiatique, encore qu'un film controversé, *Le Cauchemar de Darwin*, ait fait beaucoup parler d'elle, la perche du Nil, introduite en 1959 dans le lac Victoria, y a provoqué l'extinction de plus de 200 espèces endémiques de poissons de la famille des cichlidés. Dans ce lac immense, l'extraordinaire diversification de cette famille, en à peine 14000 ans semble-t-il, offrait une situation exceptionnelle pour étudier certains processus de formation des espèces ; la perche du Nil en a privé les Darwin d'aujourd'hui.

Il faut le savoir, les aliens arrivent chez nous ; depuis longtemps, mais le phénomène prend de l'ampleur. Et certaines espèces se répandent rapidement. En voici un seul exemple, inquiétant.

Été 2009, au cœur des Cévennes, dans un tout petit hameau. Une agricultrice fait découvrir aux touristes ses activités. Sous un hangar, elle présente la ruche cévenole traditionnelle, creusée dans un tronc de châtaignier percé d'un trou pour l'entrée des abeilles, fermée dessus par des pièces de bois amovibles que bloque une large lauze arrondie, taillée dans du schiste. L'agricultrice raconte la vie de la ruche, la récolte du miel, puis montre des images accrochées à un poteau. Elle dit son angoisse : le frelon asiatique va-t-il arriver bientôt et dévorer ses abeilles ? Les images le montrent, un peu plus petit, et bien plus sombre que notre beau frelon européen, *Vespa crabro*. Répandue en Asie tropicale, *Vespa velutina* est arrivée en France peut-être avant 2004, dans le département du Lot-et-Garonne, on ne sait pas bien comment. Il se pourrait qu'un nid se soit retrouvé dans une livraison de poteries chinoises importées par un producteur de bonzaïs. Toujours est-il que l'espèce s'est répandue très rapidement dans le Sud-Ouest. Or le frelon asiatique est un prédateur efficace de l'abeille domestique. Si la configuration d'une ruche le lui permet, il y pénètre et prélève des larves dont il nourrit les siennes. Il capture aussi des ouvrières, qu'il attend, en vol stationnaire, près de l'entrée de la ruche. Les dégâts sont importants; ils contribuent à fragiliser les élevages d'abeilles, qui le sont déjà par un acarien parasite, le varroa, un autre animal asiatique introduit en France au début des années 1980 (sans parler de l'impact, controversé, de certains insecticides, en particulier le «gaucho»). La lutte contre le frelon asiatique est impossible; des campagnes de piégeage ont été préconisées, mais elles peuvent être nuisibles à des espèces indigènes. L'envahisseur poursuit sereinement son expansion: en 2007, il a été observé dans l'ouest du département du Gard; il va bientôt atteindre les ruchers cévenols.

Un inventaire auquel a participé l'Institut national de la recherche agronomique a révélé que 1 517 espèces d'invertébrés exotiques (insectes, acariens, vers, mollusques terrestres…) étaient établies en Europe. Avec la mondialisation, le processus semble s'accélérer: le rythme annuel moyen d'installation est passé de 10 espèces, au cours de la période 1950-1975, à 19 depuis l'an 2000. Deux causes principales: le commerce des plantes ornementales et le réchauffement climatique, qui favorise la colonisation d'espèces originaires de régions chaudes.

Récemment, l'« Invasive Species Specialists Group » de l'UICN a publié la liste des 100 aliens les plus menaçants. Beaucoup sévissent dans les écosystèmes insulaires, riches en espèces endémiques souvent fragiles. De ce point de vue, la France est en première ligne. Aux Antilles, 1 200 espèces de plantes ont été introduites, volontairement ou accidentellement, 1 400 en Nouvelle-Calédonie, 2 000 à La Réunion. Sur les 100 aliens les plus dangereux, 49 espèces ont été répertoriées dans les collectivités d'outre-mer et, au total, 42 espèces de vertébrés et près de 300 espèces végétales menacent les écosystèmes naturels et de nombreuses espèces endémiques. Juste un exemple : les forêts de Tahiti sont menacées par un arbre originaire d'Amérique du Sud, *Miconia calvescens*. Il fut introduit en 1937 au jardin botanique de l'île. C'est un bel arbre, aux feuilles rouges et pourpres. Mais les oiseaux aiment ses fruits et répandent ses graines dans la nature. Résultat : l'arbre est déjà envahissant dans plus de la moitié de l'île. Il domine la canopée des forêts naturelles, modifiant l'éclairement des sous-bois ; son enracinement superficiel, avec de très longues racines, facilite les glissements de terrain. Désormais, plusieurs espèces endémiques sont menacées d'extinction.

Des programmes de recherches internationaux ont été lancés depuis quelques années, tel le Global Invasive Species Project ou, à l'échelle européenne, le programme DAISIE (charmant sigle, pour un titre bien technocratique : « Delivering

Alien Invasive Species Inventories for Europe »). La France n'est pas en reste, avec le programme Invabio lancé en 2000 par le ministère en charge de l'écologie, et un programme financé par l'Agence Nationale de la Recherche qui a réussi à transformer le mot « Aliens » en sigle, pour « Assessment and Limitation of the Impacts of Exotic species in Nationwide insular Systems ». Ah ! Le marketing de la recherche…

Peut-être est-ce là un tardif écho au besoin de recherches biologiques et écologiques mis en évidence à Lake Success. Auguste Chevalier, de l'Académie des Sciences, professeur honoraire du Muséum, ne concluait-il pas sa communication de la façon suivante :

> C'est l'homme qui est le principal auteur des modifications de la végétation dues à l'introduction d'adventices, par les apports de semences, souvent involontaires, par les transformations du sol et du climat qu'il opère, par les conditions biotiques nouvelles qu'il crée par son action, en transformant le milieu.
>
> On ne sait pas encore bien comment se fait l'acclimatation des espèces introduites plus ou moins envahissantes. Cependant on a constaté pour certaines espèces que l'acclimatation se fait par phases successives. À l'origine, la plante introduite ne vivant pas dans son milieu habituel est souvent envahie par des virus, des bactéries et d'autres parasites, mais elle est souvent très fertile et donne une descendance en grande partie déficiente. Il peut apparaître des mutations, un grand nombre sont mal adaptées et meurent,

mais d'autres mutants résistent et deviennent d'une grande prolificité après être devenus indemnes ou résistants aux parasites. D'autres espèces envahissantes dès leur introduction ne rencontrent pas de prédateurs ou d'ennemis alors que les autochtones en sont souvent envahies.

Il y a lieu d'étudier de plus près, au point de vue biologique, tous ces phénomènes, afin d'établir scientifiquement les causes de l'envahissement de certaines espèces, pour pouvoir juguler l'extension de ces hôtes nouveaux ou même détruire le plus grand nombre de mauvaises herbes introduites, très nuisibles, et dont l'invasion devient une calamité.

L'ÉQUATION INEXORABLE

Une expression est devenue à la mode : « l'érosion de la biodiversité ». Je n'ai pas cherché à savoir qui l'a inventée. En tout cas, dans un ouvrage publié en 1993 *(La Biodiversité, enjeu planétaire)*, un an à peine après le lancement de la convention sur la diversité biologique, Michel Chauvet et Louis Olivier évoquent « une érosion rapide » à propos de la disparition des espèces et des races domestiques. Quatre ans plus tard, Christian Lévêque, dans un « Que sais-je ? », traite des mécanismes de l'érosion de la biodiversité. En 2002, au Sommet de Johannesburg, les États s'engagent à freiner l'érosion de la biodiversité à l'horizon 2010.

L'expression me plaît et m'agace. Elle m'agace, parce que l'érosion est un phénomène naturel qui n'est pas naturellement catastrophique. Sans érosion, point de sédiments ; sans sédiments, qu'en serait-il des multiples sortes de vers de vase, de toutes ces variétés d'animaux fouisseurs que recèlent les sédiments marins ? Sans sédiments, nulle méiofaune, ces animaux dont la taille est comprise entre 0,1 et 1 millimètre – des vers du groupe des nématodes et des crustacés copépodes, essentiellement – qui vivent entre les grains de sable, y consommant des bactéries, des microalgues, des animaux unicellulaires, des particules organiques, et jouant ainsi un rôle important dans les réseaux alimentaires aquatiques. Sans sédiments, pas de roches sédimentaires de multiples sortes qui, revenues en surface, conditionnent l'existence de quantités d'écosystèmes différents, supports d'une multitude d'espèces. Sans l'érosion, que serait la face de la Terre ?

L'expression me plaît, néanmoins, parce qu'elle évoque un processus, plutôt qu'une simple comptabilité. Ce processus, symbolisons-le par une équation :

fragmentation + surexploitation + pollution + invasion
=
érosion de la biodiversité

Dépecés, fragmentés, les écosystèmes peuvent-ils continuer d'héberger toutes les espèces qui leur sont inféodées ? Celles qui y subsisteraient ne seraient-elles pas fragilisées par les milliers de substances polluantes que nous ne cessons de mettre en circulation dans l'environnement ? Fragilisées, feraient-elles face à des espèces envahissantes, moins exigeantes, plus robustes ? Intuitivement, nous inclinons à répondre non à la première question, oui à la seconde, non à la troisième. Et ne parlons pas des espèces qu'en outre l'on exploite abusivement.

Quand on pense au Rondônia, à Madagascar, à Bornéo, aux récifs coralliens, à la Beauce, au Middle West, à la mer d'Aral, à l'avancée du désert, à la régression des glaciers, à la construction d'immenses barrages en Chine, aux squelettes d'arbres que j'ai vus émergeant des eaux du lac de barrage de Petit-Saut en Guyane, au mercure que déversent les orpailleurs dans les rivières amazoniennes, et à tant et tant d'autres petits et grands changements, est-on alors en droit d'affirmer que des millions d'espèces risquent de disparaître bientôt, à une vitesse mille fois supérieure à celle des extinctions qui auraient lieu en notre absence ?

Ne considérons que le seul problème de la fragmentation des écosystèmes, quand les forêts, par exemple, deviennent des petits bois dispersés dans les champs : comment évaluer les pertes d'espèces qui en découleraient ?

La théorie de la biogéographie insulaire, publiée en 1967 par Robert H. MacArtur et Edward O. Wilson (le Wilson promoteur du terme « *biodiversity* »), prédit que la richesse en espèces d'une île est d'autant plus faible que cette île est plus petite et qu'elle est plus éloignée d'une terre d'où pourraient venir des espèces colonisatrices. Transposons : plus un lambeau de forêt diminue en taille et plus il devient distant de ce qui reste de la forêt initiale, plus il doit perdre des espèces.

Faisons un tout petit peu de mathématiques. La loi, dite « aire/espèces », qui relie le nombre d'espèces S existant dans un espace écologique de superficie A, est de la forme :

logarithme S = logarithme c + z logarithme A

Autrement dit, il existe une relation linéaire, non pas directement entre le nombre des espèces et la surface, mais entre leurs logarithmes. Cette relation peut être représentée par une droite de pente z : lorsque A diminue, S diminue d'autant plus vite que le coefficient z a une valeur élevée. Autrement dit encore, l'extinction des espèces, dans un habitat qui diminue en surface, est d'autant plus forte que le coefficient z est grand.

Le problème est que la valeur de z n'est pas connue. Des scientifiques ont cherché à la déterminer en étudiant des cas concrets, entre autres en comparant des lambeaux de forêt tropicale de différentes tailles. En 2006, Benoît Fontaine, chercheur du Muséum, a fait le point des publications qui, d'une part évaluent la réduction des forêts tropicales, d'autre part appliquent la loi « aire/espèces » pour calculer des taux d'extinction. Conclusion : la valeur de z varie considérablement d'un auteur à l'autre, du fait de l'imprécision des données disponibles. En 1997, Christian Lévêque écrivait, à propos des estimations publiées des vitesses d'extinction : « La rigueur oblige à dire que tous ces chiffres ne sont que des extrapolations parfois hasardeuses et qu'il est impossible actuellement de fournir des données générales précises et irréfutables sur le présent, et encore moins sur le futur. » Il n'est pas certain que la situation ait beaucoup changé.

Cela étant, acceptons un moment l'ordre de grandeur proposé par Edward O. Wilson en 1993, selon lequel la division par dix de la superficie d'un écosystème entraînerait une division par deux du nombre des espèces pouvant y vivre. Soit une forêt couvrant 1 000 000 ha, habitée par 100 000 espèces. Imaginons qu'elle soit réduite à un bloc de 100 000 ha, ou bien qu'elle soit fragmentée en 10 blocs de 10 000 ha, ou en 100 isolats de 1 000 ha, soit encore en 1 000 bois de 100 ha, soit enfin en 100 000 petits bois de 1 ha chacun. Dans tous les cas, la surface initiale serait réduite de 90 %. Quand on voit comment la forêt amazonienne a été hachée menu au Rondônia, de tels scénarios sont plausibles : on y voit des milliers de minuscules îlots forestiers, souvent de moins de 1 ha, totalement isolés.

Faisons alors trois hypothèses : une division par 10 de la superficie diminue le nombre d'espèces de 10 %, ou de 50 %, ou de 80 %. Comment évoluerait la richesse en espèces à l'échelle d'une forêt de 100 000 ha, hébergeant 100 000 espèces, dont la superficie serait divisée par 10 à plusieurs reprises ? En chiffres arrondis, voici les résultats :

Surface d'une unité boisée résiduelle	Nombre d'espèces restantes en fonction du taux d'extinction		
	Taux de 10 %	Taux de 50 %	Taux de 80 %
100 000 ha	90 000	50 000	20 000
10 000 ha	81 000	25 000	4 000
1 000 ha	72 900	12 500	800
100 ha	65 600	6 300	160
10 ha	59 000	3 200	32
1 ha	53 000	1 600	6
Nombre et % d'espèces perdues	46 000 (46 %)	98 400 (98 %)	99 994 (99,99 %)

Ces chiffres sont purement théoriques. Mais si l'on admet que l'hypothèse de Wilson est raisonnable, cela veut dire que l'émiettement d'une forêt en bosquets de quelques hectares chacun, dont l'ensemble ne totaliserait que 10 % de la superficie initiale, pourrait conduire à une perte de plus de 90 % des espèces. L'hypothèse beaucoup plus prudente d'un taux d'extinction de 10 % pour une division par 10 de la superficie situe tout de même la perte au niveau de 40 %. Cela étant, rien ne dit que ce sont les mêmes espèces qui disparaissent partout : globalement, 100 000 petits bois de 1 ha peuvent totaliser beaucoup plus d'espèces qu'un seul. Il me revient à l'esprit les petits bois du Gâtinais qui, collectivement, sur une surface ridicule, hébergent le quart de la flore forestière des plaines tempérées de France.

La réalité est bien sûr autrement complexe que ne le supposent d'aussi grossiers calculs. On ne peut pas inclure dans une même approche comptable des arbres, des félins prédateurs, des oiseaux-mouches, des coléoptères à larves vivant dans du bois mort, des acariens du sol, des serpents, des champignons, etc. Chaque espèce a ses propres exigences en matière d'espace pour pouvoir maintenir des populations viables dans la durée, en fonction de ses besoins alimentaires, de sa capacité à se déplacer, y compris en traversant des espaces écologiquement défavorables. Il est possible que de nombreuses espèces de plantes et de petits animaux arrivent à se maintenir en populations de faibles effectifs, totalement déconnectées les unes des autres. Mais pour combien de temps ? Un aléa climatique, une maladie parasitaire, peuvent provoquer des extinctions locales définitives. Disparaissant ici, une espèce peut encore être présente ailleurs, mais son effectif s'amenuise, et ses populations locales se fragilisent d'autant plus que leur isolement s'accroît.

C'est en cela que j'aime l'image de l'érosion de la biodiversité : bien avant que des espèces s'éteignent totalement, nombre d'entre elles s'éteignent localement, et deviennent de plus en plus menacées. Tout comme un processus érosif longtemps discret peut un jour devenir catastrophique. La silencieuse érosion des espèces affaiblies par des pollutions, perturbées par les modifications du climat, éparpillées en petites populations définitivement isolées, pourrait donner raison à ceux qui prirent le risque d'avancer sans trop de précautions des taux de disparition alarmants. Objectivement, peu d'espèces sont pour le moment portées disparues. En revanche, beaucoup doivent sans doute être « portées disparaissantes ».

Le premier bouleversement de la biosphère

Le zoologiste Émile Dottrens, directeur du Muséum de Genève de 1953 à 1969, très impliqué dans la protection de la nature, fut de ceux qui, très tôt, comprirent que, du fait de l'homme, la Terre est confrontée à une situation radicalement nouvelle.

Pour la première fois dans l'histoire de la vie, en un temps très court, une espèce – nous – provoque une intense pollution de l'environnement, en y augmentant les quantités de certaines molécules naturelles comme le dioxyde de carbone et autres gaz à effet de serre, et en y injectant des molécules nouvelles d'une considérable diversité, nocives pour bien des êtres vivants soit parce qu'on les a créées pour cela, soit parce que, créées à d'autres fins, elles se révèlent empoisonnantes. Pour la première fois, en même temps, cette espèce – nous – éradique des écosystèmes, en émiette d'autres, provoquant ainsi l'extinction de multiples espèces, et en fragilise bien davantage.

Bien des fois, en quelques millions d'années, la biosphère a traversé des phases de réorganisation, ce que l'on se plaît aujourd'hui à appeler les « crises de la biodiversité ». Mais jamais le monde vivant n'avait été attaqué globalement par l'un de ses membres. C'est pourquoi je trouve ridicule de désigner la période actuelle comme la « sixième crise de la biodiversité ». Comme si ce qui se passe aujourd'hui n'était que la réitération d'un phénomène banal qui s'est souvent produit.

Les scientifiques sont dans leur rôle quand ils pensent devoir alerter l'opinion publique à propos de phénomènes qu'ils jugent préoccupants pour les conditions de vie des humains sur leur petite Terre : merci à ceux qui ont commencé à soulever le problème du réchauffement climatique. S'aventurant dans le monde des médias, les scientifiques sont souvent tentés d'employer des métaphores frappantes, des mots « percutants ». Parfois, il est vrai, cela aide aussi à obtenir des crédits de recherche. Mais c'est au risque de développer une communication fallacieuse.

Parler à tout va de la « sixième crise de la biodiversité » pour convaincre l'opinion de la gravité de la situation, ne serait-ce pas aller à l'encontre du but recherché ? Les optimistes diront en effet qu'une crise, ce n'est pas durable. Regardez l'histoire de la vie, insisteront-ils : les scientifiques nous disent que la biosphère a traversé au moins cinq crises majeures, et la vie est toujours là. D'ailleurs, l'espèce humaine serait un enfant – tardif – de la crise qui a ouvert la voie à la diversification des mammifères. Alors, une sixième crise ? Pas d'affolement ! La vie s'en tirera, comme d'habitude ; et nous aussi, ajouterons les scientistes impénitents, parce que, bien entendu, nos savants et nos ingénieurs, comme d'habitude, trouveront les moyens pour que nous puissions nous adapter aux changements que nous avons nous-mêmes provoqués. Vous nous annoncez, mesdames et messieurs les scientifiques, que des espèces d'insectes et autres bestioles inconnues vont disparaître par millions ? Et alors ? D'abord, vous nous dites que vous ne savez pas combien d'espèces existent réellement : comment pouvez-vous donc savoir combien vont disparaître ? Voyons, pas d'affolement, la biosphère peut bien se débrouiller sans quelques coléoptères longicornes spécialistes des branches mortes pas trop grosses de certaines espèces d'arbres de la forêt amazonienne. Il n'y aura plus de tigres ? Eh bien, les gens pourront enfin se promener tranquillement dans des bouts de forêts devenues périurbaines. Les escargots endémiques de Tahiti qui se sont fait manger par un escargot carnivore introduit pour lutter contre un autre escargot, herbivore celui-là, également introduit, un malheur ? La belle affaire ! Du moment que des touristes naturophobes continuent de déverser des devises sans s'écarter de la piscine de leur hôtel, pas de souci.

Et bien, non, ce n'est pas un épisode de plus, une crise de plus. La biosphère est aujourd'hui confrontée à son PREMIER BOULEVERSEMENT. Conséquence : le passé ne peut nous fournir aucun scénario clés en main pour nous projeter dans l'avenir.

5.

Homo transformator, variété *conservator*

Presque partout, hélas, les exemples abondent, de ces déboisements aveugles qui à la fois enlaidissent une région et ruinent pour longtemps sa prospérité, de ces mutilations de sites pittoresques, qui, en affligeant l'artiste, écartent aussi le touriste, de ces exterminations d'animaux dont les miracles de la science ne sauraient faire sortir de ses cendres l'espèce une fois éteinte, de mille autres actes de vandalisme matériellement irréparables…

Oui, Messieurs, la Nature doit être protégée.

Louis Mangin,
Discours de clôture, Premier Congrès
International pour la Protection
de la Nature, Paris, 2 juin 1923.

Le temps des pionniers

Précoces écologistes

Découverte par les Portugais, passée aux Hollandais en 1598, l'île Maurice devint française en 1715 et fut appelée l'île de France. Le dodo y était éteint depuis quelques décennies. En 1768, un certain Jacques-Henri Bernardin de Saint-Pierre y débarquait. Le futur auteur de *Paul et Virginie* s'attendait à trouver dans cette île des tropiques une ambiance idyllique, où les hommes et la nature seraient en parfaite harmonie. Mais d'importantes surfaces de forêts avaient été détruites, surtout dans les zones côtières. Frappé par l'ampleur de la déforestation, Bernardin de Saint-Pierre se convainquit de la nécessité d'une protection rigoureuse pour que l'harmonie qu'il souhaitait puisse exister. Il fit la connaissance de Philibert Commerson, un voyageur naturaliste qui avait accompagné Bougainville autour du monde, mais l'avait quitté à l'île de France, en 1768, pour y prendre un poste officiel de botaniste. Ensemble, ils expliquèrent à l'intendant Pierre Poivre – un passionné d'épices – les risques que la destruction des forêts faisait courir à l'île : le climat local serait modifié, ce qui ne manquerait pas d'avoir des répercussions économiques. Il y avait là une idée vraiment nouvelle. En 1769, une ordonnance fut prise : l'état boisé devait être maintenu sur le quart de chaque propriété, en particulier sur les pentes, afin d'éviter l'érosion ; les forêts situées à moins de 200 mètres d'un cours d'eau devaient être protégées.

Les colonisateurs anglais, dans les Caraïbes et les Antilles, eurent des initiatives du même ordre. Un scientifique qui étudiait la physiologie des plantes, Stephen Hales, avait souligné les dangers des déforestations, à l'origine d'une érosion importante dans différentes îles. Il inspira ainsi des mesures de protection dans l'île de Tobago, en 1765, où des réserves forestières furent établies. Plus tard, en 1791, dans l'île de Saint-Vincent, une loi allant dans le même sens fut promulguée, influencée par le conservateur du jardin botanique, Alexander Anderson. Partageant l'utopie des Français de l'île Maurice, lui aussi souhaitait conserver le caractère idyllique de son île.

En l'an X de la République française, un ingénieur des Ponts et Chaussées, nommé Rausch, publiait un ouvrage intitulé *Harmonie Hydro-végétale et Météorologique, ou Recherches sur les moyens de recréer avec nos forêts la force des températures et la régularité des saisons, par des plantations raisonnées.* Roger Heim, dans son livre *L'Angoisse de l'an 2000*, en cite deux passages que je trouve magnifiques par la profondeur de la réflexion de cet homme, bien plus écologiste que beaucoup de naturalistes d'aujourd'hui. Rausch préconisait de considérer les forêts « principalement sous l'angle intime qu'elles ont avec l'économie animale, et leur influence visible sur l'harmonie des éléments ; c'est-à-dire, des météores qu'elles vivifient, qu'elles dirigent, des huiles, des résines qu'elles offrent, des feuilles, des fruits qu'elles produisent, des plantes qu'elles font naître, des animaux qu'elles abritent, qu'elles conservent; des nuages qu'elles attirent, des eaux qu'elles pompent, des sources qu'elles fécondent, des ruisseaux, des rivières qu'elles alimentent; des pâturages qu'elles favorisent, qu'elles protègent; des graisses qu'elles répandent sur les terres qu'elles fertilisent, et qui, présentant à la société les plus riches résultats que la nature nous offre avec le moins de travail, méritent de nombreuses observations, toutes dignes de l'attention et de l'intérêt d'un gouvernement sage et éclairé». Quelle compréhension des liens qui entretiennent la vie!

Et Rausch de déplorer la dégradation de la nature: «Nos belles montagnes sont dépouillées du brillant vêtement de ces forêts majestueuses qui les couvraient de leurs ombres protectrices et silencieuses; les météores, déchaînés, ne s'annoncent plus que par des ravages et de sinistres sifflements; avec le départ de nos antiques forêts sont disparus ces nombreux enfants de la nature, dont la fuite a terni le primitif éclat de la création; les Naïades de nos pères sont desséchées; les ruisseaux ne s'écoulent qu'avec langueur; les rivières sont, dans leur triste nudité, accompagnées de flétrissantes langes marécageuses; [...] l'inclémence croissante des températures et des saisons arrête partout la volonté libérale de la nature; la terre perd tous les jours un élément de plus de sa fécondité; [...] partout les arbres nourriciers sont enlevés aux campagnes découvertes.» En changerions-nous un mot aujourd'hui?

Quelques décennies plus tard, aux États-Unis, George Perkins Marsh publiait, en 1864, *Man and Nature*, un livre d'une extraordinaire lucidité sur les dégradations causées par les activités humaines, en particulier l'exploitation irrationnelle des forêts. L'analyse de Marsh était nourrie d'une vaste recherche historique : si la révolution industrielle était en train de porter l'impact de l'homme sur la nature à un niveau sans précédent, cela faisait bien longtemps qu'au Moyen-Orient, en Mésopotamie et tout autour du bassin méditerranéen, les sols avaient été catastrophiquement dégradés. Marsh soulignait que l'action de l'homme sur le monde organique tend à perturber l'équilibre originel entre les espèces, d'un côté en réduisant l'effectif de certaines d'entre elles, voire en les éliminant, de l'autre en multipliant certaines formes végétales et animales.

Avec l'agriculture et l'élevage, expliquait Marsh, les populations humaines ont commencé à se sédentariser, premier pas vers des sociétés de plus en plus civilisées. Mais l'utilisation des milieux naturels provoquait de multiples dommages : inondations, destructions de forêts, effondrements de terrains, etc. Ainsi, tout en permettant la création de richesses et de meilleures conditions de vie, le développement des activités agricoles et pastorales s'accompagnait de lourds impacts sur les équilibres naturels, ce que Marsh interprétait comme une guerre contre l'ordre de la nature : sans cette « influence hostile de l'homme », véritable « agent perturbateur », les relations entre l'organique et l'inorganique seraient relativement stables, avec des changements graduels. Au contraire, en continuant comme avant, dans l'ignorance des lois naturelles et des limites de la nature, l'espèce humaine pourrait rendre la Terre inhospitalière, non seulement pour les autres espèces, mais également pour elle-même.

La paix pour les animaux ?

> La paix pour la baleine franche ; la paix pour le dugong, le morse, le lamantin, ces précieuses espèces qui bientôt auraient disparu. Il leur faut une longue paix, comme celle qui très sagement a été ordonnée en Suisse pour le bouquetin, bel animal qu'on avait traqué, et presque détruit : on le croyait perdu même, et bientôt il a reparu.
>
> Pour tous, amphibies et poissons, il faut une saison de repos : il faut une Trêve de Dieu.

J'aime ces lignes de Jules Michelet, dans son ouvrage *La Mer*, publié en 1861. Le XIXe siècle fut celui d'une prise de conscience du risque de disparition de nombreuses espèces animales. L'historien n'était pas le seul à s'alarmer ; de plus en plus de naturalistes exprimaient leurs inquiétudes. Dès 1845, par exemple, un naturaliste allemand avait plaidé pour la protection des oiseaux devant le congrès de la Société Ornithologique Allemande. Dans certaines de ses colonies, l'Angleterre prit tôt des mesures réglementaires. La Tasmanie fut pionnière, avec l'édiction en 1860 d'une loi pour la protection des oiseaux, inspirée par un naturaliste amateur ; dans les années qui suivirent, différentes espèces d'oiseaux et de mammifères terrestres firent l'objet de lois promulguées en Afrique du Sud et en Australie. Vers la fin du siècle, les préoccupations pour les espèces en danger commencèrent à prendre une dimension internationale : en 1883, à Paris, un accord fut signé pour la protection des phoques en mer de Behring et, en 1895, toujours à Paris, se tint une conférence pour la protection des oiseaux bénéfiques à l'agriculture.

Bien sûr, avertissements des scientifiques, concertations internationales et réglementations n'empêchaient pas les massacreurs de massacrer. Les baleines ne connaissaient pas la paix, le zèbre couagga, l'hippotrague bleu, s'éteignaient en Afrique, les pigeons voyageurs américains étaient fusillés par millions, et finiraient par disparaître. Le bison d'Amérique allait connaître le même sort, mais…

En 1886, le Natural History Museum des États-Unis, un établissement de la Smithsonian Institution, à Washington DC, avait organisé une expédition dans le Montana, dirigée par le chef taxidermiste, William Temple Hornaday. Objectif : tuer des spécimens du bison américain pour les naturaliser. Il fallut huit semaines pour n'en trouver que 25, dans une région où, peu d'années auparavant, il en existait des dizaines de milliers. Frappé par la rareté de l'animal et par les accumulations de milliers de squelettes qui ponctuaient les plaines du Montana, Hornaday comprit que l'espèce était en danger d'extinction à très court terme.

Au tout début du XIXe siècle, le bison américain comptait probablement plus de 60 millions de têtes. Le commerce des peaux allait vite déclencher une chasse massive : chaque année, on tuait environ 200 000 individus. Les peaux prélevées, et parfois certaines pièces de viande, partaient par chariots pour les villes de l'Est, tandis que les cadavres étaient laissés à pourrir sur place. Plus tard, une fois les squelettes nettoyés naturellement, les os étaient aussi convoyés à l'est, pour la préparation d'un engrais phosphaté. La chasse était une véritable entreprise commerciale, avec des équipes réunissant tireurs professionnels, préparateurs de peaux, nettoyeurs de fusils, chargeurs de cartouches, cuisiniers, etc. Des hommes étaient même employés à récupérer les balles de plomb dans les cadavres. La logistique nécessitait de nombreux chariots et des chevaux en conséquence. Le processus fut amplifié avec la mise en service des chemins de fer.

La destruction des bisons fut aussi activement menée pour des raisons autres que commerciales. L'armée y participa grandement. Il fallait permettre aux éleveurs de faire pâturer leurs bovins sans que ceux-ci se trouvent en compétition avec les bisons. Et surtout, il fallait priver les Indiens de leur principale source de nourriture, afin de les contraindre à abandonner leurs terres. En 1875, le général Philip Sheridan avait défendu cette idée devant le congrès. L'année précédente, le président Ulysses S. Grant avait d'ailleurs opposé son veto, pour la même raison, à un projet fédéral de protection du bison.

Certaines personnalités commençaient en effet à s'inquiéter de l'avenir de l'espèce, y compris le célèbre chasseur Buffalo Bill Cody, qui fut employé par une compagnie de chemin de fer, car il devenait évident que les prélèvements dépassaient de très loin la capacité de renouvellement des populations.

William Hornaday, à la suite de son expédition dans le Montana, publiait en 1887 un ouvrage intitulé *The Extermination of the American Bison*, qui eut un grand retentissement. À la fin de la même année, il écrivait au responsable du Muséum national d'Histoire naturelle de Washington pour attirer son attention sur la situation alarmante du bison américain dans le parc national de Yellowstone. D'après ses renseignements, il n'y subsistait guère plus de 100 têtes, et les animaux qui s'aventuraient à l'extérieur (à moins qu'ils n'y soient poussés…) étaient tués par des chasseurs installés aux limites du parc. Jusqu'en 1886, il n'y avait d'ailleurs eu aucune protection effective de l'espèce à Yellowstone. En 1888, il ne restait guère que 1 000 bisons dans tous les États-Unis. Hornaday décida de s'investir dans la création du National Zoological Park, avec l'idée d'y assurer la conservation du bison et de développer des programmes d'élevage qui permettraient de réintroduire l'espèce dans son milieu naturel. Ce qui fut fait dans le parc national de Yellowstone, où la population atteint maintenant environ 4 000 têtes. La National Bison Association estime qu'il y a aujourd'hui 150 000 bisons, pour l'essentiel chez quelque 2 000 éleveurs privés. L'objectif est commercial : vendre de la viande de bison, plus chère que celle de bœuf, mais à plus faible teneur en cholestérol.

Pour le plaisir des nobles, pour l'amour de l'art, pour l'agrément du peuple

Il faut bien le reconnaître, la vieille Europe doit à ses princes et à ses rois le maintien d'espaces réservés à la chasse, aujourd'hui dédiés, au moins en partie, à la conservation de la nature. Ainsi, le Grand Paradis fut érigé en Réserve de Chasse Royale par Victor Emmanuel II, en 1856, pour protéger le bouquetin des Alpes ; en 1922, la réserve deviendra le premier parc national italien. Un autre monument de la nature européenne s'étend à l'est de la Pologne, la forêt de Bialowieza, qui se prolonge en Biélorussie ; elle fut royale, puis impériale. Considérée comme la seule forêt des grandes plaines d'Europe ayant conservé les caractéristiques d'une authentique forêt naturelle, c'est un véritable sanctuaire pour les naturalistes, déjà classé comme parc national après la Première Guerre mondiale. C'est là que le bison d'Europe, qui connut le même sort que son cousin d'Amérique, fut réintroduit avec succès, à partir de quelques survivants – moins de 50 – qui restaient dans des parcs zoologiques.

Au sud de Paris, la forêt de Fontainebleau fut elle aussi royale puis impériale. Il convient de remercier Louis XIV, qui aimait les vieux arbres. Grâce à lui, quelques espaces subsistent, qui depuis lors sont maintenus sans intervention humaine. Il faut aussi remercier Napoléon III d'avoir accédé à la requête des peintres de l'école de Barbizon, amoureux des paysages bellifontains, qui voulaient soustraire quelques arpents à l'action des forestiers. Ceux-ci, en effet, étendaient allègrement de laides plantations de pin sylvestre. Fureur des peintres, qui se retrouvaient au village de Barbizon, à l'auberge de la famille Ganne. Il se raconte que l'aubergiste offrait le pain à ceux qui revenaient avec des pins arrachés. En 1853, une commission d'artistes et de forestiers désigna une zone de 624 ha à maintenir hors intervention. Forts de leur notoriété, les peintres obtinrent de l'Empereur que soit exclu de la gestion forestière un total de 1 097 ha : par décret, en date du 13 avril 1861, était créée la « série artistique ». Un espace de modeste superficie, certes, mais ô combien symbolique : peut-être pour la première fois dans le monde occidental, si l'on oublie ce qui fut fait dans quelques lointaines colonies, une parcelle de nature était protégée pour des raisons autres que cynégétiques. Il faut ensuite remercier la troisième République : le décret du 22 avril 1904 définissait les règles de « gestion » à appliquer à la série artistique de la forêt de Fontainebleau, qui couvrait désormais un peu plus de 1 692 ha et qui comprenait « ce que la forêt contient de plus remarquable tant au point de vue de la végétation ligneuse que de la beauté des sites », ce pourquoi, précisait le décret, « cette série peut être considérée comme le domaine exclusif des promeneurs et des artistes ». Afin de lui conserver son caractère esthétique, il ne devait y être menée aucune exploitation régulière ; si des opérations culturales s'avèraient néanmoins nécessaires, elles ne devraient en aucun cas « altérer le caractère artistique des peuplements et ne pourraient être effectuées qu'en vertu d'autorisations spéciales du directeur général des Eaux et Forêts ».

En ce début du XXe siècle, la France pouvait-elle pour autant s'enorgueillir d'avoir « protégé » presque 1 700 ha de forêt pour d'autres raisons que le maintien d'un potentiel cynégétique ? Difficile, il faut bien l'admettre. En effet, plus de 30 ans auparavant, le 1er mars 1872, le président des États-Unis, Ulysses S. Grant, signait l'acte créant le premier des parcs nationaux, Yellowstone : 898 300 ha, au nord-ouest du pays, à cheval sur le Wyoming, le Montana et l'Idaho. Déjà, en 1864, Abraham Lincoln avait décidé la protection de la Yosemite Valley, en Californie, mais il ne s'agissait pas d'un parc national au sens juridique utilisé pour Yellowstone. L'objectif était toutefois le même, garantir un usage récréatif : le territoire de Yellowstone était constitué en parc public, pour le bénéfice et l'agrément du peuple. Il faut dire que la création du parc était fortement soutenue par une compagnie de chemin de fer, qui misait sur les bénéfices que lui rapporterait le développement du tourisme !

Pourquoi protéger des sites naturels ?

La préservation des espaces naturels, pour les États-Unis de la fin du XIXe siècle, avait une claire finalité. Il s'agissait d'offrir au public la possibilité de contempler la splendeur d'espaces encore sauvages. Des penseurs « transcendantalistes » comme Ralph Waldo Emerson, qui publia en 1836 un livre intitulé *Nature*, et Henry David Thoreau, qui avait expérimenté pendant deux ans une vie proche de la nature, eurent une grande influence dans le développement d'un « culte de la *wilderness* ». Le transcendantalisme, courant de pensée à la fois romantique et religieux, considérait la nature sauvage comme une entité divine, avec laquelle l'homme, pour retrouver son unité spirituelle, devait vivre une fusion impliquant tous ses sens. L'une des personnalités les plus importantes dans ce courant, fut John Muir, un homme aux multiples expériences, voyageur, fermier, berger, écrivain, qui fut marqué par ses séjours dans la Yosemite Valley. Découvrant le site en 1868, il y vit le plus grand « temple » dédié à la nature. Il fut à l'origine de la création du parc national Yosemite, le 1er octobre 1890. Laquelle n'empêcha pas les dégradations, notamment dans la Yosemite Valley, qui restait sous administration de l'État de Californie. En 1903, campant dans le parc avec le président Theodore Roosevelt, John Muir convainquit ce dernier de mettre l'ensemble du parc sous responsabilité fédérale.

L'exemple des États-Unis fut rapidement suivi. Des parcs nationaux furent créés à la fin du XIXe siècle dans différents pays dépendant de la Couronne britannique : le Royal National Park en Australie en 1879, le parc national des Rocky Mountains au Canada en 1885, celui du Tongariro en Nouvelle-Zélande en 1887. En Europe, l'idée faisait également son chemin. En 1909, la Suède créait neuf parcs nationaux. Le 1er août 1914, sous l'impulsion du zoologiste Paul Sarasin, président depuis 1909 de la Ligue Suisse pour la Protection de la Nature, était créé le Parc National Suisse, une grande réserve « totale », selon l'expression de Paul Sarasin, destinée à la conservation intégrale de tous les animaux et de toutes les plantes vivant dans la vallée de l'Engadine. En 1917, l'Espagne promulguait une loi pour la création de parcs nationaux ; les deux premiers furent créés dans les Pyrénées, l'un, en 1917, pour protéger la montagne de Covadonga, dans les Asturies, l'autre, en 1920, dans la vallée pyrénéenne d'Ordessa.

En France, la philosophie qui inspirait la politique de la série artistique de Fontainebleau fut présentée à Paris, en 1923, au Premier Congrès International pour la Protection de la Nature, par Émile Sinturel, inspecteur des Eaux et Forêts. Aucune ambiguïté : une série artistique, affirma le forestier, « ce n'est point la forêt sauvage, mais une réserve de beauté jalousement protégée et soumise aux seules règles dictées par un amour averti et une connaissance complète des arbres ». Mais, selon lui, deux points de vue s'affrontaient. Certains, expliqua-t-il, « veulent que la série artistique, à l'instar des parcs nationaux, soit presque totalement abandonnée à elle-même, que les arbres s'y élèvent et s'y amoncellent sans ordre sous les seules influences des variations naturelles du climat, du sol et du milieu, qu'elle garde une sorte de caractère sacré, que presque seuls enfin les initiés de l'art y aient accès, parce que seuls susceptibles d'en sentir la majesté et le charme». À cet élitisme arrogant s'opposaient ceux qui souhaitaient un aménagement touristique, afin d'accueillir le public, et qui acceptaient l'intervention du sylviculteur, pour enlever l'arbre mort ou même complètement dépérissant, afin de dégager le jeune sujet qui demain devra le remplacer.

Pour Émile Sinturel, la nature, dans un parc national, devait donc être totalement livrée à elle-même. Un autre acteur du Congrès de Paris, Charles Valois, défendit au contraire l'idée que les parcs nationaux ne devaient pas être de simples «réserves biologiques». Pour lui, pas d'abstention passive: «Le créateur d'un parc national ne s'interdirait pas par principe de semer, planter, d'acclimater ou de réintroduire des espèces animales ou végétales localement détruites, et ne perpétuerait pas, par une systématique inertie, la nudité ou le dépeuplement, qui ne sont pas nécessairement plus "naturels" que la vie et résultent souvent, dans nos montagnes, de la seule faute de l'homme – aux troupeaux ravageurs, à la cigarette incendiaire, au fusil ou au lacet aveuglément destructeurs.» Évidemment, il s'agirait de préserver la nature de toutes les atteintes «nuisibles» de l'homme, mais d'une manière judicieusement interventionniste; selon les termes de Charles Valois, «cette exploitation serait: 1° subordonnée au pittoresque; 2° conduite avec une extrême prudence et contrôlée par une commission de savants et d'artistes».

Dix ans avant ces prises de position, en 1913, une Association des Parcs Nationaux avait été fondée à Paris. Elle était présidée par le Touring Club, ce qui n'était pas anodin ; et elle comptait parmi ses membres le Club Alpin Français et la Société Nationale d'Acclimatation, laquelle, sous l'impulsion de son président, le directeur du Muséum Edmond Perrier, se dédiait de plus en plus à la protection de la nature. Le 31 décembre 1913, le parc national de l'Oisans – ensuite appelé parc national du Pelvoux – était créé ; ultérieurement agrandi, il couvrait plus de 13 000 ha en 1923. La France, à cette époque, n'était nullement en retard sur les autre pays européens. On ne s'en souvient guère, car il fallut attendre 1960 pour qu'une loi vienne enfin donner un cadre précis pour l'établissement de parcs nationaux. Le premier créé au titre de cette loi, en 1963, le parc national de la Vanoise, n'est donc pas le premier de l'histoire de la protection de la nature dans les territoires français : le Pelvoux, créé le 31 décembre 1913, aujourd'hui incorporé dans le parc national des Écrins, et le parc national Antarctique français, créé par décret le 3 janvier 1925 (mais critiqué pour la faiblesse de sa réglementation), ont droit d'aînesse.

Pourquoi a-t-il fallu attendre si longtemps pour que la France légifère explicitement sur la création de parcs nationaux ? Une piste, j'imagine, déjà explorée par les historiens du droit de l'environnement. En 1906, le parlement votait la « loi Beauquier », du nom de son promoteur, le député du Doubs Charles Beauquier, président de la Société pour la Protection des Paysages de France. Cette loi avait pour but la protection de « monuments naturels » et de sites remarquables ou pittoresques, ce au bénéfice de tous. D'une certaine façon, de même que la loi du 30 mars 1887 avait lancé la conservation des monuments historiques, elle promouvait la préservation des lieux façonnés par la nature – et souvent aussi par les hommes – dans l'intérêt des générations futures ; elle fondait ainsi la notion de patrimoine naturel.

Le principal inspirateur de la loi de 1906 fut Raoul de Clermont. Cet ingénieur agronome, également juriste (il était avocat), artiste naturaliste, membre de plusieurs associations, dont la Société pour la Protection des Paysages de France et la Société Nationale d'Acclimation, joua un rôle considérable, mais totalement méconnu, dans le développement de la protection de la nature en France. En outre, il militait pour une concertation internationale en matière de protection de la nature. En septembre 1905, à Liège, au cours du Deuxième Congrès International d'Art Public, il avait fait adopter un vœu pour que, dans chaque pays, « les mesures nécessaires soient prises pour la création de parcs nationaux destinés à sauver de la destruction les animaux, les plantes et les minerais particuliers au pays ». La conception de Raoul de Clermont différait donc de celle des Américains : pour lui, les parcs nationaux devaient avoir pour objectif prioritaire la sauvegarde de la nature.

La loi de 1906 constitue incontestablement le socle juridique du droit environnemental français. Très tôt, cependant, il apparut nécessaire de la compléter. Lors du Congrès de Paris, le député du Cher,

Marcel Plaisant, s'offrit un beau succès en annonçant que la veille, le 31 mai 1923, il avait déposé à la Chambre des députés une proposition de loi élargissant et améliorant celle de 1906 : il s'agissait d'organiser la protection « des sites et monuments naturels de caractère artistique, scientifique ou légendaire ».

Marcel Plaisant expliqua aux congressistes que « si nous voulons transmettre aux générations futures ces trésors intacts, il nous faut les préserver du caprice et de l'intérêt passager des hommes ». Il précisa en outre que les sites et monuments naturels de caractère scientifique étaient ceux qui « nous intéressent par quelque richesse appartenant à l'un des trois règnes de la nature » : il n'oubliait donc pas le patrimoine géologique, trop facilement négligé par les protecteurs de la nature. Pour lui, en complétant la loi de 1906, il ne s'agissait de rien moins que de créer des parcs nationaux, tout spécialement pour préserver de l'extinction plantes et animaux en voie de disparition. Un passage de son exposé au Congrès de Paris le prouve : « Mieux encore que dans la jeune Amérique, c'est sur une vieille terre comme la France que nous devons créer des parcs nationaux pour donner un abri aux essences qui s'évanouissent et aux races qui vont s'éteindre. »

La proposition de Marcel Plaisant s'enlisa longuement à la Chambre des députés. C'est seulement le 2 mai 1930 que fut promulguée une loi consacrée aux monuments naturels et aux sites dont la conservation présente un intérêt général, au point de vue artistique, historique, scientifique, légendaire ou pittoresque. « Fille » de Raoul de Clermont, cette loi, en ne créant pas l'outil « parc national » pour atteindre un objectif purement protectionniste, mais en rendant néanmoins possible la protection d'espaces naturels remarquables, a peut-être retardé le développement d'une politique active de création de parcs nationaux en France, laquelle n'a pu se concrétiser qu'avec la loi de 1960. Cinquante-cinq ans après le vœu de Raoul de Clermont, tel qu'il l'avait exprimé en 1905, dans un strict souci de protection des animaux, des plantes et des minerais, la France y donnait enfin suite explicitement : « Le territoire de tout ou partie d'une ou de plusieurs communes peut être classé par décret en conseil d'État en "parc national" lorsque la conservation de la faune, de la flore, du sol, du sous-sol, de l'atmosphère, des eaux et, en général, d'un milieu naturel présente un intérêt spécial et qu'il importe de préserver ce milieu contre tout effet de dégradation naturelle et de le soustraire à toute intervention artificielle susceptible d'en altérer l'aspect, la composition et l'évolution. »

Dans ce texte, les motifs justifiant la création d'un parc national sont strictement naturalistes et écologiques. N'y figurent pas les raisons esthétiques, historiques, voire légendaires, qui peuvent être invoquées pour le classement de sites naturels au titre de la loi de 1930. De ce fait, le concept de parc national, au sens de la loi de 1960, est plus restreint que celui qui fut développé en 1933 dans la Convention de Londres, dont la France était pourtant signataire. Cette convention, relative à la protection de la nature en Afrique, donnait une définition des parcs nationaux très complète, variante « protectionniste-éducative » : un parc national est « une aire mise à part pour la propagation, la protection et la préservation de la vie animale sauvage et de la végétation sauvage, et pour la préservation d'éléments d'intérêt esthétique, géologique, préhistorique, historique, archéologique, ou autre intérêt scientifique, pour le bénéfice, l'avantage et le plaisir du public général. Pour cette raison, dans toute la mesure du possible, des facilités devront être accordées au public général pour observer la faune et la flore ».

Ainsi, les motivations pour la protection de sites naturels n'ont cessé de mêler, dans des proportions variables, le souci de la sauvegarde d'éléments naturels en danger, le désir de préserver des espaces que seule une élite cultivée saurait apprécier et, au contraire, celui de rendre accessible au plus grand nombre des espaces dédiés à la contemplation et aux loisirs, ce qui, soit dit en passant, permettrait de générer une activité économique, comme l'avaient bien compris certaines compagnies de chemins de fer étasuniennes.

Le Congrès de Paris : concilier protection de la nature et nécessités économiques ?

Paris, décembre 1922

Madame, Monsieur,

La Nature, dans ses trois règnes, est de toute part menacée par les progrès de l'industrie. L'activité de l'homme gagne des régions jusqu'ici inaccessibles à ses entreprises ; son caprice ou son utilitarisme imprévoyant mettent en péril l'existence d'un grand nombre d'espèces animales et végétales.

Ceux même des animaux que devrait préserver leur utilité, leur rareté ou leur beauté, sont pourchassés, massacrés, détruits, voire à la veille de l'extinction; les espèces botaniques, isolées ou groupées en stations et forêts, sont victimes de funestes innovations, qui, sous le très louable couvert de progrès industriel, nous ravissent l'aide salutaire de l'arbre, ou gâtent l'harmonie de nos sites les plus pittoresques, de nos plus magnifiques paysages, détruisant parfois d'admirables témoins des temps géologiques.

Tous les amis, tous les défenseurs de la Nature doivent se grouper pour élever la voix, rédiger des protestations efficaces et exercer une action protectrice qui sauvegarde pour l'avenir notre patrimoine naturel.

Aussi nos trois Sociétés ont-elles estimé que l'heure était venue d'organiser un

Congrès International pour la Protection de la Nature

Sites et Monuments Naturels

Dont vous trouverez ci-joint le programme.

Dans l'espoir de votre bonne collaboration, veuillez agréer, Madame, Monsieur, l'expression de mes sentiments les plus distingués.

Au nom de trois sociétés, la Société Nationale d'Acclimatation de France, la Ligue Française pour la Protection des Oiseaux et la Société pour la Protection des Paysages de France, Raoul de Clermont, Secrétaire général du Comité d'organisation, adressait aux « Corps savants et à diverses personnalités compétentes de la France et de l'Étranger » cette invitation à participer à ce qui est considéré comme le premier congrès international consacré à la protection de la nature. L'esprit dans lequel était conçu cet événement était on ne peut plus explicitement « préservationniste » : il s'agissait de s'unir, au-delà des frontières, pour sauvegarder un patrimoine naturel mis en péril par le développement économique et un utilitarisme irresponsable.

Ce « premier » congrès se situait en fait dans la continuité de plusieurs réunions internationales qui ont jalonné le début du XXe siècle, avant que la Première Guerre mondiale ne vienne interrompre une dynamique prometteuse. En 1905 avait eu lieu à Liège ce congrès où Raoul de Clermont avait fait adopter son vœu pour la création de parcs nationaux. En 1907, la Société pour la Protection des Paysages, dont Raoul de Clermont était un membre actif, décidait d'organiser un congrès international pour la protection des paysages, destiné à renforcer les liens internationaux et les échanges d'expériences, notamment en matière de droit, entre les associations qui s'impliquaient dans la protection du patrimoine aussi bien historique que naturel. De l'autre côté de l'Atlantique, le président Theodore Roosevelt avait envisagé de convoquer une « International Conservation Conference » en janvier 1909, qui devait se tenir à La Haye. Initialement prévu en 1908, le congrès sur les paysages était pour une part conçu comme un événement préparatoire à cette conférence mondiale. Malheureusement, William Howard Taft, devenu président des États-Unis en 1909, torpilla le projet de son prédécesseur. Finalement, le Premier Congrès

International pour la Protection des Paysages eut lieu à Paris en août 1909. Des paysages ruraux aux paysages urbains, en passant par les forêts, les participants firent état des actions menées dans leurs pays, tant sur le terrain qu'en matière de réglementation. Mais, en dépit de son intérêt intrinsèque, le Congrès n'eut aucune suite concrète au plan international.

Le Congrès organisé par la Société Nationale d'Acclimatation, la Ligue Française pour la Protection des Oiseaux et la Société pour la Protection des Paysages de France eut lieu à Paris, au Muséum, du 31 mai au 2 juin 1923. Ce congrès, dont les actes existent – un livre rare –, est particulièrement intéressant à analyser, car il fournit un panorama des questions de protection de la nature telles qu'elles se posaient à l'époque, et aussi de l'état d'esprit dans lequel elles étaient abordées.

***

> La pénurie grandissante de combustibles minéraux (anthracite, houille, lignite, pétrole, etc.) attire de plus en plus l'attention des industriels sur les aménagements de chutes d'eau pour la production de la force, et il est facile de prévoir que, d'ici à quelques années, presque tous nos cours d'eau utilisables subiront des travaux de régularisation et de dérivation en vue d'installations hydro-électriques. C'est une nécessité économique inéluctable, et il ne saurait, bien entendu, être question d'aller systématiquement à l'encontre.
>
> Mais, d'autre part, personne n'a le droit d'ignorer qu'un beau site possède, comme un monument

ancien ou un tableau de maître, une valeur artistique qui échappe à toute estimation ; que les paysages pittoresques de France font partie de notre patrimoine national, et que, par conséquent, il serait criminel de les laisser détruire, ou même seulement diminuer, pour la seule satisfaction de produire quelques kilowatts de plus au bénéfice d'un groupe d'actionnaires, souvent assez indifférents à l'intérêt général. N'est-il pas possible de concilier, dans une très large mesure, les besoins légitimes de l'industrie et les vœux aussi respectables, des amis, des admirateurs passionnés de la nature ?

C'est Eugène Fournier, professeur à la faculté des sciences de Besançon, qui tint ce discours d'une totale modernité (mettez des éoliennes à la place des aménagements hydro-électriques). Tout en admettant la nécessité de développer ce que nous appelons aujourd'hui une « énergie renouvelable », il refusait que cela se fasse au détriment de sites de grande valeur patrimoniale. À parcourir les actes du Congrès, publiés en 1925, il apparaît que les préoccupations étaient toutes sur ce registre protectionniste.

Les participants, en tout près de 300 personnes, parmi lesquelles les représentants de la « société civile » étaient en nombre aussi important que les scientifiques et les naturalistes : des instituteurs, des industriels, des professionnels du tourisme, des forestiers, des chasseurs, des commerçants, des hommes de lettres, des artistes, venant de 18 pays différents, essentiellement d'Europe.

Il fut tout d'abord question de la protection de la faune sauvage. Les communications de Paul Sarasin et William Hornaday firent faire un tour du monde des espèces en danger, puis l'on évoqua les espèces se raréfiant en Europe, comme le mouflon de Corse, le bison d'Europe, l'ours, le lynx, le castor, le flamant… Le Congrès se transportait ensuite dans les îles de l'océan Indien, pour s'inquiéter du sort des dugongs, des tortues, des lémuriens ; il se penchait sur le devenir des grands cétacés, poussait jusqu'en Antarctique où mammifères et oiseaux étaient sous pression, revenait en Afrique du Nord pour considérer la situation des antilopes et du grand gibier. Retour en Europe, pour discuter de la réglementation de la chasse, notamment celle des « oiseaux utiles relativement communs ». Un détour par les côtes, pour stigmatiser la « destruction des oiseaux de mer par les déchets d'huiles de la navigation ». Et l'on n'oubliait pas de soulever, de façon globale, le problème de la réglementation de la capture et du transport des animaux sauvages. Mammifères et oiseaux tenaient la vedette, mais reptiles, batraciens et poissons ne furent pas oubliés, non plus que les « insectes et autres invertébrés ». L'un des très grands collectionneurs de papillons de l'époque, l'imprimeur Charles Oberthür – il avait constitué une collection de 5 millions de papillons du monde entier – stigmatisa ceux qui se permettaient des prélèvements démesurés, risquant de faire disparaître certaines variétés ; il pria le Congrès « de bien vouloir étendre sa sollicitude à la conservation de certaines espèces de papillons, d'ailleurs parfaitement inoffensives pour nos cultures et simplement agréables à voir lorsqu'on les rencontre vivantes dans ce qu'on appelle : les places de vol », et il appela à lutter « contre les collectionneurs ou commerçants égoïstes qui s'acharnent à des poursuites inconsidérées ».

Le Congrès s'intéressa tout autant aux plantes rares et aux « stations botaniques », ces endroits qui, en raison de leur localisation géographique, de leur sol et de leur climat, accueillent chacun une flore particulière. La protection des forêts et le reboisement furent bien évidemment à l'ordre du jour. On n'oublia ni les grottes naturelles, en particulier les grottes ornées, ni les gîtes de fossiles et de minéraux. Se plaçant ensuite à l'échelle globale des sites et monuments naturels, le Congrès échangea des idées sur les parcs nationaux et les réserves naturelles, en bénéficiant des témoignages de délégués de différents pays. Enfin, Augustin Rey, un architecte, parla de la protection de la nature dans les villes et leurs banlieues. Il établissait un lien direct entre bien-être social et présence d'éléments de nature dans le tissu urbain, en affirmant que : « Faire pénétrer la nature dans la cité, l'y protéger, l'y développer, n'est pas une vaine prodigalité, comme seraient tentés de l'objecter les esprits imprévoyants, mais constitue au contraire une des plus sages opérations qui puisse être conseillée aux communes et à l'État pour la sauvegarde de la santé publique, dont la confiance du peuple leur a donné le soin. » Augustin Rey allait très loin en liant absence de nature et délinquance dans les villes : la grande affaire, expliquait-il, n'est point tant de construire « des prisons-modèles pour mettre temporairement hors de nuire les plus dangereux des malfaiteurs qu'a engendrés la ville : il faut commencer par assainir l'atmosphère physique et – je le répète, parce que les deux ne font qu'une – l'atmosphère morale de celle-ci ». Quelle invitation à concevoir des politiques de la ville et des plans banlieues « écologiques » !

***

Une grande inquiétude face au massacre des espèces animales, à la destruction de la végétation, à la dénaturation de sites remarquables, indiscutablement. Mais aussi l'acceptation de principe du développement économique. Tel était l'état d'esprit du Congrès, reflété aussi bien par l'intervention d'Eugène Fournier que par le discours prononcé à la séance de clôture par le professeur Louis Mangin :

> Mesdames, Messieurs,
> Ceux d'entre vous qui n'ont pas suivi nos travaux se demandent peut-être pourquoi nous nous sommes voués à la protection de la nature, et si tant d'efforts étaient vraiment nécessaires…
> Ne se protège-t-elle pas elle-même, celle qui, dans son développement silencieux et continu, survit à nos générations éphémères, celle dont telle est la force exubérante que bientôt de nouvelles frondaisons masqueront les ruines accumulées par la guerre dans le pays dont vous foulez le sol, et que déjà, çà et là, des moissons de fleurs couvrent le champ de ces luttes héroïques où s'affrontèrent les soldats de la liberté et ceux de la barbarie dévastatrice ?

> La nature a cependant besoin de protection, et c'est le rôle des congrès semblables à celui qui va se clore de chercher à concilier sa sauvegarde avec les transformations économiques qui s'imposent, de suggérer les mesures nécessaires pour empêcher les égoïsmes individuels ou collectifs de dilapider un patrimoine de beauté qui appartient à tous.
> Mais nous n'intervenons pas seulement pour la satisfaction de l'esthétique, nous voulons aussi dénoncer et enrayer la destruction désastreuse, même au simple point de vue pratique, d'incalculables richesses dont l'exploitation prudente devrait assurer la perpétuité.

Concilier la protection de la nature et les évolutions économiques ? Pourquoi pas ? Mais le compromis n'était pas simple à trouver, comme le reconnut le rédacteur de l'avant-propos des actes du Congrès : « La tâche était si complexe, et certains problèmes qui se posent lorsque l'on veut concilier la préservation des beautés ou richesses naturelles avec les nécessités industrielles, si ardus, que les vœux de 1923 ne sauraient bien évidemment leur avoir donné à tous des solutions complètes et définitives. »

Protection ou conservation ? Le barrage de la rupture

Préserver, protéger, conserver, sauvegarder : à n'y pas regarder de près, il n'y aurait là que synonymes. Il est vrai qu'à lire les actes du Congrès de Paris, il ne semble pas que ces verbes – ou les substantifs correspondants – aient eu des connotations vraiment différentes. Paul Sarasin, par exemple, avait présenté une communication intitulée « La protection mondiale de la faune sauvage», en utilisant ensuite l'expression: «la conservation de la faune sauvage». De toute évidence, en Europe francophone, «protection» et «conservation» s'employaient indifféremment. De l'autre côté de l'Atlantique, en revanche, *preservation* et *conservation* faisaient référence à des visions qui allaient s'opposer frontalement.

Le mouvement «préservationniste», avec John Muir, défendait l'idée d'une protection intégrale de la *«wilderness»*. Un forestier, Gifford Pinchot, qui joua un rôle important dans l'organisation du service forestier des États-Unis et fut un temps ami de Muir, développa une autre conception. Il avait pris connaissance des méthodes de la foresterie européenne, en particulier lors d'un séjour à l'École des Eaux et Forêts de Nancy. Ces méthodes, qui visaient à la fois à permettre l'exploitation des arbres et à en assurer le renouvellement, jouèrent sûrement un rôle dans ses réflexions. En 1909, un premier congrès national pour la conservation fut organisé aux États-Unis, où Pinchot présenta ses idées, un an avant de publier son principal ouvrage: *The Fight for Conservation*. Pour lui, la conservation de la nature, et plus précisément des ressources naturelles, était au service du bien public: elle signifiait le mieux-être possible, pour le plus grand nombre possible et pour le plus longtemps possible. Elle devait donc contribuer au développement économique, mais un développement qui soit respectueux de ces ressources et de leurs possibilités de renouvellement. Pinchot était évidemment particulièrement critique quant à l'exploitation irraisonnée des forêts, abattues sans souci du lendemain : aux États-Unis, de même que l'on massacrait les bisons sans voir qu'un jour il n'y en aurait plus, on coupait les forêts toujours plus loin, comme l'on exploiterait une mine jusqu'au dernier filon.

John Muir, de son côté, n'acceptait pas que la nature sauvage puisse avoir pour unique finalité la satisfaction des besoins humains. Il reconnaissait, et en cela il était proche de Pinchot, qu'une gestion rationnelle des forêts permettrait de sauvegarder ce qui restait de cette nature sauvage, mais il ironisait volontiers sur l'utilitarisme ambiant, selon lequel toute chose avait été créée pour l'homme, le fer pour fabriquer des outils, les baleines pour fournir de l'huile servant à s'éclairer la nuit, etc.

Quand le maire de San Francisco, en 1901, envisagea de construire un barrage dans la Hetch Hetchy Valley, à l'intérieur du Yosemite National Park, pour lequel John Muir avait tant œuvré, celui-ci s'opposa immédiatement avec vigueur au projet, qui détruirait en partie ce magnifique temple de la nature. À l'inverse, Gifford Pinchot soutenait le maire de San Francisco dans son désir d'améliorer les conditions de vie de la population. L'affaire dura des années. Muir perdit son combat. En 1913, le barrage fut achevé et la vallée inondée : symboliquement, la rupture était consommée entre deux visions des relations des hommes avec la nature, entre l'idée de protection, de préservation de la nature sauvage, lieu de contemplation, d'élévation spirituelle et morale, et l'idée de conservation pragmatique des ressources naturelles, pour qu'elles servent dans l'immédiat et dans l'avenir les intérêts légitimes du peuple.

« *To preserve or to conserve ?* », telle était, telle reste la question. La différence est radicale. Elle explique souvent de fortes oppositions entre des personnes, de bonne foi certainement, mais qui ne pensent pas le rapport des hommes à la nature selon les mêmes principes. Cette question a traversé l'histoire de la protection de la nature : la communauté internationale concernée, mêlant « protecteurs » et « conservationnistes », a longuement cheminé à la recherche d'un compromis.

Une Internationale pour la nature

De Graz à Fontainebleau, la route fut longue…

En 1910, lors du Huitième Congrès International de Zoologie qui se tenait à Graz, en Autriche, l'idée fut lancée de créer une commission internationale pour la protection mondiale de la nature. La proposition émanait de Paul Sarasin. À son initiative, le gouvernement fédéral helvétique invita à Berne, en 1913, une Conférence Internationale pour la Protection de la Nature qui réunit les délégués de 19 États. La France y était représentée notamment par deux professeurs du Muséum national d'Histoire naturelle, Edmond Perrier, alors directeur de l'établissement, et Louis Bouvier. La Conférence décida la création d'une Commission Consultative Permanente pour la Protection de la Nature. Elle fut constituée, avec Paul Sarasin comme président ; elle commençait tout juste à travailler quand la Première Guerre mondiale éclata. La paix rétablie, Paul Sarasin tenta de relancer le processus. Mais, au Congrès de Paris, désabusé, il raconta qu'après le conflit, ayant repris langue avec son gouvernement pour relancer les activités de la Commission Internationale, il avait proposé que celle-ci devienne une institution affiliée à la Société des Nations, créée en 1919. Hélas, le gouvernement suisse lui avait signifié une fin de non recevoir. Maigre consolation, le Congrès adopta un vœu exprimant le souhait que la Commission Internationale puisse se reconstituer et reprendre ses activités.

La communauté internationale allait-elle enfin s'organiser ? Il allait falloir attendre encore 25 ans pour qu'un événement majeur se produise enfin, à Fontainebleau.

Pendant l'entre-deux guerres, dans bien des pays, la protection de la nature fut cependant très active. En France, par exemple, la Société Nationale d'Acclimatation, grâce à un accord avec la Compagnie Alès, Froges et Camargue, obtenait en 1927 la gestion de 12 000 ha dans le delta du Rhône, qui deviendront la réserve naturelle de Camargue. Dans les colonies, des textes étaient promulgués pour réglementer la chasse, mais souvent sans que leur application soit efficace, faute de moyens. L'ambition était là, pourtant. Le professeur Abel Gruvel, titulaire de la chaire des Pêches et productions coloniales d'origine animale du Muséum, avait ainsi élaboré à l'intention du gouvernement, en 1925, une liste très détaillée des espèces animales qu'il fallait protéger, colonie par colonie, et il avait défini les zones qui méritaient de devenir des aires protégées, en tout une quarantaine. À la suite de ce travail, Abel Gruvel obtint la création d'un Comité National pour la Protection de la Faune Coloniale. De nombreuses réserves furent instituées, avec des succès divers, dans différentes colonies. À Madagascar, dès 1927, des réserves naturelles intégrales furent créées sous le contrôle scientifique du Muséum national d'Histoire naturelle.

Peu de temps avant la mise en place du Comité d'Abel Gruvel, les Pays-Bas et la Belgique avaient installé des Comités nationaux de Protection de la Nature. Des liens s'établirent rapidement entre les trois organisations, qui œuvrèrent pour créer, en 1928, avec le soutien de l'Union Internationale des Sciences Biologiques, un « Bureau international de documentation et de coordination pour la Protection de la Nature », installé à Bruxelles. C'était en quelque sorte la relance du projet de Paul Sarasin.

En 1931, un deuxième Congrès International pour la Protection de la Nature fut organisé, de nouveau à Paris, à l'occasion de l'Exposition Coloniale Internationale. L'initiative en avait été prise par Abel Gruvel et son Comité. Les préoccupations furent du même ordre qu'en 1923. Toutefois, la question des pollutions industrielles avait pris de l'importance, et l'un des intervenants proposa que les industriels financent la protection de la nature… déjà le principe pollueur-payeur, en quelque sorte. Pour autant, il n'était pas question de s'opposer au développement économique. La recherche d'un compromis était à nouveau à l'ordre du jour. C'est ce que le président du Congrès, Albert Lebrun, futur président de la République, rappela aux congressistes, dans son allocution d'ouverture :

> Vous devez, et ce n'est pas le moins délicat de votre tâche, établir un équilibre entre les nécessités économiques et l'obligation aussi de réserver ses droits à la nature. Sans cela, nous léguerions aux générations de demain un monde artificiel couvert d'usines fumantes, de rails, un horizon sans perspective, sans harmonie, sans fantaisie et sans verdure.

Le Congrès de 1931 exprima le souhait que le Bureau de Bruxelles soit soutenu par les gouvernements, tout en appelant de ses vœux la création d'un organisme plus ambitieux. Il n'en fut rien. Transformé en un « Office International pour la Protection de la Nature » (OIPN), le modeste organisme n'eut guère le temps de déployer ses activités avant 1939 et ne put rien faire pendant toute la durée de la Seconde Guerre mondiale.

Après 1945, la volonté de coopération internationale pour la protection de la nature fut plus forte que jamais, dans un contexte marqué par la création de l'Organisation des Nations unies et de son agence spécialisée pour l'éducation, la science et la culture, l'UNESCO. Dès 1946, une concertation fut ébauchée. Une réunion formelle fut organisée par la Ligue Suisse pour la Protection de la Nature en

1947, à Brunnen. Elle rassembla 80 participants, les uns venus de 23 pays, les autres délégués par l'ONU, l'UNESCO, la FAO, l'IUBS et l'OIPN. Après de difficiles débats, il fut entendu qu'il fallait créer une Union internationale à laquelle participeraient les gouvernements. Restait à savoir comment organiser la conférence fondatrice, et où. Il parut judicieux que l'UNESCO soit l'organisation invitante, et la Ligue Suisse proposa que la conférence ait lieu à Paris. Il convenait donc que ce soit le gouvernement français qui invite ses homologues, tandis que l'UNESCO inviterait les organisations non gouvernementales (ONG) et les organismes internationaux.

Contactés par le directeur du Muséum de Paris, le professeur Achille Urbain, les représentants ministériels concernés se montrèrent réticents : ils ne voyaient pas l'intérêt de créer un nouvel organisme international qui s'occuperait spécifiquement de la protection de la nature, alors que ce sujet relevait, à leurs yeux, de la compétence de l'UNESCO. Achille Urbain, appuyé par le physicien Pierre Auger, de l'Académie des Sciences, qui avait des fonctions à l'UNESCO, réussit cependant à convaincre le gouvernement. Le 23 mai 1948, au Muséum, sous sa présidence, une réunion fixa la marche à suivre, et la France invita officiellement les autres pays à participer à la conférence. Celle-ci fut organisée à Fontainebleau, en ce lieu symbolique où les peintres de Barbizon, en obtenant la création de la série artistique, avaient marqué l'histoire précoce de la protection de la nature.

Enfin l'Union

Fontainebleau, 5 octobre 1948 : l'Internationale de la Nature était créée, 38 ans après que Paul Sarasin en eut lancé l'idée. Dans le cadre grandiose du château, les représentants de 18 gouvernements, de 7 organisations internationales et de 107 organismes publics et organisations diverses, adoptaient solennellement la Constitution de l'Union Internationale pour la Protection de la Nature, l'UIPN. Ainsi, des hommes et des femmes, représentant 33 pays, faisaient naître une organisation profondément originale, où gouvernements, institutions publiques, institutions internationales et ONG avaient droit de vote. Aujourd'hui, l'Union rassemble 90 États, 120 institutions publiques, 91 organisations internationales et plus de 800 ONG nationales. Elle anime un réseau d'au moins 10 000 experts bénévoles, depuis ceux qui contribuent à l'établissement et à la mise à jour des listes rouges ainsi qu'à la définition des aires protégées, jusqu'à ceux qui travaillent dans le domaine juridique, en passant par les spécialistes de la gestion des écosystèmes, et par les experts en éducation et en communication.

À l'ouverture de la conférence, le directeur général de l'UNESCO, le biologiste britannique Julian Huxley, avait prononcé un discours remarquable, dit-on. Gifford Pinchot l'aurait sans doute applaudi, car Julian Huxley affirma que la nature devait être considérée comme une ressource. Mais il alla plus loin, en soulignant que si les ressources naturelles fournissent les moyens de vivre, « le but de la vie n'est pas uniquement de vivre ; l'un de ses buts, c'est le plaisir, y compris le plaisir intellectuel ; le plaisir de la beauté ; le plaisir d'une nature non souillée, dans une attirante campagne ». De toute évidence, Julian Huxley avait de la nature une vision qui ne se limitait pas au regard utilitariste que révèle le mot « ressource » : peut-être John Muir l'aurait-il applaudi, lui aussi. Cependant, le concept de ressource naturelle était bien au cœur du texte fondateur de l'UIPN, dans un préambule on ne peut plus clair :

> On peut entendre par « Protection de la Nature » la sauvegarde de l'ensemble du monde vivant, milieu naturel de l'homme. Cet ensemble renferme les ressources naturelles renouvelables de la terre, facteur primordial de toute civilisation.
>
> Les beautés naturelles constituent, en outre, l'une des meilleures sources d'inspiration de la vie spirituelle contemporaine.
>
> Le grand essor de la civilisation actuelle est dû à la découverte et à la mise en œuvre de moyens de plus en plus puissants d'exploiter ces ressources naturelles. Dans ces conditions, la protection du sol, des eaux, de la couverture végétale, de la faune et d'éléments naturels encore intacts présente une importance capitale des points de vue économique, social, éducatif et culturel.
>
> L'appauvrissement progressif des ressources naturelles entraîne déjà un abaissement des conditions de vie de l'humanité.
>
> Leur renouvellement ne pouvant pas suivre la cadence des destructions, le moment est venu de convaincre l'homme de l'étroite dépendance dans laquelle il se trouve à leur égard. Si l'on veut arrêter

> cette évolution redoutable, il faut que l'homme se pénètre de la nécessité de protéger et même de régénérer ces ressources et de ne les consommer qu'avec ménagement, de manière à garantir la prospérité du monde et sa paix future.

L'Union commençait donc par se placer dans la ligne de pensée conservationniste de Gifford Pinchot. En revanche, ses buts étaient énoncés selon une perspective fondamentalement protectionniste. En effet, l'article 1er précisait que l'Union a pour rôle d'éclairer les gouvernements et les organisations nationales et internationales en matière de protection de la nature. Aucune allusion aux « ressources renouvelables », l'Union se donnant pour objectif d'appuyer toute action relative à :

> la sauvegarde, dans toutes les parties du monde, de la vie sauvage et de son milieu naturel, sols, eaux, forêts, y compris les réserves et les zones de protection, les objets, animaux et plantes qui présentent un intérêt scientifique, historique ou esthétique ; cette action pourra notamment s'exercer par des mesures législatives créant des parcs nationaux, instituant des réserves et des monuments naturels, des refuges pour la vie sauvage, et s'attachant spécialement à protéger de l'extinction les espèces menacées.

« To preserve or to conserve » ? Protection ou conservation ? À Fontainebleau, la question n'était donc pas tranchée ; les deux visions coexistaient, sans qu'il y ait synthèse. Celle-ci était-elle seulement possible ? La réponse viendra huit ans plus tard.

En 1956, l'Union, alors présidée par le professeur Roger Heim, directeur du Muséum de Paris, tint sa cinquième assemblée générale à Edinburg. Une exposition intitulée « L'Homme contre la nature » y fut présentée, réalisée par le Muséum. Mais ce n'est pas cette « première muséologique » que l'histoire va retenir. Discussions, tractations, remous… Coup de Trafalgar : il fut décidé que l'Union s'appellerait désormais « Union pour la Conservation de la Nature et de ses ressources » ; l'UIPN devint l'UICN. La conception « pinchotienne » de la conservation, qui se voulait plus interventionniste, l'emportait définitivement sur une conception plus défensive, voire sentimentale, connotée par le terme « protection » auquel étaient attachés certains européens continentaux.

Lake Success, 1949 : l'écologie entre en scène

Fait symptomatique, les suites données aux vœux du Congrès de 1923 sont des textes réglementaires, des propositions d'espèces et d'espaces à protéger par des dispositions légales. Pendant le Congrès, il ne fut nullement question d'un éventuel besoin de développement des connaissances scientifiques, en dépit du grand nombre de savants qui s'impliquaient alors dans la protection de la nature. Et il ne fut jamais question d'écologie. Pourtant, cette discipline était depuis plusieurs années reconnue comme une science à part entière, à vrai dire surtout dans le monde anglo-saxon, peu représenté au Congrès : outre-Manche, la *British Ecological Society* avait été créée en 1913 et commençait aussitôt à publier sa revue, le *Journal of Ecology* ; outre-Atlantique, l'*Ecological Society of America*, créée en 1915, faisait paraître *Ecology* depuis 1920.

Il fallut attendre la création de l'UIPN, fin 1948, pour que la nécessité de recherches appliquées aux problèmes de la protection de la nature soit officiellement reconnue. L'UNESCO devant organiser une conférence internationale sur ces problèmes, l'Union demanda que soit mise à son ordre du jour : « La coopération internationale en matière de recherche scientifique dans le domaine de la Protection de la Nature, surtout en ce qui concerne les recherches écologiques dans les divers domaines des sciences exactes et naturelles ».

L'UNESCO et l'UIPN organisèrent cette conférence en août 1949 à Lake Success, une bourgade des environs de New York, qui hébergea le siège des Nations unies de 1946 à 1951. L'écologie, comme prévu, figurait à l'ordre du jour. Ce fut la première rencontre entre la protection de la nature, en tant que préoccupation sociétale, et l'écologie, en tant que science. Les communications concernèrent les impacts des grands aménagements aux USA et en Afrique, les effets des insecticides, en particulier le DDT, sur la faune, les impacts des espèces exotiques invasives (déjà !) et le problème des espèces en voie d'extinction.

L'idée d'équilibre naturel était profondément ancrée dans l'esprit de la plupart des intervenants. De fait, dans les titres des exposés, on trouve à plusieurs reprises les expressions : « équilibre naturel », « équilibres biologiques », « équilibre biologique de la nature », « déséquilibres naturels », *« balance of nature »*, *« natural equilibrium »*. Cependant, certains orateurs s'avouaient mal à l'aise avec cette notion, tel Ira N. Gabrielson, du Wildlife Management Institute, qui avait pour sujet « The Effects of Planned Enterprises on the Balance of Nature ». À ses yeux, l'évidence biologique ne semblait pas soutenir la théorie d'un « équilibre de la nature ». Toute son expérience de terrain l'amenait à conclure que l'« équilibre de la nature », si tant est que cela signifiait quelque chose, était un équilibre excessivement dynamique qui ne se maintenait jamais mais bougeait constamment.

Quoi qu'il en soit, les protecteurs de la nature attendaient de l'écologie qu'elle explique les lois des équilibres naturels et les conséquences sur ceux-ci des actions perturbatrices de l'homme. L'introduction des actes de la conférence, signée de Jean-Paul Harroy, le secrétaire général de l'UIPN, montre bien que c'est autour du concept d'équilibre naturel que se situaient les enjeux :

> Principalement dans l'observation des équilibres biologiques, le naturaliste, surtout s'il ambitionne d'intervenir dans ces équilibres si labiles, doit s'imprégner du principe que tout est dans tout et que la modification brusque de l'incidence de l'un des facteurs en jeu ne peut que comporter pour l'ensemble du complexe des répercussions profondes, même si son imagination ne lui permet pas à priori de les prévoir. Les discussions de la Conférence mirent cette vérité

en évidence à longueur de séances, que le facteur de perturbation de l'équilibre naturel fût l'introduction d'une espèce exotique, l'extermination des troupeaux de gros gibier ou l'emploi abusif des puissants insecticides modernes.

L'écosystème : un paradigme pour la conservation de la nature

À Lake Success, le terme d'écosystème n'a pas été utilisé. Une communication importante, intitulée « Écologie et protection de la nature », due au Français Georges Petit, faisait uniquement référence au concept de communauté. C'est seulement à partir de 1953 que le concept d'écosystème va acquérir un rôle prépondérant, grâce au livre *Fundamentals of Ecology* de l'Américain Eugène Pleasants Odum. Rapidement, aux USA, à l'aide des premiers ordinateurs, l'analyse écosystémique et la modélisation cybernétique vont constituer le cœur de la recherche en écologie, laquelle va accorder beaucoup d'importance à l'idée d'équilibre : l'écosystème était en effet considéré comme une système en équilibre dynamique maintenu en permanence par des mécanismes régulateurs.

Pour nombre d'écologistes, le concept d'équilibre était en outre associé à celui de « climax », proposé en 1916 par l'écologiste américain Frederic Edward Clements. Ce concept, enseigné pendant des décennies comme une évidence, a eu une influence considérable. Il n'y a pas si longtemps, en 1994, dans un manuel universitaire, le professeur François Ramade, grand protecteur de la nature, décrivait le climax comme une association d'espèces « stable », ultime phase de développement d'une communauté d'espèces, ayant une capacité homéostatique (c'est-à-dire de maintien de son état grâce à des mécanismes régulateurs) plus élevée que celle de toute autre communauté pouvant exister au même endroit. Il y a là, sous-jacente, l'idéologie d'un état parfait des communautés vivantes, en adéquation totale avec l'environnement physique. Et il y a l'idée d'une capacité maximale de régulation, c'est-à-dire de capacité de maintien de la communauté dans cet état idéal, lorsqu'elle est confrontée à des perturbations.

Le concept d'écosystème a vécu de belles années, en structurant une grande partie des recherches en écologie. Elles disposaient en effet d'un cadre théorique et méthodologique, centré sur l'étude de la structure, du fonctionnement et de la productivité des écosystèmes. Une communauté scientifique internationale s'est constituée, dynamisée par le lancement, en 1964, du Programme Biologique International (PBI), sous l'égide de l'Union Internationale des Sciences Biologiques. L'objectif, ambitieux, était la connaissance des bases biologiques de la productivité et du bien-être humain, en étudiant les grands types d'écosystèmes du globe.

Un écosystème était conçu comme un ensemble de « compartiments », chacun étant concrètement formé d'espèces situées en un point précis des chaînes alimentaires : les végétaux, à la base des chaînes, les diverses catégories d'animaux les consommant, les diverses catégories d'animaux se nourrissant d'autres animaux vivants, puis tous les décomposeurs, animaux, champignons et bactéries, qui, pas à pas, démontent la matière végétale et animale morte. Il s'agissait donc de « découper » l'écosystème en compartiments homogènes du point de vue de leur rôle dans les chaînes alimentaires, d'évaluer le stock de matière et d'énergie correspondant à chaque compartiment, et de mesurer pour chacun les entrées et sorties de matière et d'énergie, pour aboutir *in fine* au bilan annuel de l'ensemble.

Petit témoignage personnel, pour donner une idée de la nature des recherches. Sous la direction de Maxime Lamotte, professeur à l'École normale supérieure, j'ai participé à l'un des projets français consacré à l'étude d'un écosystème de savane en Côte d'Ivoire, avec une écologiste spécialiste des bilans énergétiques, Marie-Louise Célérier. Notre rôle était de préciser la place des araignées dans le réseau alimentaire de la savane (que mangent-elles, qui les mange ?), et d'établir, en équivalents d'énergie, les quantités de matière qu'elles prélèvent annuellement sur leurs proies et celles qu'elles transfèrent à leurs prédateurs. Pour cela, il fallut comptabiliser le nombre des araignées par unité de surface, estimer le poids – mieux, la « biomasse » – qu'elles représentaient, et en suivre les variations au cours d'une année. Puis il fallait « décomposer » l'ensemble en espèces, étudier la pyramide démographique des espèces les plus importantes et en suivre les variations au cours du temps. Parallèlement, ma collègue élevait ces espèces, établissait les courbes de croissance individuelles, mesurait, araignée par araignée (plus de 2 000 en tout !), ce qu'elles consommaient, brûlaient et rejetaient au cours de leur vie, et ce qu'elles produisaient comme matière, en prenant du poids, en fabriquant des œufs, en produisant de la soie… Toutes ces données étaient intégrées à l'échelle des populations, à partir des modèles tirés des analyses de terrain, puis étendues, au prix d'extrapolations parfois acrobatiques, à l'ensemble de la communauté des araignées de la savane. Par ailleurs, sur le terrain, avec des aides techniques ivoiriens, j'accumulais les informations sur les proies (des heures, à quatre pattes, dans les hautes herbes, à chercher des araignées consommant une proie…) ; en lien avec les spécialistes d'autres animaux, je réunissais les connaissances sur les prédateurs, par exemple en inventoriant le contenu des estomacs de lézards et de crapauds. Cela se résumait, à la fin, en quelques chiffres (des calories par mètre carré et par an) caractérisant, en entrées et en sorties, la « boîte noire » araignées, qui pouvait alors prendre place dans le puzzle des compartiments de l'écosystème étudiés par d'autres collègues.

Dans le monde, tous les projets ne furent pas menés avec des démarches identiques, mais tous convergeaient vers le même objectif final : modéliser les flux de matière et d'énergie traversant chaque année l'écosystème, en supposant que celui-ci soit en équilibre. On aurait ainsi disposé d'outils permettant d'estimer la part de la production annuelle que les humains pourraient prélever sans risque, voire d'orienter les recherches pour accroître cette production. Avec ses succès, ses demi-succès et ses échecs, tous les projets n'ayant pas atteint l'objectif idéal, le Programme Biologique International a ainsi contribué à la diffusion d'une culture écosystémique, dans un contexte idéologique où l'homme était conçu comme un facteur extérieur aux écosystèmes, pouvant y prélever de la matière pour satisfaire ses besoins, sans dépasser leur capacité de production de « surplus », mais pouvant tout aussi bien les perturber de multiples manières.

Comme l'écrivit un grand écologiste américain, Frank B. Golley, en 1991, « Les écologistes écosystémistes ont été impliqués dans l'étude de l'ordre de la nature. Ils ont découvert des communautés d'organismes en interaction, reliées à l'environnement inorganique, ayant une structure et une histoire prévisibles, et qui manifestent un équilibre dynamique sauf si elles sont perturbées par des perturbations environnementales extrêmes. Les écologistes écosystémistes, avec leur vision d'un système naturel équilibré et harmonieux, ont contribué à fonder une tradition intellectuelle et une culture populaire occidentales largement répandues. »

L'idée d'un équilibre global de la planète s'en est trouvée logiquement confortée : on a vite transposé le concept d'écosystème à cette échelle, avec le terme d'écosphère, plus « écologique » que le terme biosphère. À cela est venue s'ajouter l'influence de l'Hypothèse Gaïa du chercheur britannique James Lovelock, même si elle fut fortement controversée.

Selon Lovelock, la Terre serait un système dynamique dont la composante vivante contribue à réguler l'atmosphère et donc, par là même, ses propres conditions d'existence. En bref, la Terre serait un super-organisme vivant qui maintiendrait ses grands équilibres naturels.

Cette idée de l'équilibre naturel, qu'il soit local ou global, est de celles auxquelles il est confortable de croire. Elle est rassurante, et elle permet de clairement séparer le bien du mal : est bon ce qui contribue au maintien des équilibres naturels « harmonieux », est mauvais ce qui tend à les détériorer. L'idée d'un « équilibre global de la nature » n'aurait donc pas seulement des racines philosophiques, mais aussi des fondements psychologiques. Ses relations avec le désir de stabilité, de permanence de notre environnement, mériteraient d'être explorées. En 2009, en vue des élections européennes, un tract ne proclamait-il pas : « L'urgence est là, l'équilibre de la planète est en danger » ?

Vers une biosphère durable ?

L'inquiétude écologique

Au début des années 1960, une nouvelle approche des rapports des hommes à la nature émerge, centrée sur la qualité de la vie, la protection environnementale et l'impact des technologies sur l'environnement. Elle a été appelée aux États-Unis le « *New Environmentalism* ». En effet, un mouvement y prit naissance, qui retrouvait l'esprit préservationniste, mais mettait en avant des arguments scientifiques. Rachel Carson, une zoologiste, avait publié en 1962 l'ouvrage *Silent Spring*, qui avait eu un retentissement international. Elle y montrait l'impact des pesticides sur les équilibres naturels. Les oiseaux mouraient, les campagnes devenaient vides de leurs chants, parce que ces produits entraient dans les chaînes alimentaires, menaçant la vie de populations entières d'espèces animales et végétales, menaçant aussi la santé des populations humaines, et cela sans atteindre l'objectif, à savoir l'extermination des espèces d'insectes « nuisibles ». Avec Frank Edward Egler, un écologiste auteur d'un article intitulé « Pesticides In Our Ecosystems », Rachel Carson reprochait aux scientifiques qui auraient dû évaluer la toxicité ou l'innocuité des pesticides d'être soit amorphes soit affiliés aux groupes industriels, tandis que des voies scientifiquement valables comme la lutte biologique n'étaient pas explorées.

Barry Commoner, un autre biologiste, qui contribua aussi à la naissance du *New Environnementalism*, considérait que la cause principale de la crise environnementale était le modèle de croissance économique en vigueur, fondé sur des technologies très performantes, mais dont les produits n'étaient pas conçus en tenant compte de l'ensemble du système écologique dans lequel ils seraient introduits. Pour Commoner, cependant, la survie écologique de l'espèce humaine ne signifiait pas l'abandon de la science et de la technologie. Elle dépendait à la fois de la mise en place de technologies éco-compatibles, du « dévoilement » des coûts cachés des activités économiques et d'une collaboration entre scientifiques et citoyens pour que la société puisse librement évaluer les options envisageables pour atteindre le bien-être économique et environnemental. En revanche, les environnementalistes voyaient dans les dérives des technologies le résultat d'une foi totale dans les pouvoirs illimités de l'esprit humain : grâce à la science et à la technologie, tous les problèmes seraient toujours surmontés. Cette « arrogance anthropocentrique » était considérée par David Ehrenfeld, un biologiste et conversationniste, comme la cause première de la crise écologique.

L'environnementalisme ne s'inquiétait pas seulement des perturbations locales, mais aussi des effets globaux de la croissance démographique sur les équilibres écologiques et sociaux. C'est le biologiste Paul Ehrlich qui lança en 1968 l'expression « la bombe démographique », en montrant que l'explosion numérique de la population humaine était au cœur de la crise écologique. Il expliqua que l'accroissement de la population se traduirait par l'augmentation de la demande alimentaire, qui entraînerait une modification profonde de l'environnement : des déforestations et l'artificialisation d'écosystèmes jusque-là marginaux seraient nécessaires pour augmenter les surfaces cultivables, ce processus s'accompagnant d'une utilisation massive de pesticides et de fertilisants. D'où des effets dévastateurs sur les équilibres climatiques (ce qu'avait bien compris l'ingénieur Rausch !) et sur la diversité de la vie de la planète. Les relations entre nations à la recherche de ressources en diminution se dégraderaient au point que des guerres éclateraient. Afin d'éviter de tels scénarios, Ehrlich prônait un contrôle rigoureux de la croissance démographique et de ses impacts, une augmentation de la production alimentaire conduite en minimisant les effets sur l'environnement et la restauration des écosystèmes détériorés.

L'inquiétude pour l'environnement fut donc nourrie par les réflexions de scientifiques, d'écologistes, qui commençaient à comprendre, analyses scientifiques à l'appui, comment certaines activités humaines perturbaient ce que la plupart considéraient comme l'équilibre des écosystèmes. Les fondateurs de l'UIPN, en appelant au développement des recherches en écologie, avaient vu juste. Mais cette science apportait à la problématique de la conservation une ampleur peut-être inattendue. Au début du XXe siècle, on se souciait de la disparition de certaines espèces, de la détérioration de sites naturels pittoresques, voire de la diminution de ressources naturelles. La pollution par des substances artificielles aidant, une vision systémique se développant, on comprenait désormais que les problèmes ne se posaient plus seulement ici où là, mais partout. Les écologistes venaient ainsi à la rescousse des botanistes et des zoologistes pour tirer la sonnette d'alarme. La science faisait prendre conscience aux humains qu'ils jouaient un jeu dangereux, en risquant de rompre l'équilibre de la nature.

Paris, 1968 : grand-messe pour la biosphère

Mai 1968, Quartier latin et ailleurs : nombreux, des jeunes se sont révoltés, pavés en main, contre une civilisation d'oppressante abondance. Une civilisation occidentale caractérisée par une croissance violente, consommant allégrement les ressources planétaires pour fabriquer des « biens de consommation », vite transformés en rebuts polluants et encombrants. Un beau présent pour l'avenir.

Septembre 1968, siège de l'UNESCO. Pas de lien de cause à effet entre la révolte soudaine d'une génération et une conférence internationale nécessairement préparée de longue date. Mais peut-être le même signe des temps. L'UNESCO organise avec la participation des Nations unies, de l'Organisation pour l'Alimentation et l'Agriculture (FAO), de l'Organisation Mondiale de la Santé (OMS), avec aussi la coopération de l'UICN et du Programme Biologique International (PBI), une conférence péniblement intitulée « Conférence Intergouvernementale d'Experts sur les Bases Scientifiques de l'Utilisation Rationnelle et de la Conservation des Ressources de la Biosphère ». Plus joliment, elle est d'ordinaire appelée « Conférence de la Biosphère ». La cheville ouvrière en fut le Français Michel Batisse, sous-directeur général de l'UNESCO pour le secteur des sciences. La présidence de la Conférence fut assurée par le professeur François Bourlière, de la faculté de médecine de Paris, qui avait été président de l'UICN, de 1963 à 1966.

À l'époque, bien des protecteurs de la nature plaidaient toujours pour que celle-ci soit mise à l'abri des hommes considérés comme des perturbateurs, voire des destructeurs. Il est vrai que les glorieuses années de croissance qui avaient suivi la Deuxième Guerre mondiale se soldaient déjà par de profondes transformations de l'environnement. En France, par exemple, l'agriculture se modernisait à marche forcée : remembrements, mécanisation, engrais, pesticides… Je me souviens, et ils ne sont plus qu'un souvenir, de ces champs de luzerne grouillant de papillons multicolores, qu'offraient encore les alentours de Saint-Malo, au tout début des années 1950. Bientôt, le massif forestier de Fontainebleau serait balafré par l'autoroute du Sud, en dépit des « batailles » menées par les amoureux de ce joyau, appuyés par les professeurs du Muséum. L'antique administration des Eaux et Forêts, dont les cadres étaient appelés « conservateurs » était remplacée par un Office National des Forêts à vocation industrielle et commerciale. Ce dernier décida, entre autres, le rajeunissement de la forêt domaniale de Fontainebleau ; conséquence : la série artistique fut contractée en quelques maigres « réserves biologiques intégrales », et de vastes coupes à blanc mettaient à terre les futaies séculaires. Des déversements de DDT débarrassaient le littoral languedocien de ses moustiques, afin de l'aménager pour accueillir des flots de vacanciers motorisés… Insidieuse ou spectaculaire, partout la consommation de la nature dénaturait la face de la Terre.

Au cours de la Conférence de la Biosphère, la nécessité de la protection de la nature fut reconnue à maintes reprises. Se déclarant consciente du fait que l'extinction de certaines espèces et la destruction totale de certaines communautés représentaient une perte irréparable – étant donné la valeur qu'elles ont pour l'homme sur les plans économique, scientifique, éducatif et esthétique –, la Conférence recommanda l'accélération de la création et de la protection de parcs nationaux et de « sanctuaires de la vie sauvage ». La valeur « esthétique » de celle-ci fut même énoncée comme l'un des motifs justifiant les actions de protection de la nature. Il y avait là, *a priori*, de quoi satisfaire les protectionnistes. Mais la Conférence reconnaissait, dans ses conclusions, qu'en traitant à la fois de l'utilisation et de la conservation des ressources de la biosphère, elle avait cherché à résoudre ce qui, à première vue, semblait être une contradiction entre la consommation et la préservation des ressources du milieu. Contradiction qu'elle prétendit surmonter en appelant à reconnaître que « la conservation, si elle implique la préservation, en est venue à signifier la bonne utilisation des ressources ». Ainsi, tout en convenant que la protection de la vie sauvage était importante et qu'il fallait accroître les efforts en ce sens, elle subordonnait la préservation à la conservation, et mettait l'homme au centre de ses préoccupations. En fait, croyant dépasser l'opposition protection-conservation, la Conférence réinventait la conception de Gifford Pinchot.

Pourtant, il y eut une avancée réelle: il fut question de la «biosphère», définie par la Conférence comme cette pellicule superficielle de la Terre où la vie est possible. Des experts, officiellement mandatés par les États membres de l'UNESCO, affirmaient pour la première fois que la planète est un unique système, humains compris: la nécessaire coopération internationale devenait écologiquement fondée.

À Lake Success, du temps où l'homme était volontiers regardé comme un perturbateur nocif de la nature, les congressistes avaient émis un vœu étonnant par son caractère précurseur. Ils demandaient l'organisation de programmes de recherches pluridisciplinaires dans différentes régions écologiques, chacune devant «être considérée comme un ensemble écologique dynamique comprenant tous les facteurs en jeu tels que sol, eau, nourriture, climat, plantes, animaux, et les habitants, en portant l'accent sur leurs interrelations». Des habitants, en interaction avec tout l'ensemble, *a priori* pas des méchants perturbateurs. Et le vœu de préciser: «Ces études devront être confiées à des équipes de chercheurs spécialisés dans la pratique des méthodes écologiques. Cette juxtaposition de disciplines multiples et connexes impliquera le recours à la fois aux méthodes des sciences physiques et biologiques et à celles de l'écologie humaine, de la médecine, de la sociologie, de l'anthropologie, de la génétique, des sciences économiques et de la psychologie». Et, stimulante perspective, «les conclusions de ces études, concernant tant les faits eux-mêmes que les méthodes employées, aideront à orienter et à rapprocher toutes les disciplines en cause » : de la juxtaposition des disciplines, ou pluridisciplinarité, devrait naître leur articulation, voire leur intégration, aujourd'hui appelée interdisciplinarité. Malheureusement, les congressistes de Lake Success étaient sans doute trop en avance sur leur temps. L'idéologie de la nature pure, à étudier à l'abri des perturbations humaines, influença longtemps les recherches en écologie.

La Conférence de la Biosphère, consciente en particulier des limites du Programme Biologique International, qui était alors en plein développement, appela à son tour de ses vœux l'organisation d'un grand programme de recherches interdisciplinaires sur les relations des humains avec la biosphère. Et elle n'hésita pas à affirmer que la solution aux problèmes de tous ordres que connaissait la planète viendrait de la science. Sa vision pourrait en effet être ainsi résumée : l'homme, au sein de la biosphère, n'a d'avenir que s'il utilise les ressources naturelles renouvelables de façon à ce qu'elles le demeurent, ce qu'il ne pourra faire qu'en s'appuyant sur une connaissance des besoins de l'humanité et des possibilités de la nature élaborée de façon interdisciplinaire. À la suite de la Conférence, l'UNESCO se mit au travail et le programme « MAB » *(Man And Biosphere)* fut formellement lancé en 1971, avec l'objectif, dès 1974, de créer des « réserves de biosphère », qui ne seraient pas des espaces « à l'abri des hommes », mais au contraire des espaces en large partie habités, même s'il fallait qu'il y ait une zone « centrale » strictement consacrée à la protection et à la recherche. Les réserves de biosphère devaient être en quelque sorte des laboratoires d'expérimentation, visant à établir un équilibre durable entre les nécessités, parfois contradictoires, de conserver le patrimoine naturel et de promouvoir le développement économique, cela sans perdre les valeurs culturelles des populations locales.

Ainsi, parce que la Conférence a considéré les multiples aspects des relations de l'homme à « sa » biosphère, parce qu'elle s'est souciée avant tout des moyens de garantir la conservation et l'utilisation des ressources renouvelables, nombreux sont ceux qui voient en elle le lancement du concept de développement durable, même si cette expression n'y fut jamais prononcée et même si, en vérité, la paternité en revient à Gifford Pinchot.

Le développement durable : une idée soutenable ?

Les années qui suivirent la Conférence de la Biosphère furent marquées par la préparation de la Conférence des Nations unies sur l'environnement humain, qui se tint à Stockholm en 1972, à l'invitation de la Suède. Le directeur général de l'UICN, Gerardo Budowsky, un scientifique vénézuélien, y adressa un message au nom de l'Union, en souhaitant que la rencontre de Stockholm fasse de la conservation l'une des grandes priorités mondiales. Mais qu'entendait-il par conservation ? Ce n'est pas le conservatisme, affirma-t-il, mais la gestion des ressources de l'environnement – l'air, l'eau, le sol, les minéraux et les espèces vivantes, y compris l'homme. Dans quel but? Celui d'assurer « la plus haute qualité de vie "soutenable" ». Au nom d'un organisme qui comptait dans ses rangs de nombreux protecteurs de la nature, au sens le plus exigeant du terme, Gerardo Budowsky prenait le risque de les trahir en se plaçant dans une perspective purement gestionnaire. Mais ses propos n'étaient-ils pas dans la droite ligne du préambule de 1948 et du changement de titre de l'Union en 1956? En tout cas, il utilisa l'idée que la qualité de vie (des humains, évidemment) devait être *« sustainable »* (il s'était exprimé en anglais). Ce terme, qui condense une interprétation scientifique du fonctionnement des écosystèmes, il faut bien en comprendre la signification profonde.

C'est simple: chaque espèce vivante ne peut durer, au travers du renouvellement de ses générations, que si le ou les écosystèmes dont elle dépend lui offrent des conditions compatibles avec ses aptitudes (la gamme des températures qu'elle peut supporter, par exemple) et fournissent les éléments chimiques et l'énergie dont ont besoin les individus qui la composent pour se développer et se reproduire. Schématiquement, une espèce prédatrice ne se maintient que si elle n'élimine pas ses espèces proies, une espèce parasite ne dure que si elle n'extermine pas l'espèce-hôte dont elle dépend exclusivement. La biosphère est un tissu d'interdépendances, de proximité principalement, mais aussi à distance, en raison des grandes circulations qui la parcourent : circulations atmosphériques, circulations océaniques, qui contribuent au cycle global de l'eau, lequel connecte en permanence l'air, les terres et les mers. Chaque écosystème est « immergé » dans ces flux, auxquels il participe par ce que prélèvent et rejettent tous les organismes qui le composent. Toute espèce produit à chaque génération davantage de matière vivante qu'il ne lui en faut pour assurer son renouvellement : c'est grâce à cela, évidemment, que d'autres peuvent exister, en consommant ce surplus de production. Chaque espèce est donc soutenue par la vie des autres qui, directement ou indirectement, sont pour elle des ressources renouvelables. Que celles-ci diminuent en quantité, et l'espèce dépendante ne pourra se maintenir à son effectif habituel. Que l'espèce dépendante augmente abusivement en nombre, et les autres ne pourront lui fournir tout ce qui lui est nécessaire. Vis-à-vis de chaque espèce qui lui est liée, un écosystème a donc une capacité limitée.

Nous sommes une espèce en réseau obligatoire avec beaucoup d'autres, dont certaines que nous consommons, qu'elles soient sauvages ou domestiques. Nous ne pouvons dépasser la capacité de production de ces espèces, impossible à augmenter indéfiniment : être plus, consommer plus, cela ne peut durer. Comment alors concilier le développement humain et la conservation de ressources non renouvelables, donc en baisse, et de ressources en principe renouvelables, mais qui le sont de moins en moins ? À la demande du Programme des Nations Unies pour l'Environnement (PNUE), créé en application de décisions prises à Stockholm, l'UICN entame en 1975 l'élaboration d'un plan stratégique mondial pour la conservation. Elle travaille avec le World Wildlife Fund (WWF), la FAO, l'UNESCO et bien sûr le PNUE. En dépit de la position affichée à Stockholm par Gerardo Budowsky, l'Union est toujours très soucieuse de la conservation des espaces, de la flore et de la faune sauvages. Le choc est donc rude avec les praticiens du développement. Les débats sont difficiles, y compris entre protecteurs de la nature, car tous n'accordent pas la même importance à tel écosystème, à telle espèce. Un compromis est tout de même trouvé et, en 1980, un document est produit en anglais sous le titre : « World Conservation Strategy : Living Resource Conservation for Sustainable Development ». Une version française est également publiée, avec l'intitulé : « Stratégie Mondiale de la Conservation : la conservation des ressources vivantes au service du développement durable ». L'avant-propos est signé par les responsables de l'UICN, du PNUE et du WWF. Je ne peux mieux faire que d'en citer un long passage, tant il exprime clairement le concept de développement durable :

> L'humanité, dans sa volonté de réaliser son développement économique et dans sa quête des richesses naturelles, doit accepter la réalité de la limitation des ressources et de la capacité de charge des écosystèmes,

et tenir compte des besoins des générations futures. Tel est le message de la conservation. Car si l'objectif du développement est la prospérité économique et sociale, celui de la conservation est le maintien de la capacité de la Terre d'assurer aussi bien le développement durable de l'humanité que la pérennité de toute vie.

Deux traits caractérisent notre temps. Le premier est la capacité quasi illimitée des êtres humains de créer et de construire, assortie du pouvoir tout aussi grand de détruire et d'anéantir. Pour satisfaire à leurs besoins, les êtres humains toujours plus nombreux, exploitent les ressources naturelles sans penser à l'avenir. Et la nature de payer un lourd tribut. La liste des dangers et des désastres est longue: érosion des sols, désertification, disparition des terres arables, pollution, déforestation, dégradation et destruction des écosystèmes, extinction des espèces et des variétés… Cette situation témoigne de la nécessité de la conservation et d'une gestion correcte du point de vue écologique des systèmes productifs dont il faut maintenir la viabilité et les possibilités d'utilisation.

Le second est la mondialisation de l'action, avec pour corollaire la mondialisation de la responsabilité. Cela implique l'adoption de stratégies mondiales, tant pour le développement que pour la conservation de la nature et de ses ressources.

La nature est citée, si j'ose dire, pour mémoire. Ce dont il est question, en vérité, ce sont les ressources naturelles. Le texte proprement dit de la Stratégie l'affirme on ne peut plus clairement: « La stratégie mondiale de la conservation a pour but de contribuer à l'avènement du développement durable fondé sur la conservation des ressources vivantes.» Et il définit la conservation comme: «l'utilisation de la biosphère par l'homme de manière à ce que les générations actuelles tirent le maximum d'avantages des ressources vivantes, tout en assurant leur pérennité pour pouvoir satisfaire aux besoins et aux aspirations des générations futures». Aucun progrès conceptuel depuis Gifford Pinchot! Mais, désormais, des organismes internationaux sont porteurs d'un discours qui va bientôt être repris officiellement par les Nations unies, avec la publication, en 1987, du rapport de la Commission Mondiale sur l'Environnement et le Développement, présidée par Madame Gro Harlem Brundtland, premier ministre de Norvège. Ce rapport, «Our Common Future», à tort considéré comme le document fondateur de l'idée de développement durable, l'a en revanche largement répandue, avec la définition devenue classique: «Le développement durable est un développement qui répond aux besoins des générations du présent sans compromettre la capacité des générations futures à répondre aux leurs.»

Le développement durable est devenu à la mode, au point d'apparaître dans la dénomination d'un département ministériel français au début des années 2000. Pour autant, l'idée de «développement durable» est-elle viable? Telle que certains la perçoivent, il est permis d'en douter. Je me souviens avoir entendu, en 2002 ou 2003, un éminent académicien des sciences prononcer une allocution, au titre d'une fonction officielle, qui me fit froid dans le dos. À ses yeux, les problèmes d'environnement, dans les pays développés, seraient résolus sans difficulté par la science et l'industrie ; quant aux pays en voie de développement, il leur suffirait d'atteindre au plus vite notre niveau de vie pour que leurs problèmes soient également résolus. Pour ce scientiste impénitent, le développement, tel que nous le pratiquons depuis des décennies, n'est pas le problème : il est la solution. Il suffit de vouloir qu'il soit durable. Parfait, pour le plus grand bien des actionnaires des grands monopoles que Pinchot stigmatisait. Insoutenable, n'est-il pas ?

Et quel avenir pour les petites fleurs dont l'existence effleure à peine l'esprit de tels visionnaires ?

Au secours de la biodiversité

En chemin vers Rio de Janeiro

À sa création, l'UIPN envisageait l'établissement d'une convention internationale pour coordonner les efforts de protection de la nature. Soixante ans plus tard, probablement aucun texte international ne correspond à l'ambition des fondateurs de l'Union, mais beaucoup de travail a été accompli.

En 1973, la « Convention sur le commerce international des espèces de faune et de flore sauvages menacées d'extinction » est adoptée à Washington DC. La « CITES » (c'est l'acronyme anglais) entre en vigueur en 1975. Sa philosophie est claire. Les

États signataires reconnaissent que la faune et la flore sauvages constituent par leur beauté et leur variété un élément irremplaçable des systèmes naturels, qui doit être protégé par les générations présentes et futures. Se déclarant conscients de la valeur toujours croissante, du point de vue esthétique, scientifique, culturel, récréatif et économique, de la faune et de la flore sauvages, les États décident de coopérer contre une surexploitation générée par le commerce international.

Négociée parallèlement au long des années 1960, une convention pour la conservation des zones humides a été signée en 1971 à Ramsar, en Iran ; elle est entrée également en vigueur en 1975. L'objectif en est de s'opposer à la dégradation, voire à la perte des zones humides (marais, tourbières, étendues d'eaux naturelles ou artificielles, permanentes ou temporaires, où l'eau est stagnante ou courante, douce, saumâtre ou salée), d'une part en raison de leurs fonctions écologiques de régulation du régime des eaux, d'autre part en tant qu'habitats pour de nombreuses espèces d'oiseaux. La France a désigné 24 sites, parmi lesquels la baie du Mont-Saint-Michel, la Camargue, les marais salants de Guérande ou encore le lac du Bourget. La convention de Ramsar est le seul traité mondial du domaine de l'environnement qui porte sur un écosystème particulier.

D'ampleur géographique moindre, la convention de Berne, signée en 1979 par des pays européens, en vigueur depuis 1982, vise à renforcer la protection de nombreuses espèces sauvages, notamment des espèces migratrices qui fréquentent des écosystèmes dans différents territoires nationaux, au motif que « La faune et la flore sauvages constituent un patrimoine naturel d'intérêt majeur qui doit être préservé et transmis aux générations futures ». Parmi les espèces nécessitant en priorité de strictes mesures de protection, un certain pique-prune…

L'année 1982 marque une étape importante dans la mobilisation internationale, du moins sur le papier. Le 28 octobre, en effet, l'assemblée générale des Nations unies adopte solennellement une « Charte Mondiale pour la Nature ». Ce texte est intéressant en ce qu'il exprime la conviction que les bénéfices fournis par la nature ne peuvent être durables que si les systèmes de support de la vie et les processus écologiques essentiels sont maintenus, de même que la diversité des formes vivantes. C'est sans doute l'une des premières fois qu'était solennellement affirmé le rôle de la diversité biologique en tant que support d'une vie durable.

Pourtant, la Charte Mondiale pour la Nature tomba rapidement dans l'oubli. Peut-être parce que la grande affaire internationale, à la fin des année 1980, était la préparation d'une convention sur la diversité biologique, qui devrait être signée lors de la Conférence des Nations Unies sur l'Environnement et le Développement, prévue à Rio de Janeiro en juin 1992. Dès 1989, le World Resources Institute (WRI), avec la participation de l'UICN, publie *Keeping Options Alive: The Scientific Basis for Conserving Biodiversity*. En 1990, l'UICN publie *Conserving the world's biological diversity* avec la Banque mondiale, le WRI, Conservation International et le WWF. Autant d'étapes qui jalonnent un processus qui a mobilisé, dans le monde entier, plus de 500 personnes. Il s'est conclu en 1992, alors que la convention sur la diversité biologique est en négociation, par la publication d'une « Global Biodiversity Strategy ».

Rio de Janeiro, 1992 : des dollars en coulisse ?

La Convention sur la diversité biologique a donné lieu à de rudes débats. Imaginez les problèmes que l'on se pose. Certes, chacun se dit préoccupé par l'appauvrissement considérable de la biodiversité et soucieux de s'attaquer « à la source » des causes de ce phénomène. Mais à qui appartient la biodiversité ? Qui a le droit de l'exploiter et d'en tirer des bénéfices ? En particulier, quid des savoirs « non scientifiques » des peuples autochtones, savoirs bien utiles par exemple pour détecter des végétaux et des animaux fabriquant des molécules intéressantes… pour des grands groupes pharmaceutiques ? Les pays développés, pauvres en biodiversité, mais détenteurs des technologies permettant de l'exploiter, ne vont-ils pas faire de l'argent sur le dos des pays peu développés, pauvres en technologies mais riches en biodiversité ?

Les nations sont arrivées à un accord. Révérence est faite, d'abord, à la « morale ». Elles commencent en effet par se déclarer conscientes « de la valeur intrinsèque de la diversité biologique et de la valeur de la diversité et de ses éléments constitutifs sur les plans environnemental, génétique, social, économique, scientifique, éducatif, culturel, récréatif et esthétique». En proclamant que la diversité biologique a une «valeur intrinsèque», on fait allégeance aux plus exigeants des protectionnistes. En déclinant une litanie de valeurs, on espère ne vexer personne. Puis, fondements scientifiques obligent, les nations se disent conscientes «de l'importance de la diversité biologique pour l'évolution et pour la préservation des systèmes qui entretiennent la biosphère». Ensuite, on passe aux affaires, en rappelant que les États ont des droits souverains sur leurs ressources biologiques. On reconnaît toutefois l'importance, pour beaucoup de communautés locales et de populations autochtones, des ressources biologiques dont elles dépendent étroitement et sur lesquelles sont fondées leurs traditions. Et d'affirmer alors qu'il est «souhaitable» d'assurer un partage équitable des avantages qui pourraient résulter de l'utilisation des savoirs traditionnels: pourquoi n'avoir pas dit que c'était «indispensable»? La porte est ouverte aux interprétations: qu'entend-on par «avantages», où réside l'équité lorsqu'ils sont partagés?

Après quelques considérations obligées pour que tout soit politiquement correct (les femmes et leur rôle dans la conservation de la diversité biologique sont cités, on dit bien que la pauvreté est LE problème, on rappelle que les petits États insulaires ont des soucis…) les nations contractantes dévoilent enfin leurs objectifs dans un article premier lumineux:

> Les objectifs de la présente Convention, dont la réalisation sera conforme à ses dispositions pertinentes, sont la conservation de la diversité biologique, l'utilisation durable de ses éléments et le partage juste et équitable des avantages découlant de l'exploitation des ressources génétiques, notamment grâce à un accès satisfaisant aux ressources génétiques et à un transfert approprié des techniques pertinentes, compte tenu de tous les droits sur ces ressources et aux techniques, et grâce à un financement adéquat.

Le vrai, l'unique enjeu, c'est l'exploitation des ressources non plus « naturelles », mais « génétiques », changement de terme qui n'est pas anodin. Et l'on se soucie tout particulièrement de pouvoir utiliser avec bonne conscience, mais à plus grande échelle, les savoirs traditionnels. C'est le but du fameux article 8j, selon lequel chaque nation contractante, « sous réserve des dispositions de sa législation nationale, respecte, préserve et maintient les connaissances, innovations et pratiques des communautés autochtones et locales qui incarnent des modes de vie traditionnels présentant un intérêt pour la conservation et l'utilisation durable de la diversité biologique et en favorise l'application sur une plus grande échelle, avec l'accord et la participation des dépositaires de ces connaissances, innovations et pratiques et encourage le partage équitable des avantages découlant de l'utilisation de ces connaissances, innovations et pratiques ». Je ne suis pas spécialiste de ces questions, mais je ne peux m'empêcher de penser qu'il y a peut-être là un marché de dupes, et que beaucoup risquent d'y perdre leur identité, leur âme, tandis que d'autres accumuleront certainement des dollars.

On est loin, ô combien, de la grande convention internationale pour la protection de la nature dont avait rêvé l'UIPN en 1948. Mais la convention de Rio n'est-elle pas l'expression même du souci exprimé depuis bien longtemps pour des ressources naturelles « dont l'exploitation prudente devrait assurer la perpétuité », selon l'expression de Louis Mangin ? Deux évolutions seulement : premièrement, le concept de biodiversité, avec sa connotation quantitative, a pris la place de l'idée de Nature, profonde, romantique et floue ; deuxièmement, la dimension économique, avec la préoccupation des droits de propriété, du partage des gros sous, domine totalement, en dépit d'une mise en avant, tactico-hypocrite, de la valeur « intrinsèque » des éléments de la biodiversité.

Les nations signataires n'ont tout de même pas oublié (écho au préambule de la Constitution de l'UIPN ?) de noter qu'à terme (il vaut mieux être prudent) la « conservation et l'utilisation durable de la diversité biologique renforceront les relations amicales entre États et contribueront à la paix de l'humanité ». Sont-elles certaines qu'une fois la convention adoptée, les bénéfices espérés de l'exploitation « durable » des ressources naturelles ne seront plus jamais l'objet de conflits, et que le biopiratage – la collecte illégale de ressources biologiques – ne sera plus qu'un sujet pour romans d'aventure ?

Alors, quel avenir pour la biodiversité ?

Johannesburg, 2002 : un objectif pour 2010

En juin 2001, lors d'un Sommet des chefs d'État et de gouvernement de l'Union européenne, une grande décision fut prise : le déclin de la biodiversité devrait être arrêté, et cet objectif devrait être atteint en 2010. Un an plus tard avait lieu la Sixième Conférence des Parties (les États signataires) de la Convention sur la Diversité Biologique. Il y fut décidé, dans le cadre d'un Plan Stratégique, d'arriver en 2010 à une réduction significative du taux actuel de perte de biodiversité, au niveau global, régional et national, cela pour contribuer à diminuer la pauvreté et pour le bénéfice de toute vie sur la Terre. Cet objectif, désormais appelé « l'Objectif 2010 » a été repris par le Sommet Mondial sur le Développement Durable, à Johannesburg, en 2002.

Pour le bénéfice de toute vie sur la Terre, et pour la diminution de la pauvreté : cela fait moins mesquin que « pour quelques dollars de plus (à partager, en principe) ». Voilà un objectif qui, du point de vue moral, ne manque pas de tenue. Sur le plan du réalisme, c'est autre chose. Selon les pays, la mobilisation ne peut être la même. Dans les pays mégadivers, par exemple, dont la biodiversité est bien loin d'être inventoriée et dont l'érosion n'est en toute rigueur pas quantifiable, comment faire ? Il est clair que la perte globale de biodiversité, en nombre d'espèces, n'est pas mesurable. Elle peut l'être, éventuellement, pour des groupes bien connus, comme les oiseaux, encore qu'il se pose de difficiles problèmes d'échelle pour cerner le phénomène de réduction de la biodiversité. Car la réalité, ce n'est pas d'abord l'extinction définitive d'une espèce dans un territoire national; c'est préalablement un processus de diminution des effectifs, de fragmentation et de rétraction de l'aire de distribution. Mettre en évidence et quantifier ces phénomènes, cela nécessite une bonne couverture du territoire par des observateurs qualifiés. Pas simple, dans de grands pays riches en biodiversité, pauvres en naturalistes et manquant d'argent.

Mais ce n'est pas simple non plus dans les pays aisés des régions tempérées. L'Union européenne a dû mobiliser de nombreux scientifiques pour, dans un premier temps, choisir des « indicateurs de biodiversité » déjà mis en œuvre ou pouvant l'être rapidement. Les oiseaux, comme toujours, ont, si j'ose dire, répondu « présents » (il en reste encore). Plus sérieusement, les ornithologues avaient déjà développé des outils de suivi de l'état des populations d'oiseaux. En France, par exemple, le Muséum pilote depuis 1989 le programme « Suivi Temporel des Oiseaux Communs » (STOC). Des ornithologues sont mobilisés chaque année pour noter point par point, selon une grille qui couvre tout le territoire, les oiseaux présents, cela selon un protocole rigoureusement standardisé. Les résultats obtenus, année après année, permettent de calculer des indices qui décrivent les grandes tendances d'évolution des espèces, par exemple selon qu'elles sont strictement forestières, ou au contraire inféodées aux espaces ouverts. Comme on pouvait s'y attendre, il y a de quoi s'inquiéter. Les causes sont à rechercher dans des tendances lourdes des modes d'occupation des terres, qu'il s'agisse de l'extension des milieux boisés dans les zones de déprise agricole, des changements dans les pratiques de l'agriculture, de l'extension des zones urbaines, etc. Comment, dans ces conditions, freiner significativement l'érosion de la biodiversité ?

La France, en tant que pays européen, s'est engagée à ARRÊTER la perte de biodiversité d'ici 2010, cela dans le cadre de la Stratégie Nationale pour la Biodiversité que l'État a définie en application de la Convention pour la Diversité Biologique. Cette Stratégie est déclinée, ministère par ministère, en plans sectoriels. En tant que membre associé du conseil général de l'Agriculture, de l'Alimentation et de l'Espace Rural, j'ai eu à connaître le plan sectoriel « Agriculture ». Passionnant, mais que de difficultés à surmonter pour espérer aboutir ! Définir ce que l'on appelle concrètement une perte de biodiversité, rien n'est moins simple. Déjà, il faut savoir si l'on parle de diversité écologique, de diversité spécifique ou de diversité génétique. Ensuite, il faut savoir à quel degré de finesse géographique on observe les processus de diminution, ou au contraire, pourquoi pas, d'accroissement de la biodiversité. Et, bien sûr, vient le moment où il faut se demander qui, concrètement, va pouvoir agir pour contrer l'érosion de la diversité. Il s'agit de l'espace rural, donc des agriculteurs. Mais comment les mobiliser ? Quels objectifs leur faire partager ? Comment leurs efforts pourraient-ils être coordonnés et financés ? Et, pour les collectivités territoriales et pour l'État, comment organiser la cohérence d'ensemble pour que, *in fine*, la France puisse dire : « voilà ce que j'ai arrêté de perdre » ?

L'Objectif 2010 peut faire sourire : pouvait-on espérer, en 2002, agir suffisamment vite pour que des résultats significatifs soient obtenus huit ans après ? Non, sans doute, mais une dynamique a été lancée, chaque pays va devoir rendre des comptes. Évidemment, les spécialistes du packaging politique sauront faire briller des résultats encore pâles. Évidemment, il y aura une solidarité intergouvernementale pour qu'indulgence et compréhension soient à l'ordre du jour quand il faudra bien admettre que nous commençons tout juste à effleurer le frein. L'érosion de la biodiversité est une tendance lourde ! Pour la contrecarrer, il faut non seulement empêcher les processus destructeurs de se poursuivre, autant que faire se peut, mais aussi envisager de restaurer la biodiversité là où elle a été détériorée : c'est l'esprit du préambule de la Constitution de l'UICN, qui insiste sur la nécessité de « protéger et même de régénérer » les ressources naturelles.

Recréer la nature ?

Le corpus de connaissances élaboré d'abord, il faut le reconnaître, par l'écologie des communautés végétales, puis par l'écologie écosystémique, a permis que se constitue, de façon de moins en moins empirique, une science appliquée, le « génie écologique », ainsi appelée par analogie avec le « génie civil ». Celui-ci a permis de déplacer les temples d'Abou Simbel ; le génie écologique permet de reconstituer une mare riche en espèces protégées qui sera détruite par le passage d'une voie de TGV ou d'une autoroute. L'idée, généralement, est de ramener un écosystème existant à un état antérieur jugé meilleur que l'actuel, ou de reconstituer « à l'identique » un écosystème disparu ou destiné à disparaître. Pour cela, le génie – ou « ingénierie » – écologique s'appuie sur la connaissance de l'écologie d'espèces végétales et animales, sur celle du fonctionnement des écosystèmes et sur celle des étapes de formation d'un écosystème « définitif », à partir d'un état initial qui peut être un sol reconstitué, une ancienne carrière, un talus d'autoroute, etc.

Ces démarches relèvent de ce que l'on appelle volontiers aujourd'hui l'écologie de la restauration. D'après un ouvrage publié en 2007 par Andre Clewell, un praticien travaillant aux États-Unis, et James Aronson, directeur de recherches au CNRS, à Montpellier, la philosophie en est la suivante. D'un point de vue écologique, c'est une activité intentionnelle qui enclenche ou accélère le retour d'un écosystème vers un état respectant sa composition initiale en espèces, son fonctionnement écologique et ses connections avec le paysage environnant. D'un point de vue socio-économique, la restauration écologique reconstitue les flux de biens et de services naturels que l'écosystème fournit à la société. Du point de vue des valeurs personnelles et culturelles, la restauration écologique renouvelle notre lien à la nature, qu'il soit d'ordre esthétique ou qu'il contribue à notre élévation spirituelle. Idéologiquement, cette conception est fondée sur l'idée qu'il est bon, tant du point de vue socio-économique que culturel, de ramener un écosystème perturbé à un état antérieur désirable, voire de recréer cet état s'il a disparu.

Parallèlement à l'émergence de l'écologie de la restauration, une autre discipline finalisée s'est constituée à partir de la fin des années 1970, la biologie de la conservation, née aux États-Unis. L'un de ses initiateurs, Michael Soulé, l'a définie comme une « discipline de crise », c'est-à-dire comme un corpus de connaissances mobilisables en urgence lorsque que des problèmes aigus de conservation se posent et que les parties prenantes ont besoin d'une expertise scientifique pour éclairer la prise de décision, y compris en situation d'incertitude. Depuis, ce domaine s'est considérablement développé. Initialement, la biologie de la conservation s'est peut-être située dans un contexte scientifique différent du génie écologique, mais aujourd'hui les deux approches convergent dans l'élaboration et la mise en œuvre d'outils d'intervention de plus en plus efficaces, en particulier avec des recherches par modélisation, qui permettent d'élaborer des scénarios prédictifs. En entendant par là des scénarios qui permettent de tester des hypothèses sur les trajectoires que peuvent suivre par exemple des écosystèmes que l'on projette de restaurer, en fonction des opérations qui seraient mises en œuvre pour atteindre l'état désiré. Et cela avec une vision à long terme : il s'agit de garantir la « viabilité durable » des systèmes écologiques et des espèces, ainsi que leur potentiel d'adaptation.

Il y a environ une décennie, le ministère français chargé de l'environnement avait lancé un programme de recherches sur les méthodes du génie écologique, qu'il n'avait pas hésité à intituler « Recréer la nature ». Ambition démesurée ? Pas vraiment, en ce sens que l'espoir était simplement de se doter des moyens de réparer les morceaux de nature que les humains avaient meurtris. Après tout, il ne s'agissait que de reconstituer ce qui avait existé. Mais le projet n'aurait-il pas pu s'appeler tout aussi bien « Créer la nature » ? Si l'on se dote des moyens de refaire du vieux, ne pourrions-nous pas les utiliser pour faire du nouveau ? D'ailleurs, cela s'est déjà fait : le premier champ de pommes de terre, en France, était une grande nouveauté, à faible biodiversité, certes, mais enfin… Des forêts entièrement plantées d'essences introduites, où se réorganisent comme elles peuvent espèces végétales et animales locales, n'est-ce pas une nouveauté écologique ? Lorsque, dans une vallée, après le creusement d'une carrière de granulat, on aménage un étang, n'est-ce pas une création ? Et aujourd'hui, dans des opérations d'urbanisme, ne commence-t-on pas à réaliser des espaces verts écologiques, construits de toutes pièces, mais conçus pour avoir le plus d'autonomie fonctionnelle possible ? Architectes, paysagistes et ingénieurs écologues collaborent, mêlant imagination, créativité et ingénierie.

Ramener un bout de nature là d'où il vient, après l'avoir détourné ; mener un de bout nature vers un état nouveau, avec une composition en espèces originale, que nul n'avait imaginée auparavant. Manipulation, à notre échelle de temps, de l'évolution. Nous voici « pilotant » la nature…

***

Si ma mémoire est bonne, c'était en 1979, quai Anatole France, au siège du Centre national de la recherche scientifique, le « CNRS ». J'assistais à la conférence de lancement d'un programme de recherches sur les questions d'environnement. Les principaux animateurs étaient Germaine Ricou, directrice de recherches à l'Institut national de la Recherche agronomique, Jean-Claude Lefeuvre, professeur du Muséum, et Gilbert Long, directeur de recherches au CNRS. Ils avaient expliqué que, pour avoir de l'influence sur les milieux politiques, il leur avait fallu agir au travers d'associations, leur qualité de scientifiques n'y suffisant manifestement pas. Je vois encore Gilbert Long proposer, en conséquence, de distinguer les « écologistes », c'est-à-dire les militants de la protection de la nature et, plus largement, de la cause environnementale, autrement dit les « écolos », et les « écologues », purs scientifiques spécialisés en écologie. Que d'ambiguïté ! D'un côté des écologues nous expliquaient qu'il valait mieux être « écolo » pour faire passer de bonnes idées, de l'autre, par une subtilité terminologique, ils espéraient protéger les chercheurs de l'étiquette d'« écologistes », à connotation supposée péjorative dans les milieux scientifiques. En réalité, il ne peut y avoir de catégorisation : indirectement ou directement, chaque citoyen se positionne sous l'influence de connaissances scientifiques de plus en plus largement diffusées, tandis que les scientifiques ne sont que des citoyens parmi d'autres, exerçant le beau métier de créateur et de diffuseur de savoirs. Il faut jeter aux oubliettes l'idée qu'il y a les « savants » et les autres. Il se construit, mais trop lentement, une société informée, qui doit prendre des décisions quant au devenir de la biodiversité. C'est ce qu'entrevoyait une haute personnalité de l'UNESCO, Malcolm S. Adiseshiah, le 4 septembre 1968, lorsqu'il accueillit les participants à la Conférence de la Biosphère dans les termes suivants :

> Dans la mesure où vos travaux ont pour but de montrer en quoi la science moderne peut faciliter le choix et l'élaboration de méthodes rationnelles permettant d'utiliser les ressources naturelles tout en les conservant, ils tendent à créer chez les hommes de science, parmi les dirigeants politiques et dans le grand public un courant de « pensée écologique » destiné à faire mieux comprendre les relations entre l'homme et la nature dans le cadre plus large des rapports entre l'homme et son milieu.

Au cours d'un cheminement bien long, en dépit de moments visionnaires, les « écolos », si l'on entend par là les humains qui se soucient du devenir de la nature et des humains qui l'habitent, et les « écologues », scientifiques qui travaillent à la compréhension de la dynamique de la biosphère, à toutes les échelles d'espace, « du local au global », comme on dit, se sont côtoyés, ont tissé des complicités, la science éclairant la conscience, l'inquiétude appelant la recherche de solutions. Ainsi s'est peu à peu formé ce courant de pensée écologique, aujourd'hui revendiqué par bien des politiques. Écolos et écologues ont vécu, sans nécessairement s'en rendre compte, une révolution conceptuelle et idéologique dont on n'a pas encore tiré toutes les conséquences. On a enfin cessé de croire que l'homme était indépendant de la nature ou que, s'il ne l'était pas encore, il arriverait à s'en extraire à force de technologie ; on a compris qu'il est de la nature, dans la nature. Et on a compris – tout juste – que la nature n'est pas, n'était pas dans un état d'immuable perfection ; elle est changement, nous changeons par elle et elle change par nous. De fait, la science nous fournit des moyens de plus en plus performants pour la manipuler. L'avenir n'est donc pas dans le retour à un état parfait qui s'imposerait à nous. Il sera un cheminement que nous pouvons orienter, sinon déterminer à coup sûr.

Le passé n'est pas une référence, il est un conseiller. Alors, quelle biodiversité voulons-nous pour aujourd'hui, pour demain, pour les générations qui viennent ?

6.

Une éthique pour la biosphère

L'homme a assez de raisons objectives pour s'attacher à la sauvegarde du monde sauvage. Mais la nature ne sera en définitive sauvée que par notre cœur. Elle ne sera préservée que si l'homme lui manifeste un peu d'amour, simplement parce qu'elle est belle et parce que nous avons besoin de beauté.

Jean Dorst,
Avant que nature meure, 1965.

Man is today responsible for the whole future of evolution on this planet.

Sir Julian Huxley,
Science and Human Values, 1960.

Diversité des regards

Une nature propre, ou le propre de la nature ?

En 1989, une commission de professeurs du Muséum, présidée par Jean Dorst et dont j'étais le rapporteur, avait été constituée à la demande du directeur général de l'Office National des Forêts. L'Office était vertement critiqué pour sa gestion de la forêt domaniale de Fontainebleau. L'accusateur principal n'était pas un collectif d'artistes, mais une association menée par un général artilleur, tirant de très polis boulets rouges sur les forestiers, vilipendés comme le furent leurs prédécesseurs du XIXe siècle, pour poursuivre l'enrésinement de la forêt en plantant du pin sylvestre. Il nous était demandé d'entendre les points de vue des uns et des autres, et de proposer des orientations qui puissent satisfaire tout le monde (nous avons proposé la création d'une réserve de biosphère, ce qui fut fait en 1998). Nous avons ainsi rencontré les Amis de la Forêt de Fontainebleau. Je me souviens qu'au cours de nos discussions, un membre éminent de cette association (fondatrice, comme le Muséum, de l'Union Internationale pour la Protection de la Nature) m'affirma, avec grande conviction, que les réserves biologiques intégrales, cela « faisait sale ».

Rendez-vous compte. La forêt de Fontainebleau, c'est tout de même une forêt périurbaine, qui accueille chaque année des millions de visiteurs. Tandis que de belles futaies méticuleusement entretenues, débarrassées de la moindre branche morte tombée au sol, offrent au citadin un espace ordonné, sécurisé, voilà qu'à côté on laisse ces parcelles embrouillées de tristes squelettes d'arbres, qu'aucun service d'espaces verts ne nettoie ! La nature laissée à elle-même, vraiment, cela fait désordre.

Les réserves biologiques intégrales de l'époque étaient les héritières – sérieusement amaigries au cours des années 1960 – de la série artistique initiée grâce aux peintres de Barbizon. Des pancartes installées en bordure de ces parcelles dissuadaient le promeneur d'y pénétrer, car ce serait dangereux.

Pénétrons néanmoins, par exemple, dans la réserve de la Tillaie. Ici, le cadavre effondré d'un vieil arbre, branches brisées, se décompose lentement, rongé par de multiples insectes, intimement pénétré par les filaments de toutes sortes de champignons, peu à peu digéré par d'actives bactéries. Plus loin subsiste le tronc d'un autre individu, brisé par une tempête ; pareillement, tout un petit monde s'affaire à le recycler. Dans la trouée ouverte par sa chute, de jeunes arbres s'élancent vers le ciel. Ailleurs, ceux qui autrefois ont gagné la compétition pour la lumière unissent leurs couronnes en une canopée imposant son ombre au sous-bois. Sans que l'homme s'en mêle, le cycle de la vie et de la mort se poursuit, chaque espèce y contribuant à sa mesure. Grâce à la mort de chaque arbre, toute une vie se développe, dont la persistance nécessite qu'elle soit régulièrement alimentée par la mort des vivants.

Ce que certains interprètent comme un désordre est en réalité l'expression d'une organisation, d'un fonctionnement, d'une dynamique progressivement ordonnée par l'évolution. L'évolution ? Mieux, une coévolution, les espèces en interaction ayant mutuellement façonné leurs patrimoines génétiques. Tel est l'ordre de la nature. Il ne plaît pas à tout le monde. Mais les alignements d'arbres régulièrement espacés, sur des sols bien propres, comme une compagnie à la revue dans la cour d'une caserne, ne peuvent davantage faire l'unanimité.

Admiration et mépris

Quand, avec une joyeuse équipe de chercheurs, j'ai lancé un projet de recherche sur les îlots boisés du Gâtinais, personne n'imaginait que ces médiocres petits bois, environnés, voire imprégnés de pesticides, auraient pu héberger autre chose qu'une flore et une faune d'une triste banalité. D'ailleurs, aucun scientifique n'avait jugé bon d'aller y voir avant nous. Tels des explorateurs de l'Amazonie, nous allions à l'aventure dans des terres inconnues, quelquefois difficilement pénétrables, tant les sous-bois, jamais nettoyés, sont embroussaillés (sales, aurait dit tel ami de la forêt). Surprise : dans un « grand » bois, l'entomologiste Gérard Luquet constata que, sur 154 espèces d'insectes répertoriées, 29 % étaient des espèces « remarquables » : des méditerranéennes atteignant leur limite nord de distribution, des espèces rares, et même 9 espèces vulnérables, voire menacées en Île-de-France ! Le morceau de forêt, au milieu des champs, fort d'à peine 40 ha, avait vraisemblablement joué un rôle de refuge. Sa flore nous étonna aussi : les botanistes dénombrèrent plus de 250 espèces de plantes. Quelle concentration, dans un espace aussi restreint ! Et une vraie surprise : quelques pieds d'une fleur joliment nommée « adonis printanier », auparavant connue uniquement dans le sud du Massif central et en Alsace. Peut-être une relique de la dernière glaciation, quand le sud du Bassin parisien était couvert de steppes.

L'inventaire floristique fut ensuite étendu par une doctorante, Marine Linglart, à 70 autres bois, sélectionnés en fonction de leur dimension et de leur plus ou moins grand isolement, de façon à constituer un échantillon représentatif de l'ensemble du Gâtinais. En y ajoutant le « grand » bois, l'ensemble ne couvrait guère plus de 300 ha. Nouvelle surprise : 671 espèces répertoriées ; en gros le quart de toute la flore forestière des plaines de la France septentrionale ! Plus du tiers de la flore des 25 000 ha du massif de Fontainebleau… Richesse inattendue, mais flore banale. On trouva bien quelques plantes relativement rares en Île-de-France ; néanmoins, à part l'adonis, rien de vraiment remarquable.

Il est maintenant devenu à la mode de parler de biodiversité ordinaire : pourquoi certaines espèces sont-elles qualifiées de banales, quand d'autres sont dites « extraordinaires » ou, plus simplement, « remarquables » ? Les naturalistes emploient souvent ces qualificatifs. On note même une pointe d'excitation quand ils évoquent des espèces particulièrement remarquables, pour la protection desquelles beaucoup s'engagent avec pugnacité. J'exagérerai à peine en disant que le coléoptère pique-prune, gêneur de projets autoroutiers, discret animal noirâtre, non remarquable en ce sens que personne ne le remarque, est devenu « extraordinaire » parce que, grâce à l'action du lobby des spécialistes des coléoptères saproxylophages (des insectes qui mangent le bois en voie de décomposition), il a été inscrit sur les listes de protection internationales.

Une plante banale peut être ravissante, une espèce remarquable un laideron : le critère fondamental, c'est la rareté. Ravissante et rarissime, une espèce n'en a évidemment que plus d'intérêt. Mais la rareté n'est pas une notion simple : ainsi, des espèces sont rares en Île-de-France, et à ce titre localement protégées, qui peuvent être communes dans d'autres régions. D'autres sont rares en France, tel l'ours brun, mais communes dans d'autres pays d'Europe, la Slovénie par exemple, où l'on peut se permettre de prélever des ours pour tenter de repeupler les Pyrénées.

Chaque espèce occupe une certaine aire géographique. Bien entendu, elle n'y a pas nécessairement partout la même abondance. Des espèces peuvent occuper des aires très vastes, mais n'être en chaque endroit qu'en faible effectif : elles sont numériquement rares. C'est le cas des grands prédateurs, qui ne peuvent subsister qu'en exploitant des territoires suffisamment étendus pour y trouver toujours assez de proies. D'autres peuvent au contraire être abondantes dans un espace restreint, mais n'exister qu'en de rares endroits où se trouvent réunies les conditions de milieu qui leur conviennent. Ainsi, une espèce peut être commune au sens géographique, mais rare d'un point de vue numérique, une autre rare géographiquement parlant, mais commune là où elle existe. Lorsqu'une espèce occupe une zone géographique restreinte et ne se trouve nulle part ailleurs, elle est dite « endémique ». Éventuellement abondante dans son habitat, elle est par définition rare à l'échelle de la planète. Des espèces endémiques se trouvent souvent dans des massifs montagneux isolés ou dans des îles. Lesquelles peuvent être fort petites, comme l'île Maurice, ou très grandes, comme Madagascar, dont la flore et la faune sont extrêmement originales.

Rareté, originalité : deux caractères qui expliquent nos engouements de naturalistes et qui sont mis en avant pour justifier des mesures de protection. Avec un autre : il y a préférence pour les espèces indigènes, tandis que les aliens sont regardés avec suspicion.

Du fait des activités humaines, de l'intensification des transports, des animaux et des plantes sont introduits dans des régions où ils n'existent normalement pas. Au laboratoire d'entomologie du Muséum, à Paris, au mois de mai, il n'est pas rare de voir quelqu'un se présenter, une boîte à la main, pour demander à identifier un grand papillon ramassé au coin d'une rue. D'un beige doux, nuancé de rose, avec d'élégants dessins gris clair et comme des petites fenêtres transparentes au milieu des ailes, large de plus de dix centimètres, l'animal ne laisse pas indifférent. C'est le bombyx de l'ailante. Originaire d'Asie, son introduction fut tentée en France en 1858, car sa chenille produit une belle soie, et il fallait trouver un remplaçant au ver à soie, décimé par la pébrine. Ce ne fut pas une réussite industrielle, mais l'espèce s'est acclimatée à l'environnement parisien. Les chenilles vivent sur un arbre, l'ailante, également introduit, capable de s'implanter et de se développer spontanément dans un coin de jardin, un bout de friche. Que dire au parisien étonné et curieux ? Que ce papillon est un immigré à reconduire aux frontières, ou un membre légitime de la faune de la capitale ?

Autre exemple. Si vous voulez voir des papillons dans votre jardin, il vous est vivement recommandé, par nombre de pépiniéristes, de planter un « arbre à papillons », de l'espèce *Buddleia davidii*. Ses longues grappes de fleurs mauves attirent les lépidoptères bien de chez nous, qui y butinent joyeusement. L'arbre à papillons est lui aussi un immigré, découvert en Chine, en 1869, par le père David, un missionnaire français. Les premières graines arrivèrent en Europe à la toute fin du XIXe siècle. L'arbuste se répand sans mesure le long des talus de chemin de fer – corridors utiles à l'envahisseur –, s'installe dans les friches, s'introduit subrepticement dans les jardins, à moins qu'on ne le plante. Bienfait pour nos papillons, mais arbuste envahissant… Convient-il de comptabiliser son espèce dans la flore de France ?

Un jour, dans l'un des petits bois du Gâtinais, Marine Linglart a trouvé quelques pieds de mahonia, un petit arbuste avec des feuilles ressemblant à celles du houx, qui fait des grappes de petites fleurs jaunes. Espèce « ornementale » originaire d'Amérique du Nord, le mahonia se rencontre dans de nombreux parcs. Sa présence dans le petit bois s'expliquait par le fait que quelqu'un s'était organisé un jardin autour d'une cabane et avait planté du mahonia ; un oiseau, peut-être, en avait semé une graine un peu plus loin. Fallait-il compter l'espèce dans la flore du bois ? Cette question, on ne se la pose plus pour le robinier faux-acacia, introduit en 1601 par Jean Robin, arboriste du roi : « naturalisé », l'arbre est aujourd'hui présent partout, fort utile pour les abeilles, ou pour faire des piquets de clôture.

Il y a des espèces introduites, volontairement ou non, qui se multiplient rapidement, se répandent par divers moyens, souvent grâce à des corridors écologiques, et deviennent envahissantes au point de fragiliser des espèces indigènes. Le phénomène est bien connu dans des îles riches en endémiques comme la Réunion, où de nombreuses espèces sont ainsi mises en danger. Les naturalistes s'inquiètent de ces phénomènes : il s'agit de protéger la flore et la faune autochtones. Quitte à décider que sont indigènes les espèces qui existaient avant une certaine date. Mais alors, concernant la France métropolitaine, faut-il prendre pour date l'année d'introduction du faux-acacia, et rayer de la liste nationale le buddleia et bien d'autres ? Ou faut-il prendre la date d'arrivée du buddleia, pour légitimer la présence d'un contributeur objectif au bien-être de nos papillons « français » ?

Rares ou belles espèces admirées, vénérées ; herbes folles salissant parterres et pelouses ; bestioles dédaignées, voire honnies (qui n'a pas écrasé une noire araignée aux longues pattes velues, visiteuse nocturne apparue soudain sur le mur de la chambre ?) ; envahisseurs redoutés. À chacun son appréciation. Qui a tort, qui a raison ?

L'ibis sacré massacré

Ils se sont échappés du zoo de Branféré, dans le Morbihan. Qui ? Des ibis sacrés, l'espèce des anciens Égyptiens, vénérée comme symbole du dieu Thot (au nom duquel il en fut tué et momifié de grandes quantités). Les individus de Branféré étaient élevés en quasi-liberté, et il se dit parfois que d'aucuns espéraient réussir leur acclimatation. Voulue ou non, celle-ci s'est réalisée. Des Ibis ont nidifié en dehors du parc zoologique, et ils ont proliféré ! De plus en plus nombreux, ils s'installent dans le golfe du Morbihan, le long du littoral atlantique jusqu'en Vendée, colonisent le lac de Grand-Lieu en Loire-Atlantique. La population atteint plusieurs milliers d'individus.

Bonne nouvelle pour la biodiversité française ? Elle compte objectivement une espèce de plus, que des naturalistes s'empressent de cocher sur leurs carnets de comptables méticuleux. Pas si simple, pourtant. L'ibis sacré, devenant de plus en plus abondant, menacerait d'autres espèces, comme le sterne caugek, le sterne pierregarin et la guifette noire, en détruisant leurs nids et en tuant les poussins. Après un rapport d'expertise, le préfet décide des opérations d'abattage. Elles sont approuvées par l'association Bretagne Vivante, qui gère des espaces protégés et défend la nécessité d'un plan d'éradication, avant qu'il ne soit trop tard, pour venir à bout de cette espèce « sans papiers », selon l'expression d'un naturaliste local. C'est clair, l'envahisseur doit être éliminé avant d'avoir commis d'irréparables dégâts : le principe de précaution est appelé à la rescousse.

Mais tout le monde n'est pas de cet avis. Il s'est constitué un « collectif pour la protection de l'ibis sacré de Bretagne », appellation qui exprime bien l'idée que l'ibis serait désormais « bien de chez nous ». Et la bataille s'engage. Le collectif prétend qu'aucun comptage sérieux n'a été effectué, qu'il n'y a pas de preuve de prédation sur d'autres oiseaux (en revanche, d'après une source digne de confiance, j'ai appris que des renards seraient passés avant l'ibis et auraient commis les méfaits attribués à l'alien ailé). À l'appui de ses assertions, le collectif aligne une liste impressionnante de scientifiques français – dont certains du Muséum – et étrangers, qui seraient tous des spécialistes de la question et qui seraient unanimes sur la question de l'ibis sacré : selon ces sommités, il n'y aurait aucune raison d'éradiquer ni de freiner l'évolution de cette espèce. Le collectif tire à l'artillerie lourde sur les « anti-ibis » : ils seraient des non-spécialistes (y compris un chercheur devenu depuis membre du Muséum) ; ils sont assimilés à des conservateurs réactionnaires xénophobes ; leurs travaux sont dits truffés d'erreurs ; ils auraient délibérément trompé le préfet. Et l'on explique qu'alors que l'ibis n'aurait aucun impact négatif démontré sur les autres espèces d'oiseaux, les campagnes de tirs auraient déjà eu sur certaines des conséquences nuisibles, les faisant même disparaître de quelques sites. Le collectif exige l'arrêt immédiat et définitif de toute opération d'abattage, et il demande, ce sont ses termes, que « les individus à l'origine de ces opérations, ainsi que les associations complices, soient condamnés comme il se doit, selon les faits suivants : l'absence d'arguments scientifiques avant de prendre la décision unilatérale d'éradiquer une espèce ; l'absence de concertation ; des campagnes de tirs suivies d'opérations de propagande mensongère ; les dommages avérés des opérations d'élimination sur les autres espèces protégées et le mépris des conventions internationales ». Que la justice, en quelque sorte, éradique au plus vite les fauteurs de trouble, pour que l'ibis devenu breton puisse vivre en paix.

La violence des propos interpelle. Quel est donc l'enjeu ? Une telle divergence résulte de postures idéologiques différentes, de visions contradictoires de la nature. D'un côté, il est légitime de dire que les transformations provoquées par l'ibis dans la faune locale ne sont pas acceptables, parce qu'elles résultent d'une « faute » humaine et qu'elles détruisent les patients efforts, quotidiens, accomplis pour préserver la biodiversité indigène. Il n'est pas moins légitime de penser, de l'autre côté, que des invasions d'espèces ont eu lieu maintes fois au cours de l'évolution, et qu'il n'est pas « mauvais » de laisser faire le jeu de la nature, qui par nature est changeante. En outre, il n'est pas interdit de penser que la tuerie nécessaire pour éradiquer l'ibis – il s'agirait bien de tuer des milliers de ce bel oiseau – pose quelques problèmes moraux. Mais l'éventuelle disparition d'autres espèces, dont les poussins seraient allègrement croqués par l'ibis, n'est-elle pas tout aussi discutable d'un point de vue moral ? Ce n'est pas si simple, et ça le devient encore moins quand on apprend que l'ibis sacré se régale d'écrevisses américaines, introduites en France en 1911, envahisseurs honnis qui font disparaître nos écrevisses autochtones. L'ibis sacré : un envahisseur nuisible, car il détruirait des espèces indigènes, mais aussi un envahisseur utile, car il contribuerait à réguler un autre envahisseur. Mais si nos écrevisses, grâce à l'ibis, revenaient en nombre, n'en deviendrait-il pas un redoutable consommateur, faute d'aliens à manger ?

J'ai trouvé sur internet un point de vue à l'ironie décapante. L'internaute évoque les espèces qui, du fait des changements climatiques, sont susceptibles de s'introduire en France : les autorités vont-elles à chaque fois prendre des arrêtés pour que l'on tue au plus vite tous ces envahisseurs ? Des envahisseurs qui arrivent chez nous spontanément, mais en raison d'un changement environnemental provoqué par les humains. La situation est-elle si différente de celle de l'ibis, qui n'est pas venu s'installer en terre bretonne de son plein gré ? Non, mais alors, ne faudrait-il pas éradiquer le robinier faux-acacia et bien d'autres espèces volontairement introduites ?

Au-delà de l'opposition entre deux « choix de biodiversité », il y a la question, lourde, du droit des humains à tuer des animaux pour d'autres raisons que leurs besoins alimentaires. J'ai ouï dire que des idées ont été lancées pour éviter le massacre des ibis sacrés : si, au lieu de les tuer, on les capturait pour les mettre ailleurs ? Oui, mais où ? Figurez-vous que l'ibis sacré des Égyptiens a disparu d'Égypte. On pourrait alors introduire les ibis sacrés « bretons » dans la vallée du Nil. Bonne idée, n'est-ce pas ? Oui, mais les descendants des pensionnaires du zoo morbihannais sont-ils identiques à ceux de l'ancienne Égypte ? Il serait tout de même ennuyeux de mettre en Égypte des ibis qui seraient génétiquement différents de ceux qui ont disparu, quand on voit les efforts faits pour trouver des ours étrangers, slovènes en l'occurrence, génétiquement proches de l'ours pyrénéen. Très juste ; il faut donc, avant toute chose, comparer leurs ADN. Oui, mais, puisqu'il n'y a plus d'ibis égyptiens, comment faire ? Pas de problème ! On a des momies d'ibis au Muséum…

Massacré, accepté ou renvoyé au pays de ses ancêtres putatifs : l'ibis sacré de Bretagne est un élégant révélateur d'une confrontation idéologique entre des conceptions différentes de la nature.

Les tronçonneuses de l'Alto Mayo

En 1988, un écologiste britannique, Norman Myers, inventa le concept de *« hot spots »* pour désigner des zones de la planète caractérisées par des pourcentages très élevés de plantes endémiques et se trouvant en même temps en danger du fait des dégradations humaines. Le concept a été repris et développé par une ONG, Conservation International, qui, dans un livre luxueux publié en 2004 (avec le soutien d'un grand cimentier international), établit une liste de 34 « *biodiversity hotspots* » continentaux. L'idée fondamentale de Myers était que la désignation de ces zones à biodiversité élevée, originale et menacée, permettrait de mettre en œuvre des politiques efficaces de conservation à l'échelle mondiale, chaque dollar dépensé dans ces zones étant plus utile que s'il l'était dans des zones moins exceptionnelles ou moins menacées.

Il se trouve que j'étudie la diversité des lépidoptères dans le nord du Pérou, au cœur du « *hotspot* » des Andes tropicales.

Voici un témoignage.

12 mars 2008, département San Martín, Pérou. Avec mon collègue Gilbert Lachaume, complice en entomologie, je pars découvrir la vallée de Yuracyacu dans le « *Bosque de Protección Alto Mayo* ». Wagner, un étudiant péruvien qui envisage d'étudier la répartition des papillons dans cette vallée, sera notre guide. D'autres étudiants nous accompagnent. Au passage, nous prenons deux professeurs de sciences naturelles du collège du village de Soritor, rencontrés la veille, qui sont intéressés par la biologie des papillons. Il faut d'abord se rendre au bureau de l'organisme national en charge des aires protégées, l'INRENA (Instituto Nacional de Recursos Naturales). Nous sommes reçus courtoisement par le responsable. Nous nous

inscrivons dans un registre, comme tous les visiteurs demandant à entrer dans la zone de protection. Nous expliquons notre travail sur la diversité des lépidoptères de la région. Le responsable nous parle d'une chasse illégale de papillons dans l'aire protégée, qui s'est développée, en donnant lieu à un commerce, depuis quelques années. Les personnels de l'INRENA ont bien arrêté un trafiquant qui transportait plusieurs milliers de papillons, mais en vain. Il est impossible de contrôler une zone de plus de 182 000 ha avec seulement six gardes, avoue le responsable. L'un d'eux a d'ailleurs été assassiné, il n'y a pas si longtemps. Et notre interlocuteur se demande s'il ne vaudrait pas mieux légaliser ce commerce.

Nous partons pour la vallée. La voiture est laissée au dernier hameau, La Primavera. À l'entrée du chemin, une stèle en ciment, visiblement peu entretenue, porte des inscriptions peintes. Elle marque l'entrée dans le Bosque de proteccion Alto Mayo créé, c'est écrit, par la « Resolucion suprema n° 0293 87 – AG/DGFF » : une décision prise au plus haut niveau de l'État, dûment enregistrée. La stèle indique la surface de l'aire protégée, la latitude, la longitude et l'altitude de l'endroit où nous nous trouvons. Et elle porte – en espagnol – les instructions suivantes : « Halte. Ne pas avancer. Aire protégée. Les installations humaines ne sont pas autorisées. En protégeant les forêts, nous assurons le bien-être de nos enfants. »

Nous avançons. Juste après la stèle, des fils de fer barbelés, une baraque de planches et de tôles ondulées, du linge qui sèche. Nous continuons le long d'un sentier montant progressivement. Sur le versant opposé, des taches vert clair tranchent avec la forêt sombre : par endroits, celle-ci est comme découpée à l'emporte-pièce. Au loin, justement, nous entendons un concert de tronçonneuses. En bas, le fond de la vallée est couvert de prés où subsistent parfois quelques bouquets d'arbres. On aperçoit les toits en tôle de pauvres cahutes. Il faut dire que la vue est dégagée : le sentier longe une zone totalement déboisée. Nous sommes dans le *« bosque de destrucción »*, ironise avec tristesse l'un des deux professeurs.

L'Alto Mayo est une magnifique région de montagnes, couvertes de forêts, s'étageant entre 800 mètres et près de 4 000 mètres. Les reliefs sont très vigoureux. Le réseau hydrographique converge en formant le río Mayo, qui coule vers le sud-est jusqu'au río Huallaga. La région a été très longtemps difficilement accessible ; elle était traversée par une piste, le plus souvent mauvaise, joignant la ville côtière de Chiclayo à celle de Tarapoto, au bord de l'Amazonie. Gilbert se souvient être venu dans la région à la fin des années 1990 : une route asphaltée était en train de se substituer à la piste. Très vite, des gens « de la sierra », vivant dans des régions pauvres, principalement dans le département Cajamarca, prirent la direction du département San Martín, attirés par l'eldorado des forêts tropicales. Les premiers s'installèrent le long de la route, puis les immigrants pénétrèrent dans l'intérieur des montagnes, créant des petites communautés, aux noms évocateurs : « La Esperanza », « La Libertad », « Nuevo

Edén». Ces «*campesinos*» déboisent à qui mieux mieux, ouvrant leurs «*chacras*» pour y installer quelques cultures. Le phénomène fut extrêmement rapide, prenant de court les autorités. Le processus continue; la forêt est rongée, quotidiennement. Les déboisements favorisent les glissements de terrain. D'après certains interlocuteurs, le climat de la région de Moyobamba se serait déjà réchauffé, du fait de la disparition des forêts sur d'importantes surfaces.

La coopération allemande – la «GTZ» – appuie le Pérou dans sa gestion du Bosque de Protección Alto Mayo. Une grosse équipe, comprenant des nationaux péruviens, est installée à Moyobamba. Il se trouve qu'une de mes anciennes étudiantes en écologie, Lily Rodriguez, en fait partie. C'est grâce à elle que nous avons pu visiter la vallée de Yuracyacu. La rencontrant quelque temps plus tard, nous évoquons la situation critique de l'Alto Mayo. Que faire? Les gens s'installent en toute illégalité, mais ils sont là. La GTZ se pose la question de leur évacuation, très sérieusement semble-t-il, tout en se demandant où il serait possible de les déplacer et quelles perspectives leur offrir. Il y a, dans les propos de notre interlocutrice, comme un constat d'impuissance.

Certes, il ne s'agit pas de populations autochtones, mais d'immigrants illégaux, auxquels des trafiquants ne se gênent pas pour vendre des terres qui ne leur appartiennent pas. Mais ce sont des hommes, des femmes, des enfants, chassés de chez eux par la pauvreté. Malheureusement, ce ne sont pas des gens de la forêt. Ils ne la connaissent pas. Pour eux, elle est un espace à défricher, pour survivre, voire vivre convenablement en cultivant du café. Ils n'en connaissent pas les dangers, surtout les plus insidieux, comme les maladies parasitaires. Une amie médecin, la *doctora* Rosa Giove, nous a raconté qu'avant l'arrivée des migrants, les conditions sanitaires de la population du département étaient à peu près maîtrisées. Aujourd'hui, les médecins n'arrivent plus à faire face.

Si les Andes tropicales sont l'un des « points chauds » de biodiversité de la planète – ces régions à la fois très riches et très menacées –, l'Alto Mayo pourrait bien en être un point « hyper chaud » : la richesse spécifique y est particulièrement élevée, les formes endémiques sont nombreuses et la destruction des forêts y est particulièrement active. Faut-il donc en chasser les gens pour conserver la forêt et sa biodiversité ?

Expulsés pour conserver la nature

À l'initiative du roi des Belges, Albert Ier, des réserves naturelles ont été créées au Congo dans les années 1920. Dans la province du Sud-Kivu, près de la frontière avec le Burundi, la réserve de Kahusi-Biega était destinée en particulier à la protection du gorille, alors chassé pour des raisons « sportives » ou « scientifiques ». Il s'agit d'une sous-espèce particulière, qui n'existe que dans l'est du Congo. Après l'indépendance, en 1960, la réserve est érigée en parc national, qui passera de 600 à 6 000 km² en 1975. La création du parc s'accompagne de l'expulsion, sur ordre du gouvernement, des pygmées

Batwas qui y vivaient : dans les années 1960-1970, près de 600 familles ont été chassées du territoire du parc, et obligées de s'installer dans des villages périphériques, occupés par des bantous. Aucune concertation, aucun dédommagement. Interdiction de chasser dans le parc ou d'y exercer la cueillette de végétaux alimentaires ou de plantes médicinales. Plus d'accès aux lieux de culte. D'où des rapports conflictuels avec les responsables du parc, qui n'ont jamais cherché à impliquer les autochtones dans sa gestion, car supposés représenter une menace pour l'écosystème ! Un écosystème qu'auparavant les Batwas avaient su maintenir en bon état, sans nuire aux gorilles qu'ils ne chassaient pas.

Aujourd'hui les pygmées sont « remplacés » par des réfugiés fuyant des guerres récurrentes et par des milliers d'individus participant à l'extraction du coltan, précieux minerai d'où l'on tire le tantale, indispensable à la fabrication de certains composants électroniques, notamment pour les téléphones portables. La région possède la plus grande réserve mondiale de ce précieux minerai, dont la présence n'est pas sans lien avec les conflits. En 1997, l'UNESCO a dû inscrire le parc dans la liste du patrimoine mondial en péril. Pour se nourrir, on y chasse la viande de brousse, entre autres les gorilles déjà en grand danger d'extinction (ils ne seraient guère plus de 200). Et il s'est développé un trafic de bébés de chimpanzés et de gorilles, impliquant bandes armées, militaires et hommes d'affaires. Un organisme officiel chargé de récupérer les bébés primates a demandé de l'argent pour organiser un centre de soins à partir duquel ils pourraient être réintroduits dans leur milieu naturel. Je ne sais pas si de l'argent avait été demandé pour aider les pygmées expulsés…

Sous prétexte de protéger la nature, il a été facile de chasser des populations autochtones de leurs territoires. Mais la protection de la nature ne semble pas peser lourd face à une juteuse exploitation illégale qui, directement et indirectement, met en grand danger le patrimoine naturel dont on se vante par ailleurs.

Le cas du parc national de Kahusi-Biega est le sombre emblème de contradictions extrêmes. Mais l'expulsion des Batwas n'est qu'un cas parmi d'autres dans l'histoire d'une protection de la nature mue par une idéologie combinant mépris des autochtones et élitisme égoïste. Autre exemple africain : au Sénégal, la région du Niokolo-Koba, originellement classée comme de réserve de chasse en 1926, obtint le statut de parc national en 1954. Après l'indépendance, des villageois furent expulsés du parc en 1969 et installés en périphérie.

Selon l'anthropologue britannique Marcus Colchester, dans un article publié par l'UNESCO en 2001, un million de kilomètres carrés ont été vidés de leurs habitants en un siècle, en Afrique, pour créer des aires protégées. Le nombre de personnes ainsi déplacées au nom de la conservation de la nature s'élèverait à plusieurs millions.

Cette pratique, il ne faut pas l'oublier, a commencé aux États-Unis, dès la création des premiers parcs nationaux : celle du Yosemite National Park a été suivie d'une politique d'éviction des indiens Miwok, du moins de ceux qui restaient après une guerre sanglante. Le Yellowstone National Park ne fut guère plus respectueux des droits des autochtones. Une nature pure, sans homme : cette idéologie se retrouve encore en 1964, dans le « Wilderness Act », qui définit la *« wilderness »* comme une région où la terre et sa communauté d'espèces sont hors emprise humaine, et où l'homme ne peut être qu'un visiteur qui ne s'y installe pas. Cette vision a été largement « exportée » à travers le monde.

Une idéologie impérialiste

Le dualisme occidental, fauteur de malheurs

Le 4 septembre 1968 s'ouvrait au siège de l'UNESCO, à Paris, la Conférence de la Biosphère. Un directeur chargé de la science et de la technique au Département des affaires économiques et sociales de l'ONU, Guy Gresford, prononça une allocution d'une grande pertinence. Même si l'homme commence à s'aventurer dans l'espace, dit-il, il faut qu'il se fasse à l'idée que les humains, pendant longtemps, passeront encore toute leur existence dans la biosphère. Toutefois, souligna l'orateur, si l'homme est bien issu de la nature, il ne se confond pas avec elle, et « au cours des derniers siècles, l'humanité a subi l'emprise croissante d'une conception dualiste du monde qui a mis particulièrement l'accent sur la distinction entre l'homme et son milieu», conception qui pousse l'homme à établir progressivement une maîtrise complète de toute la nature non humaine. Paradoxalement, l'emprise de l'homme sur la terre, constatait Guy Gresford, est telle qu'il devient lui-même son propre milieu, qu'il lui faut maintenant maîtriser. D'où un appel à une philosophie capable d'énoncer les objectifs humanistes en termes nouveaux.

Les philosophes Francis Bacon et René Descartes ont de lourdes responsabilités, dit-on, dans la constitution de l'arrière-plan métaphysique dualiste qui imprègne la pensée occidentale: d'un côté la conscience imaginative et l'action créatrice, de l'autre le monde des mécanismes stéréotypés, manipulables. Mais nombreux sont ceux qui voient dans la Genèse la source première de ce dualisme, Dieu ayant dit à l'homme et à la femme: «Soyez féconds et multipliez-vous, remplissez la terre et soumettez-la; et dominez sur les poissons de la mer, sur les oiseaux du ciel, sur tout le bétail, sur toutes les bêtes sauvages et sur tous les reptiles qui rampent sur la terre.» Certains n'ont pas hésité à voir dans ce verset l'origine du bouleversement planétaire actuel. En revanche, d'autres soulignent que plantes, animaux domestiques et bêtes sauvages ayant été créés une fois pour toutes, l'homme ne pouvait les manipuler, et que sa domination, au sens biblique, se limiterait en quelque sorte à une suprématie hiérarchique, se manifestant essentiellement par le pouvoir de nommer.

Le dualisme n'est pas le propre de tous les humains. Les anthropologues ont mis en évidence des différences profondes, selon les cultures, dans la façon dont les sociétés pensent leur rapport à la nature. Philippe Descola en a proposé une analyse à la fois subtile et cartésienne, débouchant sur une classification en quelques grands systèmes. Mais il ne faudrait pas en tirer l'hâtive conclusion que la culture occidentale n'est qu'une catégorie anthropologiquement ni plus ni moins intéressante que d'autres. En vérité, les études ne manquent pas qui décrivent comment les thuriféraires occidentaux en viennent à détruire les cultures extrêmement élaborées de ceux qu'il n'y a pas si longtemps on appelait des sauvages, et dont on se demandait encore, il y a fort peu de siècles, s'ils avaient une âme comme les bons chrétiens d'Europe. L'anthropologue Florence Brunois, par exemple, a longuement travaillé auprès d'un peuple autochtone de Nouvelle-Guinée. Dans un article bouleversant qu'elle m'a donné, il y a deux ou trois ans, elle décrit un processus certainement bien rodé : l'arrivée de missionnaires d'une église nord-américaine, qui s'empressent de saper les liens spirituels immémoriaux que ce peuple avait tissé avec sa forêt ; suivent alors des hommes d'affaires qui négocient l'exploitation de la forêt ; et bientôt l'on abat et l'on vend ; plus tard, déboule une ONG de protection de la nature, tout aussi nord-américaine que l'église, qui prétend aider les autochtones à conserver leur biodiversité. Le dualisme occidental dans ses basses œuvres ; ce peuple n'a pas été expulsé ; il est brisé.

L'humanité, envahie par le dualisme occidental, pétrie d'égocentrisme, est-elle condamnée à pousser toujours plus loin sa séparation d'avec la matrice de son histoire, le terreau de sa vie ?

L'idéologie de la nature vierge

Jean-Paul Harroy, le premier secrétaire général de l'UIPN, auparavant directeur des parcs nationaux du Congo Belge, avait publié en 1949 un long texte proposant une définition de la protection de la nature. Un passage est tout particulièrement révélateur de sa conception :

> Pour protéger efficacement les associations naturelles qui lui sont utiles, l'homme doit les avoir préalablement soigneusement étudiées. Mais pour pouvoir étudier ces associations dans les meilleures conditions, j'oserais dire « à l'état de corps pur », il doit préalablement les avoir protégées, c'est-à-dire les avoir, dans des aires appropriées et suffisamment vastes, soustraites aux influences perturbatrices d'origine humaine qui masquent et déforment les réactions fondamentales que le chercheur tente d'observer et de classer en lois.

Analysons. Pour protéger les milieux naturels, il faut les étudier, et pour les étudier, il faut les avoir mis à l'abri des influences humaines. Car celles-ci sont néfastes : elles dénaturent la nature. La métaphore de « l'état de corps pur », empruntée à la chimie, est significative : la nature est naturellement pure, les actions humaines la défigurent. Si l'on y réfléchit bien, ce passage est redoutable : il justifie que des gens soient expulsés de leurs espaces de vie parce qu'il convient d'y protéger la nature. La conception de Jean-Paul Harroy pousse loin le dualisme, en posant l'homme dans un double rapport à la nature qui tient de l'oxymore : l'homme a besoin de la nature mais il en est simultanément le perturbateur. D'où le désir d'une nature vierge dont la pénétration par le seul savant ne serait point un viol.

Cette idéologie de la nature vierge a imprégné bien des recherches en écologie, par exemple dans le cadre du Programme Biologique International : il fallait étudier des écosystèmes « de référence » aussi peu troublés que possible par les humains. Ainsi, les projets français portaient l'un sur une forêt « protégée » de la banlieue d'Abidjan, peu influencée par l'homme, sauf que la grande faune en avait disparu en grande partie, l'autre sur une savane de Côte d'Ivoire (là où j'étudiais mes araignées), située à l'écart des villages, mais mise à feu par les hommes à chaque saison sèche ; un troisième sur une savane du Sénégal, parcourue par des pasteurs et leurs troupeaux, mais depuis si longtemps qu'ils faisaient partie de l'écosystème, se justifiait-on. En France, il y avait un projet sur la forêt méditerranéenne de chêne vert soi-disant « climacique », c'est-à-dire l'écosystème prétendument complet, équilibré, typique de la région, et un autre sur la prairie « semi-naturelle » normande, vert pâturage dont la longue existence, depuis le Moyen Âge, servit de certificat de quasi virginité. Échapperait peut-être à la critique la « hêtraie naturelle », dans les réserves intégrales de la forêt de

Fontainebleau ; encore que son étude démontra que la hêtraie s'était installée en substitution d'une chênaie ; or le chêne avait sans doute été autrefois favorisé par l'homme, aux dépens d'autres essences ; pas impossible que le hêtre n'ait pris sa place qu'à partir du moment où l'on ne toucha plus aux parcelles qui composaient le paysage aimé de Louis XIV : le professeur Georges Lemée, de l'Université d'Orsay, avait mis en évidence qu'au xxe siècle le hêtre bouclait seulement son premier cycle de régénération, d'une durée d'environ 300 ans.

En tout cas, ce sont les réserves intégrales qui motivent le récent plaidoyer du naturaliste et écrivain Jean-Claude Génot : « Les forêts vierges offrent un spectacle unique avec de très gros arbres côtoyant les plus jeunes dans un mélange intime, des arbres morts sur pied ou tombés au sol et des arbres aux formes étranges que le forestier n'est jamais venu éliminer. [...] Il y a de nombreux intérêts à créer une réserve intégrale : scientifiques, pédagogiques et écologiques. Mais l'intérêt éthique me semble fondamental. [...] Il est important de retrouver la nature sous son véritable visage, sauvage et spontané, suivant sa trajectoire et pas celle que nous lui imposons. »

Vision d'une nature qui aurait le droit de vivre sa vie ; vision mêlée d'une admiration pour la nature sauvage que nul ne dompte. Nature goûtée par certains qui l'interdiraient aux autres pour préserver une virginité qu'ils se réservent le droit d'explorer. Cette idéologie de la nature vierge imprègne la vision de bien des protecteurs de la nature.

Lorsque la nature pure a été quelque peu abîmée, l'écologie de la restauration est appelée à la rescousse pour lui fabriquer une virginité de substitution. Ainsi, dans la région de Chicago, un projet intitulé « Chicago Wilderness » rassemble près de 200 organisations et mobilise des milliers de volontaires pour un vaste programme de préservation et de restauration du peu de milieux qui témoignent encore de ce qu'était la nature « sauvage » d'avant l'arrivée des Européens. En 2007, avec quelques animateurs du projet, je suis allé me promener dans une vaste prairie. Ici et là, quelques bouquets de chênes respectables ; au milieu, un étang. Dans un espace d'interprétation, une carte montre qu'avant la prairie que l'on voit aujourd'hui, il y avait des champs, dûment cadastrés : la prairie – écosystème mythique s'il en est – a été reconstituée. La dispersion naturelle des chênes est contrôlée, pour que la prairie ne devienne point forêt. Nous allons au bord de l'étang. Au sol, une sorte de gros boîtier, cadenassé. Un des membres du groupe l'ouvre : à l'intérieur, une vanne à commande manuelle, qui permet de contrôler le niveau de l'eau de l'étang. À ce moment là, il me revint en mémoire une réserve naturelle que j'avais visitée dans l'est de l'Angleterre, en 1991. Cela dans le cadre d'une mission sur l'ingénierie écologique qui m'avait été confiée, ainsi qu'à l'ingénieur général du génie rural Jean Dunglas, par le ministre de l'environnement de l'époque, Brice Lalonde. La réserve en question protégeait un ensemble de prairies humides, à grande richesse en espèces végétales. Le responsable nous avait expliqué qu'il avait pour mission de réguler le niveau de l'eau, car la composition de la flore en était étroitement dépendante. Le moyen, je caricature à peine : un robinet commandant le débit de l'arrivée de l'eau (de la ville, si j'ai bonne mémoire).

La nature vierge, la *wilderness* sous contrôle d'une vanne, d'un robinet : voilà de quoi ébranler le prestige de la création divine, pour les Emerson, Thoreau et Muir d'aujourd'hui. Pourtant, il ne faudrait surtout pas se satisfaire d'ironiser ainsi sur une idéologie que la réalité met à mal, car elle est l'expression d'un mouvement de l'esprit humain d'une belle noblesse. Transposons-nous à Fontainebleau, le 30 septembre 1948, pour écouter l'allocution d'ouverture prononcée par le premier directeur général de l'UNESCO, le biologiste britannique Julian Huxley. Le voici qui évoque « la fascination pour toutes ces autres manifestations de la vie qui, quoique issues du même processus d'évolution, sont autant d'en-soi différents, nous sont étrangères, nous donnent de nouvelles idées sur les possibilités de la vie, ne peuvent jamais être remplacées si elles sont perdues, ni remplacées par des produits de l'effort humain ». Julian Huxley ouvrait là des perspectives considérables, en affirmant l'altérité des non-humains (*« are alien of us »*, dans son manuscrit en anglais) et en les reconnaissant comme des en-soi (*« are something in their own rights »*), c'est-à-dire des êtres ayant en eux-mêmes la justification de leur existence. L'idéologie de la nature vierge, au-delà de sa naïveté, accorde une absolue valeur d'existence aux autres vivants que nous. Elle invite donc à une morale de respect de la nature dans toute sa diversité. En toute logique, elle devrait même conduire ceux qui s'en prévalent haut et fort à s'interdire toute intrusion dans la nature sauvage. Mais, si l'on suit Huxley, n'est-il pas bon de contempler cette nature et de tenter de la connaître, pour un peu mieux comprendre la diversité des manifestations de la vie, et par là, peut-être, dévoiler un peu de notre propre mystère ?

Diversité éthique

Entre morale et utilitarisme, la conservation balance

J'imagine qu'à la lecture du texte de Jean-Paul Harroy définissant la protection de la nature, les amoureux de la *wilderness* ont dû sursauter : il affirmait que le temps était passé où « les protecteurs de la nature parlaient seulement au nom de la morale et de l'esthétique. Il n'est guère à l'honneur de l'homme de devoir ainsi admettre que ces deux valeurs humaines, parmi les plus pures et les plus élevées, n'ont cependant sur son comportement qu'un pouvoir déterminant incontestablement faible. Aujourd'hui, l'heure est venue d'invoquer en faveur d'une vaste action conservatrice des sols, des couverts végétaux et des faunes sauvages, un ensemble d'arguments anthropocentriquement utilitaires, donc convaincants pour les masses ».

Déjà, en 1923, Louis Mangin n'avait-il pas dit que la protection de la nature ne se justifiait pas seulement pour des raisons esthétiques, mais aussi pour des raisons pratiques ? Apparemment, en 1949, Harroy constatait la faillite des arguments moraux et esthétiques. Il ne devait pourtant pas ignorer les avancées, modestes mais réelles, engrangées depuis le Congrès de Paris. Mais il n'ignorait pas davantage la progression des dégradations de la nature. Avec pragmatisme, voire avec cynisme, il renvoyait donc le balancier à l'opposé. Mais le balancier ne cesse d'aller et venir. Ainsi, en 1965, Jean Dorst, au terme de son ouvrage *Avant que nature meure*, écrivait :

> Mais la conservation de la nature sauvage doit aussi être défendue par d'autres arguments que la raison et notre intérêt immédiat. Un homme digne de la condition humaine n'a pas à envisager uniquement le côté utilitaire des choses [...]. Quelle que soit la position métaphysique adoptée et la place accordée à l'espèce humaine dans le monde, l'homme n'a pas le droit de détruire une espèce de plante ou d'animal, sous prétexte qu'elle ne sert à rien. Nous n'avons pas le droit d'exterminer ce que nous n'avons pas créé. Un humble végétal, un insecte minuscule, contiennent plus de splendeurs et plus de mystères que la plus merveilleuse de nos constructions.

Et aujourd'hui, 60 ans après la prise de position de Jean-Paul Harroy, ne pourrait-on écrire : « le temps est passé où les protecteurs de la nature parlaient seulement au nom des intérêts de l'humanité. Ce n'est pas sans dépit qu'il nous faut admettre que d'avoir dit et redit que la nature était utile aux humains, cela n'a eu sur leur comportement qu'un pouvoir incontestablement faible. Aujourd'hui, l'heure est venue d'invoquer en faveur d'une vaste action conservatrice de la biodiversité, un ensemble d'arguments moraux, donc convaincants pour les masses » ?

Tension entre une conception utilitariste d'une nature « source de ressources à valoriser » et la vision éthique d'une nature sauvage, indépendante, vision qui se mêle le plus souvent d'une admiration amoureuse. Sans doute les humains oscilleront-ils toujours entre ces deux pôles, dans une grande diversité de choix individuels. En tout cas, une chose est claire, le devenir de la nature est un problème éthique.

La « Land Ethic »

1949 : une année exceptionnelle dans l'histoire de la conservation de la nature. Il y eut la conférence technique de l'UIPN à Lake Success, qui initia la relation entre la conservation, en tant que préoccupation sociétale, et l'écologie, en tant que la science la mieux à même de donner à la conservation des fondements rationnels. Il y eut la définition de la protection de la nature par Jean-Paul Harroy. Et il y eut la parution d'un ouvrage, inspiré par l'écologie, qui jouera un rôle fondamental dans le développement de la philosophie de l'environnement. C'était un livre posthume d'Aldo Leopold, un forestier devenu professeur à l'Université de Wisconsin-Madison. Intitulé *A Sand County Almanac and Sketches Here and There*, ce livre déroule les regards d'un naturaliste au fil des mois. Au terme de cet

« almanach », Aldo Leopold développe une réflexion éthique novatrice sur la conservation de la nature, nourrie par sa compréhension écologique de qu'il appelle la *« Land »*, quelque chose qui a à voir avec les notions de territoire, de paysage, mais surtout avec le concept d'écosystème, terme qu'Aldo Leopold n'utilise cependant pas.

La *« Land Ethic »* s'appuie sur un principe unique : chaque humain appartient à une communauté qui l'unit au sol, à l'eau, aux plantes et aux animaux ; il se doit donc de respecter ses *« fellow-members »*, et cette communauté qu'ils forment ensemble.

Considérant que l'expression *« balance of nature »* ne rendait pas clairement compte de la réalité écologique, Leopold a proposé le concept de la *« Land Pyramid »*, inspiré par la « pyramide des nombres » de Charles Elton. Cet écologiste anglais, en 1927, avait introduit ce concept pour décrire et illustrer, en un schéma pyramidal, les rapports numériques entre végétaux, herbivores, prédateurs et super-prédateurs, les premiers étant nécessairement plus nombreux que les derniers. Leopold décrit le cheminement de l'énergie au travers des plantes, des animaux, des sols, et explique que la « pyramide » est en fait un enchevêtrement de chaînes si complexe qu'il paraît désordonné, alors que la stabilité du système prouve que c'est une structure hautement organisée, dont le fonctionnement dépend de la coopération et de la compétition entre les espèces. Leopold établit un lien entre la complexité, la stabilité et le bon fonctionnement de l'ensemble, la *« Land »*. Tous les ingrédients de l'écologie systémique sont là. Ils fondent le principe éthique que Leopold propose : « Une chose est juste quand elle tend à préserver l'intégrité, la stabilité et la beauté de la communauté biotique. Elle est mauvaise quand elle tend à autre chose. » Chasseur, Leopold avait compris qu'à trop tuer les loups, qui lui disputaient son gibier, les cerfs devenaient trop abondants et finissaient par dégrader durablement la végétation : ne pas respecter les loups en tant que *« fellow-members »* conduit à la rupture de la stabilité de l'écosystème. On le voit, son principe éthique est en profonde résonance avec l'idéologie de l'équilibre de la nature. Il introduit en outre la notion d'intégrité de la communauté biotique, que l'on retrouve bien plus tard sous la plume du biologiste nord-américain Michael Soulé, qui écrivit en 1985 que « la conservation est engagée dans la protection de l'intégrité et de la continuité des processus naturels ».

Biocentrisme, écocentrisme

Longtemps après la parution du livre d'Aldo Leopold, au début des années 1970, un Néo-Zélandais, Richard Routley, et un Américain, Holmes Rolston III, ont appelé au développement d'une nouvelle éthique, une éthique « environnementale » pour le premier, « écologique » pour le second. L'un et l'autre affirmaient la valeur propre de la nature, voire son caractère sacré pour Rolston qui se plaçait dans une perspective théologique. De là est né le « biocentrisme », une éthique fondée sur l'idée que tout organisme vivant est une « fin en soi », créant par lui-même le sens de sa propre existence : de ce fait, il a une valeur absolue, indépendante des points de vue humains, valeur qui doit s'imposer à chacun de nous. En réalité, ces auteurs ne faisaient que redécouvrir et théoriser les idées exprimées si fortement par Julian Huxley. Concevoir que la moindre bactérie, le plus ignoré des champignons, un moustique vecteur de la malaria, un calmar géant, un pigeon bizet souillant votre balcon, votre chat préféré ou un tigre tueur aient chacun cette même valeur « intrinsèque », selon le terme consacré, ne va pas de soi. Imaginer qu'il en soit de même pour la nature ou pour la biodiversité, dans leur globalité, non plus. La valeur intrinsèque est un concept qui fut d'abord élaboré pour l'individu humain : le transposer à d'autres entités vivantes, c'est ouvrir la porte à la question des droits dont disposeraient ces entités.

En 1979 a été lancée la revue *Environmental Ethics*. Les titres d'articles parus les toutes premières années montrent que ces questions difficiles étaient au cœur des débats : « The Rights of the Subhuman World », « The Value of Wilderness », « On Assigning Rights to Animals and Nature », « Values in Nature », « Do Wildernesses Have Rights ? ». La nature, les espèces ont-elles une valeur ? La nature, les espèces sauvages ont-elles des droits ? Rapidement, non pas une école, mais des écoles de pensée vont se développer. Parmi elles, celle de John Baird Callicott, spécialiste de la pensée d'Aldo Leopold. Il publie en 1989 *In Defense of the Land Ethic* et, dix ans plus tard, dans *Beyond the Land Ethic*, il élargit encore la vision de Leopold. Avec d'autres auteurs, en particulier Stan Rowe, Callicott a été ainsi l'un des pionniers de « l'écocentrisme », philosophie s'opposant à l'anthropocentrisme, cette attitude qui considère et mesure toute chose à l'aune des seuls intérêts humains.

Le Canadien Stan Rowe était un chercheur en foresterie devenu professeur d'université. Il a défini l'écocentrisme comme l'accord, au sens musical du terme, qui met en harmonie les humains et la Terre. Rowe se réfère explicitement à la science écologique, qui non seulement nous a fait découvrir les écosystèmes terrestres et aquatiques, mais nous a aussi fait comprendre que l'écosphère est une entité globale, au sein de laquelle l'humanité s'est formée et évolue. L'emploi du terme « écosphère », plutôt que celui de « biosphère », est symptomatique de l'ancrage de la pensée de Rowe dans l'écologie. En outre, Rowe critique le biocentrisme pour sa focalisation sur les organismes vivants individuels, ce qui conduit cette idéologie à négliger la nature non vivante, minérale et organique, dans laquelle nous sommes en réalité comme « encapsulés ». Fondée sur l'écologie, la philosophie écocentrique de Rowe est en même temps explicitement inspirée par Thoreau. À de multiples reprises, en effet, Rowe évoque le caractère « miraculeux » de l'écosphère et de la vie : il parle ainsi de la planète bleue qui a donné naissance à *Homo sapiens*, parmi 20 millions d'autres espèces, qui sont autant d'émanations « miraculeuses » de l'air, des mers et des roches. L'écologie reprenant la main, l'auteur rappelle aussitôt que ces espèces sont ensemble les composants interdépendants d'un tout en évolution.

L'argument écocentrique de Rowe est fondé sur sa conviction que l'écosphère est plus englobante, plus complexe, plus intégrée, plus créative, plus belle, plus mystérieuse, plus vieille que la seule humanité. Il s'appuie en même temps sur une épistémologie holiste, qui considère que le tout est plus que la somme des parties : l'intégrité et la santé du tout, selon Rowe, supposent que les parties SERVENT le tout. L'éthique écocentrique confère donc la plus haute valeur, une valeur d'existence absolue, à l'écosphère. C'est en quelque sorte par subsidiarité que ses composantes tiennent leur propre valeur, à la mesure de leur coopération au bien-être de l'écosphère, selon le principe : « Le soi trouve sa valeur écologique dans le bien-être du non-soi. » Rowe affirme donc que la *wilderness* ne peut persister que si nous la servons, et non pas seulement si nous croyons la mettre à l'abri derrière des clôtures.

La philosophie de Rowe s'inscrit donc clairement dans le prolongement et l'élargissement de l'écocentrisme de Léopold. Cependant, le forestier canadien critique le forestier étasunien, semble-t-il parce qu'il voit dans la façon dont Léopold raisonne le risque d'une lecture de l'écosystème sous l'angle privilégié des relations que l'homme y tisse : l'écocentrisme glisserait vers un anthropocentrisme. Rowe note que la résistance au respect de la valeur intrinsèque du monde naturel et à la protection de sa diversité est profondément ancrée dans la culture occidentale, qui conçoit la Terre comme une ressource et non une source. Cette culture, dit-il, n'accorde d'importance qu'aux relations entre les humains et Dieu, et entre les humains. Au mieux, la nature n'est qu'un providentiel fournisseur, au pire un décor. Rowe nous appelle donc à apprendre des règles de symbiose, de coopération avec les écosytèmes de la Terre, qui sont bien davantage que « nos » ressources et que « notre » héritage. En découle une critique de la Stratégie Mondiale de la Conservation et du rapport Brundtland, qui proposent de préserver ce qui reste des écosystèmes sauvages uniquement parce qu'ils pourraient satisfaire les besoins d'une population en croissance, et de sauver les espèces en danger parce qu'elles sont des sources potentielles de nourritures et de médicaments, argument anthropocentrique s'il en est. À moins que la protection de quelques débris de la *wilderness* ne soit qu'une façon de libérer notre conscience, en faisant localement et momentanément un acte de révérence au monde qui nous a créé et que nous ne pourrons recréer, une fois qu'il aura passé, par notre faute. Alors que, selon Thoreau, rappelle Rowe, c'est dans la *wilderness* que réside le salut du monde.

Il faut donc que les esprits changent. Pour être bienvenus dans l'écosphère, il faut que les humains comprennent et apprécient cet éden qu'ils n'ont jamais quitté, ainsi que la *wilderness* qui en est l'emblème. Tant qu'ils n'auront pas élargi leurs préoccupations à toute l'écosphère, tant qu'ils ne ressentiront pas un attachement confiant envers elle, tant qu'ils n'auront pas un sentiment de respect (de « crainte », au sens biblique de la crainte de Dieu) pour la Terre vivante et ses mystérieuses harmonies, ils n'arriveront pas à surmonter leurs conflits et à assurer le bien-être de la vie, de toute la vie. Notre espèce prodigue doit désormais se comporter vis-à-vis de l'écosphère comme un membre éthique coopératif et responsable. Et Rowe de conclure : « Bénis soient ceux qui font des sacrifices pour préserver et soutenir le monde non humain qui contient les humains. Maudits soient ceux qui détruisent la créativité et la beauté de la Terre. »

L'écocentrisme, ainsi conçu, combine une compréhension écologique et une vision quasi religieuse de la biosphère. Même réduite à l'état laïc, cette vision fonde le concept de valeur d'existence, ou valeur intrinsèque, mais en créant une subordination de la partie au tout. Il y aurait là toute une critique philosophique à développer, ce que doivent faire, j'imagine, des spécialistes de l'éthique environnementale ayant compétence sur les questions, fort débattues, du réductionnisme (le tout s'explique totalement par les propriétés des parties) et du holisme. La biosphère est-elle plus que la somme des espèces qui la composent, et même plus que la somme des interactions tissées entre toutes des espèces ? La question n'est pas anodine du point de vue de la conservation de la biodiversité. Et là, des écologistes, sur la base de considérations purement scientifiques, sont venus troubler le jeu. Considérant que l'essentiel, c'est que chaque écosystème fonctionne de façon optimale et que, globalement, la biosphère tourne rond, ils ont suggéré que l'important, c'est la durabilité du fonctionnement écologique, ce qui n'impose pas que toutes les espèces possibles et imaginables soient présentes, du moment qu'il y a suffisamment d'espèces pour tenir les « jobs » indispensables. Ce point de vue est à la base du concept de « diversité fonctionnelle » : le bon fonctionnement d'un écosystème suppose que les diverses fonctions nécessaires soient assurées ; la diversité fonctionnelle doit donc être maintenue. Mais l'on sait que quantité d'écosystèmes regorgent d'espèces à très faibles effectifs, trop peu abondantes pour jouer un rôle significatif, sauf dans les quelques cas où il s'agit d'espèces remplissant des fonctions régulatrices sans qu'il soit besoin pour cela qu'elles soient numériquement importantes. Conclusion : une bonne part de la biodiversité serait très vraisemblablement inutile.

L'ouvrage *BioDiversity* a été prolongé, en 1997, par un autre livre collectif, *Biodiversity II*, édité à nouveau par Edward O. Wilson, associé à deux autres scientifiques. Les trois éditeurs n'ont pas mâché leurs mots : « certains chercheurs ont suggéré qu'en raison de la dégradation des milieux, le fonctionnement et la productivité des écosystèmes devraient être les objectifs essentiels de la recherche et de la conservation, et que le nombre des espèces n'est pas pertinent. Cette dernière position ignore les valeurs actuelles et futures des produits d'intérêt agricole, médical, génétique ou autre que recèlent les espèces de l'ensemble des milieux [...]. En outre, une focalisation exclusive sur le fonctionnement des écosystèmes, plutôt que sur les unités génétiques et spécifiques, ignore les valeurs esthétiques et morales de la biodiversité ».

Autrement dit, la valeur de fonctionnalité écologique, dont certains se contenteraient et qui n'a pas nécessairement une connotation anthropocentrique, ne devrait pas faire oublier toutes les autres valeurs d'usage qui, elles, sont par définition anthropocentrées, de même que la valeur esthétique. Mais la valeur morale n'est pas oubliée dans ce contre-argumentaire, même si elle n'est pas explicitée. En fait, les deux points de vue pourraient se rejoindre, par le biais de la notion d'intégrité écologique, chère à Aldo Leopold. Celle-ci suppose en effet qu'en chaque endroit de la planète, toutes les entités indigènes soient présentes en bon ordre, lequel bon ordre garantirait que l'écosystème local soit en parfait ordre de marche. Globalement, la biosphère devrait donc n'avoir perdu aucune de ses composantes. Un écocentrisme généralisé, à la manière de Stan Rowe, en mettant en avant le concept d'intégrité écologique, pourrait même faire bon ménage avec le biocentrisme, l'un et l'autre reconnaissant la valeur d'existence de toutes les formes de vie.

« La biodiversité, combien d'euros ? », ou l'anthropocentrisme débridé

Lors du Forum *BioDiversity*, à Washington, en 1986, il y eut une intervention de Bryan Norton, l'un des plus grands éthicien de l'environnement, auteur de *The Preservation of Species. The Value of Biological Diversity*, texte publié la même année. Il n'hésita pas à dire qu'il pourrait être ridicule de vouloir « monétariser » la biodiversité.

Chiffrer la biodiversité, ne serait-ce pas admettre qu'elle ne vaut qu'à la mesure des usages que l'on en fait ? Considérer que des lions et des gazelles ne valent que par les spectacles payés (mais pas à eux) qu'ils donnent à des écotouristes costumés en rangers ; considérer que les forêts ne valent que par les produits, grumes, tubercules, fruits, molécules, viandes, que l'on en extrait ; considérer qu'une baie bretonne ne vaut que par les soles ou les coquilles Saint-Jacques que l'on y pêche… mille et une manières, typiquement anthropocentriques, de ne considérer la biodiversité que sous l'angle des intérêts humains. Pourquoi pas ? Il est vrai que, depuis longtemps, écologie et économie se regardent du coin de l'œil, avec méfiance et excitation. Il y a des écologistes qui imaginent que si une valeur, au sens économique du terme, pouvait être attribuée à chaque espèce, à chaque écosystème, il serait plus facile d'en négocier la préservation avec des gens qui ne parlent qu'argent, tandis que d'autres pensent que ces derniers auront d'autant plus facilement le dernier mot.

En tout cas, l'Europe a demandé à un économiste réputé de faire l'exercice, et la France, pour une fois dans les temps sinon en avance, a fait tourner ses calculettes, sous la direction de Bernard Chevassus-au-Louis, inspecteur général de l'Agriculture, biologiste renommé qui fut directeur général de l'Institut National de la Recherche Agronomique et président du Muséum national d'Histoire naturelle. Demandé par le premier ministre, un rapport intitulé « Approche économique de la biodiversité et des services liés aux écosystèmes » a été rendu public en avril 2009. Il s'agit d'apporter une aide à la décision publique, en d'autres termes, d'aider à décider du sort de telle ou telle composante de la biodiversité, chaque fois que la question se pose de savoir ce qu'il faut en faire. Entre nous soit dit, puisque la France, membre de l'Union européenne, s'est engagée à arrêter la perte de biodiversité sur le territoire national, ce qui veut dire, à moins que je n'aie rien compris, que l'on garde tout ce qui nous reste encore, est-il bien utile de vouloir calculer des valeurs en termes d'euros ? Vouloir arrêter la perte de biodiversité, en bloc et en détail, c'est reconnaître sa valeur absolue d'existence. Toute autre interprétation signifierait que l'on s'autorise à hiérarchiser les valeurs des éléments de la biodiversité et à confronter ces valeurs aux valeurs d'autres réalités : est-ce qu'un kilogramme de pique-prune (soit quelques centaines d'individus) vaut un kilomètre d'autoroute (soit près de 50 000 pique-prunes mis bout à bout) ? Cette question de la hiérarchisation des composants de la biodiversité ne me choque pas, mais assez d'hypocrisie. Tout Français prend de la place, au détriment d'autres espèces. Il faut donc bien « négocier » cette place avec la *wilderness*, mais est-il noble de le faire en remplaçant la valeur d'existence par la valeur de finance ?

L'exercice – qui fut certainement excitant sur le plan intellectuel – a été fait, tout en admettant qu'il y aurait une certaine incompatibilité entre les valeurs éthiques, qui guident les choix justes, et la valeur économique, perçue comme une simple extension du système des prix à des objets qui en étaient restés à l'écart. Voyons les postulats avancés pour rendre les calculs possibles :

Premier postulat : la biosphère nous rend des services, par l'intermédiaire des écosystèmes.

Deuxième postulat : il doit être possible d'attribuer une valeur monétaire aux éléments constitutifs de la biodiversité, en fonction de leur contribution aux « services écosystémiques ».

Adieu, nature vénérée. Bonjour chère (espérons-le !) biodiversité, servante de l'humanité, et tant pis pour les espèces bonnes à rien, tant pis pour les écosystèmes encombrants.

D'emblée, une difficulté a été identifiée. Il y a une biodiversité « remarquable » et une autre qui est ordinaire. Que faire des éléments remarquables ? Ils sont généralement remarqués, fort légitimement, par des naturalistes amoureux de la nature en général, et de certaines espèces en particulier, pour des raisons strictement scientifiques (le plus souvent la rareté, définie rationnellement, ou des caractéristiques biologiques et écologiques exceptionnelles), ou pour des raisons plus subjectives. Les auteurs du rapport admettent que, dans de tels cas, l'analyse économique devra se contenter de jouer un rôle modeste, indicatif, « à l'image du cas des monuments historiques », dont la valeur se situe au-delà de toute valeur (parce que la société le veut bien), mais dont l'entretien a un coût.

À mon humble avis, l'affaire doit se corser quand un élément de biodiversité, auparavant classé dans la catégorie « ordinaire », se raréfie. Considérez la piéride du chou : ce papillon dont les chenilles ravageaient autrefois les champs de choux (et le parterre de capucines dans le jardin de mon enfance) est presque devenu rare, grâce aux insecticides. Ne devrait-on pas le considérer désormais comme une espèce remarquable ? Si un lobby pro-piéride du chou y arrive, par exemple en la faisant inscrire dans une liste de protection, la voilà libérée du risque d'être évaluée en euros, et prête à provoquer des collectes de fonds pour sa sauvegarde. J'exagère peut-être avec la piéride du chou, modeste papillons blanc à taches noires ; mais n'est-ce pas une espèce en danger, triste « ourson » noir et blanc, qui orne dans les aéroports des réceptacles transparents où s'accumulent des reliquats de devises ? En poussant le raisonnement au bord du précipice de l'absurde, plus la biodiversité sera érodée, plus il sera difficile de lui attribuer une valeur monétaire.

Demandé par la France pour la France, le rapport Chevassus-au-Louis considère la biodiversité française ; dans ce contexte, la notion de rareté a une connotation particulière. Il est somme toute assez facile de séparer, dans le raisonnement, les éléments remarquables, souvent liés à des conditions écologiques localisées, voire marginales, de toute la biodiversité ordinaire qui court les bois, la campagne et nos fonds marins côtiers. Dans les paysages ordinaires, les éléments remarquables ne sont pas nombreux, si j'ose dire. Cela autorise un glissement conceptuel et une subtilité méthodologique. Puisque la valeur de la biodiversité se calcule au travers des services que rendent les écosystèmes, reconnaissons que ces services sont produits « collectivement » par les espèces banales formant le gros des troupes, et qui sont « substituables », une espèce en bonne forme pouvant remplacer une espèce défaillante. Cela peut permettre de construire une évaluation globale, sans passer par une analyse espèce par espèce, bien difficile à réaliser, et sans doute illusoire.

Je m'interroge sur la transposition de cette démarche à des écosystèmes tels que les forêts tropicales : au kilomètre carré, elles contiennent beaucoup plus d'espèces rares que d'espèces communes. Benoît Fontaine, un scientifique du Muséum, a réuni dans sa thèse, en 2006, des données extrêmement parlantes. Juste un exemple : en Papouasie-Nouvelle-Guinée, des chercheurs ont effectué des fumigations d'insecticides (la méthode de Terry Erwin, l'entomologiste ayant évalué la richesse des forêts tropicales à 30 millions d'Arthropodes) sur huit arbres appartenant à une seule espèce. Ils ont récolté 3 977 coléoptères, qu'ils ont triés en espèces sur des critères exclusivement morphologiques ; résultat : 418 espèces dont près de 48 % étaient représentées dans tout l'échantillon chacune par un seul individu ! Si nous décrétons que toutes les espèces tropicales à très faible abondance sont « remarquables », les espèces de coléoptères sortent en grand nombre du champ de l'évaluation monétaire. De deux choses l'une. Si l'on applique le raisonnement du rapport Chevassus-au-Louis, selon lequel toute entité biologique dont la perte est irrémédiable (ne pouvant en aucune façon être compensée) devrait avoir un « coût infini, ou, plutôt, inestimable », rien qu'à cause de leur richesse en coléoptères, les forêts tropicales ont une valeur infinie. Ou bien tout le monde se fiche des coléoptères, dont personne n'a démontré qu'ils contribuent de façon sensible aux services écologiques que rendent les forêts tropicales : régulation du cycle de l'eau, influence sur le climat, protection des sols contre l'érosion ; alors ces coléoptères ne valent rien du tout. Le problème, c'est que dans les forêts tropicales, très souvent, la plupart des essences sont rares, comme les coléoptères ; or chaque arbre contribue significativement aux services en question. Il y aurait donc une logique différente pour les coléoptères et pour les arbres ? Oui, si, indépendamment de toute considération sur la rareté des uns ou des autres, on hiérarchise leur contribution aux services écosystémiques, soit, au bout du bout du compte, en fonction de leur intérêt pour nous. Gardons donc des arbres et dispensons-nous de pleurer sur l'éventuelle disparition d'animaux superfétatoires, plus souvent inconnus que connus. Cela me rappelle un membre de l'Office National des Forêts, et non des moindres, qui m'avait assuré, sans rire, qu'une forêt sans animaux était encore une forêt.

Le rapport Chevassus-au-Louis fait judicieusement remarquer que, même si l'on arrive à donner une valeur monétaire de référence à un élément de biodiversité, cette valeur est nécessairement conjoncturelle, puisqu'elle dépend des usages qui en sont fait ou du degré de nécessité des services qu'il rend. Attribuer une valeur monétaire à un gène, à une espèce, à un écosystème, voire à un paysage, c'est le faire entrer dans le marché. Que les usages changent, que la demande varie, et la valeur monte ou baisse. En 2006, dans la revue *Nature*, révérée par la communauté scientifique, Douglas J. MacCauley, de la Standford University, avait expliqué que la belle étendue de *wilderness* qui permet d'alimenter New York en eau potable – le bassin versant de Catskill, couvert de forêts – était économiquement compétitive, ce qui assurait sa conservation ; mais, laissait-il entendre, à supposer que l'on trouve un moyen de fournir l'eau à meilleur coût, il ne manquerait pas d'apparaître des imaginatifs pour transformer la zone « sauvage » en zone de profit. Le chercheur concluait en disant qu'il vaudrait mieux développer des arguments moraux pour conserver la biodiversité que de l'introduire dans le jeu à risque de l'économie. Oui, affirmait-il, la nature a une valeur intrinsèque qui fait qu'elle n'a pas de prix, et c'est là une raison suffisante pour la protéger. Et de terminer – avait-il lu Jean Dorst ? – en écrivant que nous ferons plus de progrès, à long terme, en faisant appel au cœur qu'au portefeuille. Retour du balancier envoyé par Jean-Paul Harroy du côté des arguments anthropocentriquement utilitaires !

Quelle éthique pour la conservation de la biodiversité ?

Une réflexion internationale en mouvement

Je m'étonne toujours de voir l'éthique figurer dans des listes de raisons justifiant la conservation de la biodiversité. Le rapport Chevassus-au-Louis, par exemple, cite les critères justifiant d'attribuer le qualificatif de « remarquable » à un élément de biodiversité ; dans l'ordre (à discuter) : écologiques, éthiques, culturels, esthétiques. Tout de même, l'éthique n'est pas un critère parmi d'autres ! D'ailleurs, comme le rapport le précise, c'est un système de valeurs permettant de guider les choix justes. C'est aussi, soit dit en passant, la branche de la philosophie qui étudie les fondements de la morale. Ce dont nous avons besoin, pour guider nos décisions quant à l'avenir de la biodiversité, localement et globalement, c'est d'une éthique, dans le premier sens que je viens d'indiquer. Il s'agit de disposer d'un système de valeurs, faisant consensus le plus largement possible (mais chaque éthique a sa légitimité). Aux éthiciens spécialistes d'étudier pourquoi et comment ce système a été élaboré.

En 1984, Jeffrey McNelly, le « Chef Scientist » de l'UICN, a demandé à John Ronald Engel, Professeur d'éthique sociale à Chicago, de créer un groupe de travail sur l'éthique et la conservation. Ce groupe, rattaché à la Commission du Droit de l'Environnement de l'Union, sous le nom « Ethics Specialists Group », s'est attelé à l'élaboration de principes éthiques. Le travail a abouti en 1990, avec la présentation d'une base éthique pour la conservation de la diversité biologique, dans le cadre du document « Conserving the World's Biological Diversity », publié par l'UICN, la World Bank, le World Resources Institute, Conservation International et le World Wildlife Fund, sous la direction de Jeffrey McNelly. En voici les points forts :

– l'humanité appartient à la nature, le monde étant un tout interdépendant où la vie dépend du fonctionnement ininterrompu des écosystèmes, ce qui impose à chaque humain une responsabilité écologique, vis-à-vis de sa propre génération comme des générations futures (responsabilité qui suppose, pour être concrètement exercée, l'accès à l'éducation, à la vie politique et à des ressources suffisantes) ;

– la culture humaine doit se construire sur un profond respect pour la nature, le sentiment de faire un avec la nature et la reconnaissance que les affaires humaines doivent être menées en harmonie et en équilibre (« *balance* » est le terme utilisé) avec la nature ;

– toutes les espèces ont un droit inhérent à exister et les processus écologiques qui assurent l'intégrité de la biosphère et de la diversité de ses composantes doivent être maintenus ;

– les diverses adaptations culturelles aux conditions environnementales locales doivent pouvoir prospérer ;

– les valeurs personnelles et sociales devraient être choisies de façon à renforcer la richesse de la flore, de la faune et de l'expérience humaine, ce fondement moral devant permettre le partage équitable et inter-générationnel des nombreuses valeurs utilitaires de la nature – pour la nourriture, la santé, la science, la technologie, l'industrie, et les loisirs.

Ces principes associent l'idée fondamentale de l'écocentrisme, l'appartenance de l'humanité à la nature, qui fonde la responsabilité écologique des humains vis-à-vis de l'intégrité et de la continuité de la biosphère, et le principe biocentrique de la valeur d'existence, qui fonde l'obligation de respect pour la nature. L'importance de la diversité culturelle est soulignée, le partage équitable des avantages retirés des divers usages de la nature est posé comme objectif. Aucune allusion à la dynamique évolutive de la nature : il s'agit de vivre en harmonie et en équilibre avec la planète.

Deux années plus tard, la *Global Biodiversity Strategy* énonce dix principes pour conserver la biodiversité. Avec noblesse, le premier affirme que « Chaque forme de vie est unique et mérite le respect de l'humanité » ; prosaïque, le second change totalement de registre et déclare que « La conservation de la biodiversité est un investissement qui rapporte d'importants avantages au niveau local, national et mondial. » C'est clair : il y a la morale, et il y a les avantages, l'argent. Le balancier est revenu du côté des arguments « anthropocentriquement utilitaires » de Jean-Paul Harroy. La Convention sur la Diversité Biologique se situe parfaitement dans cette ligne.

À la suite du Sommet de Rio, l'idée d'une Charte de la Terre, initialement envisagée par la Commission Brundtland, fut relancée. La préparation de ce document fut mise en route par Maurice Strong, le président du Sommet de la Terre (il avait été, vingt ans auparavant, la cheville ouvrière de la Conférence de Stockholm) et par Mikhaïl Gorbatchev. L'écriture en fut confiée à un groupe de travail international dont John Ronald Engel a fait partie. Le travail, qui impliquait de nombreuses consultations dans le monde entier, s'acheva en 2000. La Charte a été adoptée par l'UNESCO et, en 2004, l'assemblée générale de l'UICN a voté une résolution invitant l'Union à adopter la Charte comme texte éthique de référence.

La Charte de la Terre peut être considérée comme une synthèse de la réflexion éthique internationale, nourrie par toute l'histoire de la conservation de la nature d'un côté, et de l'autre par tous les questionnements sur le développement et la justice planétaire. Elle se veut l'expression d'un ensemble de valeurs partagées par la communauté humaine pour guider son action en vue d'un mode de vie soutenable, avec le souci des générations futures. L'influence d'Aldo Leopold et, plus largement, de l'écocentrisme, est évidente. Je pourrais faire une comparaison, pas à pas, avec les principes écocentriques fondamentaux.

Mais il suffit de mettre en relief les idées majeures. D'emblée, la Charte reconnaît à la fois l'interdépendance de tous les êtres et la valeur absolue d'existence de toute forme de vie, ce qui est en parfaite syntonie avec le principe écocentrique selon lequel l'écosphère est le «centre de valeur» pour l'humanité. La Charte explicite ce principe général pour les êtres humains, en affirmant leur dignité intrinsèque. Elle promeut ensuite la nécessité de prendre soin de la communauté de vie, avec intelligence, compassion et amour. L'objectif est de garantir la bonté et la beauté de la Terre, pour les générations actuelles et futures. La Charte développe d'importantes considérations sur le besoin de sociétés démocratiques, justes, participatives, durables *(«sustainable»)*, non-violentes, pleinement, culturellement, pacifiques. Sur ce point, l'écocentrisme est moins disert, mais il soutient la justice sociale et il affirme la valeur de la diversité des écosystèmes et des cultures.

D'un point de vue écologique, la préoccupation centrale de la Charte de la Terre est l'intégrité écologique, notion déjà mise en avant par Aldo Leopold. La Charte pose en principe la protection et, si nécessaire, la restauration de l'intégrité des systèmes écologiques, avec une attention particulière pour la diversité biologique et les processus qui soutiennent la vie. Aucun plan de développement (durable, évidemment) ne devrait être établi sans cet objectif et des réglementations garantissant qu'il en soit bien ainsi devraient être adoptées. Suit un catalogue de mesures, allant de l'établissement de réserves de biosphère viables à la promotion de comportements attentifs au recyclage des matériaux, aux économies d'énergie et au développement des énergies renouvelables.

La Charte ne donne aucune définition de l'intégrité d'un écosystème, mais on peut cerner sa conception à partir de ses recommandations : la diversité spécifique doit être complète, étant entendu qu'elle concerne les espèces indigènes, le fonctionnement doit être optimal, en ce sens que la viabilité de l'écosystème et sa capacité de résistance aux perturbations doivent être maintenues à long terme. Les écosystèmes doivent donc être protégés, restaurés si nécessaire ; les espèces en danger doivent être remises à flot et les espèces envahissantes doivent être éradiquées. En bref, l'intégrité d'un écosystème suppose et la « pureté » d'origine des espèces de toutes catégories qui le composent, des bactéries aux superprédateurs, et un fonctionnement non détérioré.

Écrite à l'orée du XXIe siècle, porteuse d'une vision globale de la biosphère et d'un humanisme généreux, la Charte de la Terre, dans son préambule, sous le titre « la Terre, notre Maison » rappelle que l'humanité fait partie d'un vaste univers en évolution ; une aventure incertaine, certes, mais rendue possible par le fait que la Terre n'a cessé de fournir à la vie les moyen d'évoluer. La Charte constate que l'intégrité des écosystèmes est mise à mal, diminuée, ce qui laisse supposer que ses rédacteurs pensent que la Terre a été en meilleur état qu'elle ne l'est aujourd'hui. Qui ne partage pas cet avis désormais ? Pour autant, sommes-nous capables de dire ce que fut l'état « parfait » de la biosphère ? Il le faudrait, si nous voulons le retrouver en restaurant ce qui a été dégradé. N'est-ce pas là une trace de l'idéologie de la nature vierge, fille du dualisme occidental ? Ne faut-il pas inverser la perspective, et se demander comment faire pour que la biosphère soit toujours capable de changer ?

Une éthique évolutionniste pour la biosphère

Le biologiste Otto Frankel, en 1970, avait affirmé avec force notre responsabilité vis-à-vis de l'évolution : « Nous ne pouvons pas plus longtemps proclamer notre innocence vis-à-vis de l'évolution. Nous sommes encore soumis à des processus évolutifs… mais nous sommes aussi des acteurs majeurs. Nous ne sommes pas l'équivalent d'une glaciation ou d'une élévation du niveau des mers : nous sommes capables de prédire et de contrôler. Nous avons acquis une responsabilité vis-à-vis de l'évolution. » Il réaffirma cette position révolutionnaire en 1981, dans l'ouvrage *Conservation and Evolution*, écrit avec Michael Soulé. Dans cet ouvrage au titre provocateur, ils se proposaient d'explorer « les exigences les plus rigoureuses qu'implique la conservation à long terme, parmi lesquelles le maintien du potentiel d'évolution, la capacité à évoluer en réponse au changement de l'environnement ». Otto Frankel et Michael Soulé introduisaient ainsi une notion fondamentale, celle de « potentiel évolutif ». Il se trouve qu'en 1984, le professeur Maxime Lamotte, mon directeur à l'École normale supérieure, me demanda de l'aider à mettre à jour, pour une encyclopédie, l'article « Écologie » qu'il avait écrit, plus de dix ans auparavant, avec un collègue italien, le professeur Cesare Francesco Sacchi. La lecture de livre de Frankel et Soulé nous inspira le passage suivant :

> La biosphère est constituée d'écosystèmes faits de populations coadaptées. Tels qu'ils sont actuellement, ces écosystèmes résultent d'une histoire où l'homme est intervenu de façon plus ou moins sensible. Les propriétés présentes des populations et des biocénoses, fruits de cette histoire, définissent leurs stratégies adaptatives, c'est-à-dire leurs moyens d'évoluer. À partir de ces notions fondamentales, il est possible de donner son véritable sens au concept de conservation : la conservation de la nature n'est pas une opération de muséologie visant seulement à figer les produits du passé, mais c'est la mise en œuvre des moyens nécessaires au maintien ou même à l'amélioration des stratégies adaptatives des systèmes écologiques : *conserver la nature, c'est lui conserver ses potentialités évolutives.*

Cela fait donc longtemps que j'ai du mal à admettre qu'une politique de conservation, inspirée par le concept suranné d'équilibre harmonieux de la nature et l'idéologie de la nature vierge, puisse préconiser le maintien des écosystèmes et de la biosphère dans un état dont on prétend qu'il est celui que la nature doit avoir, ici et maintenant, tel qu'il fut autrefois et tel qu'il devra rester.

En 1999, un philosophe chilien, Ricardo Rozzi, a publié un article qui m'a conforté dans l'idée que les principes fondamentaux de la conservation devaient évoluer. Il expliquait que les écologistes ne sont pas des scientifiques neutres, pas plus qu'ils ne sont des observateurs de la nature passivement influencés par leur culture : en produisant sur elle des regards scientifiques, les écologistes jouent un rôle central dans la formation des attitudes sociétales vis-à-vis de la nature. En même temps, il observait que les écologistes construisent leur théorie scientifique sous l'influence d'idéologies et de positions éthiques, tandis que les éthiciens accordent des valeurs à la nature qui peuvent très bien être fondées sur des positions scientifiques particulières. Ainsi, s'instaure une coévolution entre, d'un côté, les connaissances et théories scientifiques qui progressent, et, de l'autre, les réflexions éthiques qui élaborent de nouveaux systèmes de valeurs. Il y avait là invitation à quitter le confort devenu inconfortable qu'offrait le couple « paradigme de l'équilibre écologique – valeur intrinsèque de l'intégrité écologique ».

***

Progressivement, la notion de « stabilité des écosystèmes » s'est substituée à l'idée d'équilibre de la nature. Ce glissement terminologique accompagnait des recherches explorant les liens pouvant exister entre la richesse (ou la diversité) spécifique d'un écosystème et sa stabilité. On ne compte plus les publications qui ont paru, sur ce sujet, dès les années 1950, et surtout pendant les deux décennies suivantes. L'idée, séduisante, qui motivait ces recherches, était que des écosystèmes complexes, riches en espèces et donc en interactions, seraient plus stables que des écosystèmes simples. On pouvait en effet penser qu'une communauté biologique serait d'autant plus apte à résister à des perturbations qu'elle disposerait de nombreuses chaînes alimentaires alternatives. C'était en quelque sorte la traduction, en jargon écologique, de l'idée populaire qu'il vaut mieux ne pas mettre tous ses œufs dans le même panier.

Mais le bon sens n'est pas forcément scientifiquement correct. Vers le milieu des années 1970, au vu du peu de résultats venant à l'appui de ces idées, des chercheurs commencèrent à les contester vigoureusement, et l'on finit par s'en désintéresser, jusqu'à ce le concept de biodiversité entre en scène. On ne pouvait tout de même pas à la fois alerter la planète sur les risques que ferait courir la diminution de la biodiversité et ne pas être capable d'expliquer son rôle dans le fonctionnement des écosystèmes ! On vit ainsi resurgir l'idée que la diversité était importante pour le maintien du fonctionnement des écosystèmes soumis à des perturbations et, en 2005, un collectif de scientifiques, à partir des recherches en cours, concluait que la stabilité d'un écosystème serait d'autant mieux assurée qu'il serait plus riche en espèces aux capacités d'adaptation différentes.

Au début du XXIe siècle, voilà donc des écologistes pour affirmer que la diversité spécifique, c'est bon pour le maintien des écosystèmes. De quoi satisfaire les conservationnistes qui trouvent là un argument scientifique de poids pour justifier le combat contre l'érosion de la biodiversité. Maintenir la planète et chacun de ses écosystèmes en équilibre harmonieux, avec toute leur richesse en espèces, Linné n'en aurait pas demandé davantage, lui qui voyait dans la nature le juste ajustement de toutes les espèces que Dieu avait créées. Mais entre Linné et nous, il y eut un Lamarck, puis un Darwin, puis un Mendel, puis tous ceux, savants célèbres ou obscurs chercheurs, qui ont établi un fait incontestable : la planète Terre est changeante, la vie est née du changement, s'est maintenue en évoluant, et elle a sérieusement commencé à changer la planète avant même que l'un de ses membres les plus récents ne s'y mette à son tour.

L'évolution biologique est un fait avéré. Pourtant, pour bien des écologistes, au début des années 1980, considérer que nous avons affaire à un *non equilibrium world*, selon l'expression d'un écologiste américain, était une véritable révolution conceptuelle, alors que les théories de l'époque en matière de communautés biologiques étaient fondées sur le présupposé que les écosystèmes sont à l'équilibre, ou presque.

Depuis plusieurs années, pourtant, un frémissement se faisait sentir. Alors que les perturbations étaient connotées négativement, puisque nuisibles à l'équilibre de la nature, des chercheurs commençaient à réfléchir sur leur rôle dans la structuration des systèmes écologiques. Peu à peu, les perturbations ont acquis un statut positif. Mais attention, pas toutes. On prit bien soin de distinguer les perturbations récurrentes des événements catastrophiques. Les premières entretiennent les systèmes écologiques, comme les crues d'un fleuve, qui réorganisent les bancs de sédiments et les îles, ou les tempêtes de moyenne ampleur, qui, de temps en temps, abattent les vieux arbres d'une forêt, faisant ainsi place aux jeunes ; ou encore les feux de savanes (ils peuvent être d'origine naturelle), qui contiennent l'expansion forestière. Les secondes, par définition, sont de grande ampleur et modifient durablement, voire définitivement, l'organisation écologique de territoires qui peuvent être vastes.

La différence n'est pas subtile. Les écologistes ont beaucoup d'arguments pour défendre l'idée que les perturbations récurrentes contribuent, à une certaine échelle, à l'équilibre des systèmes écologiques. Ainsi, des tempêtes locales, plus ou moins périodiques, produisent dans les forêts une structure en mosaïque, où coexistent des unités écologiques d'âges différents, avec des arbres à différents stades de développement, d'où une diversité écologique et spécifique permanente, entretenue par un régime régulier de perturbations. Et voilà, pour des raisons objectives, les perturbations récupérées par le paradigme de l'équilibre naturel ! En revanche, supposons que de graves perturbations modifient pour longtemps les écosystèmes d'un territoire à tel point que, avant qu'ils ne parviennent à revenir à leurs états initiaux, des changements climatiques créent des conditions nouvelles ne leur permettant pas de se reconstituer. Ce territoire se trouverait ainsi engagé dans une « trajectoire » qui le mènerait on ne sait où.

En 1987, un biologiste américain, Robert Ricklefs, constatait que les écologistes commençaient à réaliser que la diversité spécifique d'un territoire porte l'empreinte à la fois de processus globaux, tels la formation de nouvelles espèces ou les phénomènes de migration et de dispersion, et l'empreinte de circonstances historiques uniques. Pour comprendre l'organisation des systèmes écologiques d'un territoire et sa richesse en espèces, il faut donc que les écologistes se placent dans une perspective historique, et cherchent à reconstituer la « trajectoire » écologique du territoire en remontant dans le temps aussi loin que nécessaire. Court terme, moyen terme, long terme : finie l'époque où les écologistes pouvaient se croire dispensés de prendre en compte l'histoire, imaginant qu'il suffisait d'avoir examiné leurs écosystèmes le temps d'un cycle des saisons pour avoir tout compris. Bien entendu, il peut exister des périodes, longues à l'échelle d'une carrière de chercheur, ou même d'une vie d'homme, voire de plusieurs générations, pendant lesquelles des écosystèmes ne changent pratiquement pas, donc se maintiennent dans un quasi-équilibre. Mais ces périodes ne sont qu'un moment de l'histoire de ces écosystèmes, qui furent différents ou même n'existaient pas du tout, là où ils sont aujourd'hui, il y a 100, ou 1000, ou 10 000, ou 100 000 ans… Et dans les temps qui viennent, la probabilité qu'ils changent s'accroît, car nous sommes, immergés dans la biosphère, fauteurs de changement. Et nous changeons nous aussi. En fait, nous coévoluons avec la biosphère, parce que ses changements nous font changer, et réciproquement : au paradigme de l'équilibre de la nature, il faut substituer le paradigme du cochangement de la biosphère.

Cela impose une évolution idéologique : l'adaptabilité d'une entité vivante, ou capacité à maintenir les processus vitaux en se transformant, se substitue, en tant qu'objectif fondamental, à la conservation de l'intégrité écologique. Notre rapport à la nature s'en trouve modifié en profondeur. La possibilité de dire : « voilà ce qu'est nécessairement la nature naturelle à cet endroit » est fortement affaiblie, sinon perdue. Sont en tout cas perdus les arguments péremptoires, parce qu'ils seraient scientifiquement irréfutables, qui auraient permis de dire quel état de la nature s'impose à tous dans un endroit donné.

Cela conduit à l'idée qu'en tout lieu la biodiversité, et d'une manière plus générale l'organisation des systèmes écologiques, peut être librement choisie en l'absence de référence absolue donnée par la nature elle-même. Tout n'est pas écologiquement possible, certes, mais la marge de manœuvre est grande. La nature ne s'imposant plus, il va falloir la désirer. La biodiversité devient partie des projets des sociétés : elle doit être voulue. Puisque le concept de base est l'évolution, et non plus l'équilibre permanent, l'objectif, pour une société locale, c'est de piloter systèmes écologiques et biodiversité en fonction du projet de vie qu'elle a construit…

lequel peut être, pourquoi pas, de tenter de maintenir, contre vents et marées, un état voulu à tout prix.

***

En 2004, dans le cadre des activités du Comité français de l'UICN, François Moutou, vétérinaire, écologiste, spécialiste des mammifères sauvages, organise une réunion pour échanger des idées sur les questions éthiques. Une quinzaine de personnes sont réunies ; après un tour de table et des discussions, il est décidé de faire une deuxième réunion à laquelle, cette fois, nous sommes seulement deux à participer : François Mouton et moi-même ! Pour moi, un scientifique doit se sentir mal à l'aise dans un milieu conservationniste qui ne pense qu'à sauvegarder un état de la nature naturellement transitoire ; je suggère donc que l'on tente de faire bouger les choses. Il nous vient à l'idée de proposer une résolution à la prochaine assemblée générale de l'UICN, qui doit se tenir en novembre 2004 à Bangkok. Elle viserait à doter l'UICN d'un « nouveau code éthique de la conservation ». Un papier, un crayon, nous brouillonnons un projet. Nous soumettons l'idée au président et au directeur du Comité français qui donnent un accord de principe, mais il faut présenter le projet au Congrès français de la conservation, pour discussion et validation collective. Cette étape franchie, le texte est mis au point et envoyé au siège de l'UICN. Nouveau filtre. Il est accepté dans la liste des projets de résolution qui seront soumis à l'assemblée générale. Sur place, à Bangkok, il fait l'objet de quelques tractations, qui n'en modifient pas la substance. Les délégués, venus de tous les coins de la planète votent : notre projet est adopté !

Oh, les termes en sont terriblement convenus. Les « considérants », ces paragraphes préliminaires exprimant les motifs de la proposition mise au vote (et qui sont votés en même temps), sont un exemple ordinaire de la langue de bois internationale. Et les décisions sont somme toute minimalistes. Encore que… L'assemblée générale a solennellement affirmé que l'UICN doit s'engager à promouvoir une conception éthique de la conservation de la nature. En d'autres termes, c'est un engagement à subordonner tout le travail, toutes les actions concrètes de l'Union, et donc de chacun de ses membres, à un « référentiel » éthique partagé. Dans ce but, l'assemblée a appelé le directeur général à confier l'élaboration d'un code éthique pour la conservation de la biodiversité au groupe de spécialistes en éthique de la Commission du Droit de l'Environnement, code que l'Union devrait ensuite promouvoir auprès des États pour qu'ils établissent des codes éthiques nationaux. L'assemblée ayant au préalable voté une résolution demandant à l'UICN d'adopter la Charte de la Terre comme référence éthique globale, il était clair que le futur code pour la conservation devrait s'enraciner dans la Charte. Enfin, dans le souci de respecter la diversité culturelle des humains, l'UICN était invitée à s'intéresser aux efforts qui sont faits, à travers le monde, au sein de différents courants de pensée philosophiques ou religieux, pour traiter de la conservation de la nature. Mais pas un mot de la nécessité de concevoir le code dans une perspective évolutionniste : à vrai dire, cela n'aurait peut-être pas facilité les choses. Rien de perdu pour attendre.

Un groupe de travail international a été constitué. Je me suis empressé de mettre la perspective évolutionniste au cœur des réflexions ; ma proposition ne soulève pas d'objections, encore que des problèmes pourraient un jour surgir avec les membres de l'UICN qui, pour des raisons religieuses, ne reconnaitraient pas la réalité de l'évolution biologique. Certes, l'appartenance à l'UICN suppose que l'on admette que l'Union fonde toute son action sur les connaissances scientifiques, mais il faut se préparer à ce qu'une éthique de la conservation de la nature explicitement évolutionniste rencontre l'opposition radicale de certains courants créationnistes…

Homo ethicus

Au Muséum, j'ai un ami, Donato Bergandi, philosophe des sciences spécialisé en philosophie de l'écologie et en éthique environnementale. Nous discutons souvent de la conservation de la nature ; chacun a son approche de la question, et nous nous efforçons de nous contredire, parce que c'est la meilleure façon d'expliciter nos points de vue. En effet, seule la confrontation honnête d'idées claires peut permettre la recherche d'un accord sans ombres.

« L'évolution biologique, dis-je, est une réalité, et là, nous sommes tous deux d'accord. Mais alors, il faut accepter l'idée que la conservation doit intégrer, conceptuellement et pratiquement, la réalité du fait de l'évolution biologique. Autrement, elle risquerait de se crisper sur une position fixiste, en voulant maintenir coûte que coûte la biosphère dans un état particulier, obligatoirement choisi de façon arbitraire, car nul n'est capable de dire si la bonne biosphère, c'est celle d'avant-guerre (laquelle ?), d'avant le temps des moines défricheurs, d'avant la conquête des Gaules, celle du temps de l'ibis sacré en Égypte, du temps d'avant la première semeuse, celle des premiers siècles post-glaciaire, ou du temps des grottes qu'ornaient nos ancêtres, ou d'avant la maîtrise du feu, ou d'avant Toumaï.

– Certes, me rétorque l'ami philosophe, mais ta position est dangereuse. Si tu dis que la nature a toujours changé, que des espèces n'ont cessé de s'éteindre, les multinationales arracheuses de forêts, défonceuses de terres riches en pétrole, en or ou en tantale, épandeuses de palmier à huile, vendeuses d'OGM à renouveler annuellement, sans parler des trafiquants d'armes qui, dans un esprit d'altruisme et d'équité, vendent des armes aux belligérants de tous bords, alors toutes ces multinationales et leurs actionnaires, et tous les traders qui parient sur leurs profits, auront beau jeu de dire : "Puisque la nature a toujours changé, ne nous empêchez pas de continuer à la changer ; c'est nous qui faisons évoluer utilement la biosphère, au service de ceux qui sont suffisamment riches pour le devenir davantage." Que les orangs-outans cèdent la place aux palmiers à huile, que les gorilles dégagent au plus vite des gîtes de tantale, que les autochtones de Nouvelle-Guinée se convertissent et aillent en ville, que les pique-prunes évitent les autoroutes, pour que davantage de voitures brûlent du pétrole puisé dans une Amazonie nettoyée de ses arbres et de ses indigènes gêneurs…

– Bien sûr, Donato, tu n'as pas tort. Pour aller dans ton sens, j'ajouterai même que nombre d'entreprises biosphérocides n'hésitent pas à se parer du vert de la vertu écolo : quelques dépenses de communication pour détourner l'attention de la réalité n'écornent guère de confortables bénéfices. D'accord, donc, mais faudrait-il pour autant que je renie ce que les sciences de la nature m'ont appris ? Tant pis, je préfère défendre une utopie en syntonie avec les connaissances scientifiques, une utopie qui ose aussi croire que l'intelligence du cœur peut un jour l'emporter sur le cynisme. De deux choses l'une : ou bien nous faisons croire que quelques lopins d'aires protégées suffiront à maintenir un harmonieux équilibre planétaire, et les cyniques nous les concéderont – et nous paieront même de belles plaquettes éducatives – jusqu'au jour où ils y trouveront de quoi faire de mortels profits ; ou bien nous plaidons pour la recherche d'une organisation de la biosphère qui ne diminue pas, voire qui augmente son adaptabilité, en laissant partout le plus de liberté possible aux processus évolutifs. »

***

Concevoir une éthique évolutionniste pour la biosphère, c'est affirmer un ensemble de valeurs et de principes auxquels chaque humain, chaque communauté locale et l'humanité puissent se référer pour agir de façon à ce que la biosphère soit toujours capable d'adaptation : l'adaptabilité durable de la biosphère, tel est l'objectif ultime.

Dans l'esprit d'Aldo Leopold, il faut affirmer la valeur essentielle de la communauté de la vie, la biosphère, dont nous, les humains, nous sommes membres. Mais nous devons d'abord reconnaître que l'univers est un univers changeant, même si le retour du soleil après la nuit et la succession répétée des saisons ont longtemps fait croire aux humains que la nature était cycliquement immuable. Il nous faut ensuite, avec humilité, reconnaître que la biosphère a commencé à exister avant nous, quelque part dans un univers qui avait déjà une longue histoire, et que nous ne sommes que l'une des centaines de millions d'espèces nées des changements incessants de la Terre. Et il nous faut accepter l'idée que la fin de notre espèce ne sera pas nécessairement la fin de la vie.

Il n'y a malheureusement pas de mot français satisfaisant pour traduire *wilderness*, ce pourquoi j'emploie ce beau terme tel quel. Reconnaissons que la *wilderness* caractérise l'univers, en ce sens qu'il existe indépendamment de la présence ponctuelle et temporaire de l'humanité dans l'immensité de l'espace-temps. De même, la biosphère fut en état de *wilderness* tant que l'espèce humaine n'était pas devenue *Homo transformator*. La domestication progressive de la surface terrestre a réduit peu à peu les espaces de *wilderness*, et nous en sommes arrivés à la situation paradoxale où l'existence de parcelles que nous voulons bien encore croire sauvages tient à notre bon vouloir : dans la Maison Terre, si les choses vont comme elles vont, les « réserves intégrales » pourraient bientôt n'être plus que des pots de fleurs sur un balcon. Mais reconnaissons qu'aujourd'hui encore, la plupart des espèces et la plupart des communautés vivantes ont une telle puissance de vie qu'elles se renouvellent… en dépit de notre présence : pour quelque temps encore, peut-être, la spontanéité de la *wilderness* peut s'exprimer ici et là. Ainsi, une extraordinaire diversité de formes de vie et de communautés de vie, que nous ne saurons jamais remplacer à l'identique, si ingénieux que soient les ingénieurs écologues, nous est léguée par la *« wild biosphere »*. Grâce aux sciences de la nature, nous avons compris que, indépendamment de l'existence d'*Homo sapiens*, cet héritage, en permettant une adaptation permanente au changement, garantit la continuité d'une vie florissante, toujours capable d'évoluer.

***

Au « Je pense, donc je suis » de Descartes, proposition étriquée et égocentrique, Albert Schweitzer opposait une conviction, fondatrice de ce qu'il appelait une éthique de la révérence pour la vie :

« Je suis vie qui veut vivre, entouré de vie qui veut vivre », conviction qui le conduisait à affirmer que « L'éthique consiste donc à me faire éprouver par moi-même la nécessité d'apporter le même respect de la vie à tout le vouloir-vivre qui m'entoure autant qu'au mien. »

Révérence pour la vie ? Selon Albert Schweitzer : « Un homme n'est réellement éthique que lorsqu'il obéit au devoir impérieux d'apporter son assistance à toute vie ayant besoin de son aide, et qu'il craint de lui être dommageable. C'est la vie en tant que telle qui est sacrée pour lui. Il n'arrache pas étourdiment des feuilles aux arbres ni des fleurs à leur tige et fait attention de ne pas écraser inutilement des insectes. » Je me souviens d'avoir assisté, il y a bien longtemps, à une conférence de Théodore Monod, qui nous disait des choses de cet ordre, ancrées dans ses convictions religieuses. Je ne pus m'empêcher de l'interroger sur le fait que le Christ, marchant sur les chemins de Palestine, avait bien dû écraser quelque animalcule du sol ; je ne me rappelle pas qu'il m'ait répondu, sinon par un regard non dénué de miséricorde pour l'auteur de cette incongruité.

L'éthique d'Albert Schweitzer, bien qu'exprimée dans un registre différent, n'est pas éloignée de la *Land Ethic* d'Aldo Leopold, selon laquelle une action est juste quand elle a pour but de préserver l'intégrité, la stabilité et la beauté de la communauté biotique. Albert Schweitzer fondait son respect des autres formes de vie sur le constat de leur valeur d'existence, aussi absolue que celle de chaque humain. Aldo Leopold fondait son principe sur notre commune appartenance, humains ou humbles bestioles, à la même et unique vie, liés que nous sommes par une incontournable solidarité écologique. Un cheminement d'abord spirituel, proche du biocentrisme, d'un côté ; une démarche écocentrique d'abord appuyée sur une compréhension scientifique du monde, de l'autre. Leur convergence est une puissante source d'inspiration.

Même si nous n'existions pas, chaque communauté vivante, chacune des formes de vie, aussi diverses soient-elles, parce qu'elles sont nées de l'évolution de la biosphère et en sont les acteurs, ont en elles-mêmes, ainsi que la biosphère qui les intègre, une valeur d'existence. Chaque être vivant, là où il vit, et tout au long de sa vie, a cette valeur car, dirait Albert Schweitzer, il « veut » vivre ; car, dirait Aldo Leopold, il participe au maintien de l'intégrité et de la stabilité de la biosphère. Dans une perspective évolutionniste, j'ajouterais qu'il participe au potentiel d'évolution de la biosphère. Et si tel n'était pas le cas, parce qu'il appartiendrait à une espèce en voie d'extinction naturelle, il aurait alors une indiscutable valeur de mémoire.

Cela étant, nous existons, avec notre propre vouloir-vivre. Nous aussi, nous sommes nés de l'évolution de la biosphère, et en sommes aussi devenus des acteurs, du cœur de nos villes jusqu'aux espaces les moins influencés par notre présence. Cette appartenance, cette communauté de destin doivent nous inspirer une révérence pour la vie et pour chaque être, humain et non humain, qui en détient provisoirement une parcelle – révérence pour une vie qui est, mais plus encore qui est en devenir.

Membres humains de la biosphère, partageant, avec les autres membres de nos diverses communautés écologiques, des histoires biologiques et culturelles d'une extraordinaire diversité, affirmons notre amour pour la nature présente dans sa globalité comme dans la diversité des communautés qui la composent, et cela vaut tout autant pour la nature à venir que pour les nouvelles communautés qui la composeront au fil des générations. Étant nous-mêmes divers, affirmons en outre notre respect pour les multiples raisons, spirituelles, esthétiques, scientifiques, qui motivent notre amour de la nature, ainsi que pour les raisons peut-être différentes qu'auront les générations à venir de l'aimer à leur tour.

Parce que nous sommes divers, membres, d'un lieu à l'autre, de communautés de vie différentes, il nous faut affirmer que la communauté humaine locale est le niveau adéquat de réflexion, de prise de décision et d'action, pour œuvrer au maintien, à la restauration ou à l'accroissement de l'adaptabilité de chaque communauté de vie. À cette fin, nous pouvons nous reconnaître à la fois le droit de créer des organisations écologiques nouvelles et le devoir de respecter la valeur de mémoire de ce qui existe aujourd'hui. Tous les êtres vivants, en effet, toutes les communautés de vie sont chacun héritiers d'une part de la mémoire de l'évolution de la biosphère.

Ils sont en même temps le terreau unique de l'évolution à venir.

Dans ce contexte, la « biodiversité », si l'on peut condenser en ce seul mot toute la mémoire et tout le potentiel d'évolution que constitue une communauté de vie, doit être choisie par les humains qui en sont membres, en connaissance de cause grâce à des débats honnêtes et respectueux, de façon à atteindre un consensus explicite et toujours révisable ; en d'autres termes, l'avenir de la biodiversité doit être dessiné localement grâce à une authentique démarche démocratique. Il est clair qu'en première approche les espèces qui sont là depuis très longtemps (les « indigènes »), organisées en communautés ayant traversé bien des changements, ont de fortes chances de constituer un potentiel adaptatif adéquat, en tout cas à relativement court terme. Le passé est assurément de bon conseil, mais il ne faut pas s'interdire d'envisager l'installation d'espèces venues d'ailleurs, qui peuvent renforcer le potentiel local d'adaptation.

Lorsqu'une communauté de vie a été dégradée, voire détruite, sa restauration et la réintroduction d'espèces sont une manière d'exprimer une attitude de réconciliation envers la vie. La désignation compensatoire d'espaces de protection aussi. Mais il ne faut pas oublier que des espaces protégés ont été établis au détriment des humains qui y vivaient. Désormais, la protection et la restauration ne peuvent être décidées contre les gens : elles doivent l'être par eux. La conservation de la nature, pour être honnête, suppose donc le respect des cultures locales, la justice et la volonté d'assurer un mieux-être significatif pour les hommes et les femmes concernés.

La biosphère est une. Toute décision locale est susceptible d'avoir des conséquences globales. Il faut donc qu'elle soit prise dans un esprit de solidarité planétaire. Riche de sa diversité à l'échelle mondiale, l'humanité doit donc inventer à cette échelle une démocratie tout aussi authentique. Cela suppose que l'humanité reconnaisse à chaque espèce et à chaque communauté de vie le droit d'exister et d'évoluer, donc qu'elle soit respectueuse de la diversité des situations écologiques et culturelles. D'où l'exigence de rechercher les meilleurs moyens d'assurer la « soutenabilité » et l'adaptabilité de la biosphère. Dans ce but, et pour renforcer sa propre capacité d'adaptation, l'humanité doit prendre soin de maintenir son potentiel de diversification culturelle.

Finalement, la conservation de la nature est un projet démocratiquement élaboré, tant par chaque communauté locale que par la communauté mondiale. C'est, réfléchie et responsable, la gestion du changement de la biosphère de telle sorte que sa capacité à changer soit toujours forte. Là se trouve la raison profonde de garder avec nous une biodiversité aussi grande que possible. Et pour cela, il faut que surgissent dans le monde, selon les mots d'Albert Schweitzer, des hommes et des femmes convaincus, qui affirment un vouloir-vivre entièrement pénétré de respect de la vie et de dévouement à la vie. Des hommes et des femmes qui pourront dire, humblement : « Si modestes que soient nos moyens d'action, c'est pour l'humanité entière que nous travaillons et non seulement pour la génération présente, mais pour celles de l'avenir, sur toute la surface du globe, de l'un à l'autre pôle », reprenant à leur compte ces belles paroles avec lesquelles le zoologiste suisse Paul Sarasin, initiateur en 1910 de la création d'un organisme international dédié à la protection de la nature, commençait sa communication au Congrès de 1923, dans un amphithéâtre du Muséum de Paris.

***

Aldo Leopold se demandait si l'éthique n'était pas une sorte d'instinct quasiment collectif, permettant à une communauté de réguler son fonctionnement. Depuis, les idées sont allées de l'avant. Un domaine de recherche récent, qui s'intitule *Evolutionary Ethics*, explore l'hypothèse suivante : notre tendance à élaborer des normes éthiques résulterait de l'évolution de notre espèce ; autrement dit, dans la mesure où des comportements éthiques seraient favorables au bon fonctionnement des groupes humains, ils auraient été retenus par la sélection naturelle. Ce n'est évidemment pas simple à démontrer, si tant est que cela puisse l'être. En tout cas, la frontière avec nos très proches parents, les singes bonobos, est bien floue ; à les observer, certains en viennent à se demander si l'on ne peut pas déjà parler de comportements éthiques.

Restons-en à *Homo sapiens*. Au cours de notre histoire, le champ de l'éthique s'est progressivement élargi, avec l'évolution de notre conception de la communauté humaine. Reconnaître, avec Bartolomé de Las Casas, au XVIe siècle, que les autochtones d'Amérique du Sud ont une âme, écrire les droits de l'homme avec les révolutionnaires français au XVIIIe siècle, abolir l'esclavage avec Victor Schoelcher au XIXe : voilà un long chemin que l'on sait inachevé ; la convivialité entre des humains se reconnaissant différents et égaux se construit magnifiquement ici quand elle se détruit horriblement ailleurs.

Aldo Leopold, s'appuyant sur le constat de cette évolution, proposa ni plus ni moins d'élargir l'éthique à la communauté de la vie, englobant les autres espèces, les sols et les eaux : toute la *land*, pour reprendre son terme (forestier, peut-être oubliait-il un peu la mer…). Exemples à l'appui, il arguait que des manières de vivre anthropocentriques traitant les composantes non humaines d'une communauté écologique comme des choses appropriables sont vouées à l'échec. Si j'osais utiliser l'hypothèse de l'*Evolutionary Ethics*, je dirais que, pour Aldo Leopold, la sélection naturelle devrait retenir des sociétés humaines ayant pensé et mis en œuvre une solidarité écologique avec leurs milieux spécifiques. Et je me risquerais à dire que désormais, la « sélection naturelle » devrait favoriser des communautés humaines qui, en outre, auront renforcé les capacités d'évolution des communautés de vie locales comme celles de la biosphère tout entière. Mais je ne veux pas m'aventurer davantage sur un terrain aussi délicat.

Je ne peux cependant m'interdire une métaphore de systématicien évolutionniste. Si les règles de la nomenclature zoologique ne m'en empêchaient, j'aurais d'abord renommé *Homo sapiens*: *Homo transformator*, nom moins prétentieux et plus objectif. Constatant qu'au sein de cette espèce, Dieu merci fort diverse, émerge et prend de l'importance numérique la variété *conservator*, je ferais alors le pari qu'une spéciation par anagenèse – c'est-à-dire par variation graduelle – est en cours, et j'aurais proposé un nom pour la nouvelle espèce en gestation : *Homo ethicus*. Mais, plutôt qu'une évolution graduelle, qui peut prendre fort longtemps, ne faut-il pas souhaiter un saut évolutif brutal, donnant au plus vite naissance à un *Homo ethicus* voulant pour compagne une nature la plus diverse possible, afin d'exister longtemps dans une biosphère toujours bien vivante, donc toujours capable d'évoluer ?

Épilogue

Le papillon blanc

8 mars 2009, Moyobamba, Alto Mayo, Pérou. Il a plu deux jours durant. Aujourd'hui, il devrait faire beau. Une moto-taxi nous conduit, Gilbert Lachaume et moi, à Waqanki, où la famille Altamirano entretient un jardin foisonnant d'orchidées surprenantes. Nous montons à Mishquiyacu. Le sentier pénètre dans l'étroite vallée et devient vite un sérieux raidillon, tempéré par quelques faux plats. Environ 200 m de dénivelé, entre 1 000 et 1 200 mètres. Dans l'humidité de la forêt, même s'il n'est pas encore 10 heures du matin, cela suffit pour mouiller la chemise !

Au début du chemin, un panneau indique que nous pénétrons dans la réserve privée de l'association Mishquiyacu. Elle a été fondée par José Altamirano, avec quelques amis, pour conserver la forêt. Ils achètent des terres, espèrent constituer un ensemble cohérent, à tout le moins connecté par des parcelles formant des corridors écologiques. Accrochée aux versants raides d'une cordillère qui limite au sud la vallée du río Mayo, la propriété de la famille Altamirano couvre un peu plus de 100 ha. José y a dénombré 327 espèces d'oiseaux : une biodiversité exceptionnelle, car toute la région de l'Alto Mayo n'en compte que 420.

Le sentier s'engage sous la voûte des grands arbres. Il s'élève, depuis le niveau du torrent, jusqu'à un endroit dégagé, notre poste d'observation. La forêt habille les pentes d'une mosaïque de verts multiples. À chaque arbre sa teinte. Au loin, dans l'échancrure de la vallée, la plaine cultivée du Mayo et, plus loin encore, le bleu doux de montagnes derrière lesquelles j'imagine l'Amazonie. Ici, le chemin surplombe les arbres montant du fond de la vallée. Le bruit du torrent est masqué par le chant des cigales. Le soleil chauffe derrière les nuages. Un vol de perroquets criards passe. Il est un peu plus de 10 heures. C'est l'attente. Les nuages s'attardent. Heureusement, ils s'entrouvrent enfin, et le paysage s'illumine.

Soudain, le voici, au-dessus des arbres, quinze mètres en contrebas. Trapèze d'un blanc éclatant, frangé de noir. Un ou deux battements d'ailes, une glissade planée, un ou deux battements, il passe entre les hautes branches et disparaît. Étonnant papillon, unique au monde : nul autre n'a les ailes couvertes de ce blanc soyeux, profond, ni mat ni scintillant, magnifiquement lumineux au-dessus de l'épaisseur sombre de la forêt.

En deux heures, plus de dix individus passent sous mes yeux. Ils viennent je ne sais d'où, se rendent je ne sais où, mystérieux défilé. Quelquefois, l'un d'eux monte le long du versant, passe au-dessus du chemin, à moins qu'au contraire il n'arrive d'en haut et plonge vers le fond de la vallée. J'ai un filet avec un manche de presque cinq mètres. Tout d'un coup, au niveau du chemin, deux individus se croisent, l'un montant, l'autre descendant. Geste réflexe ; l'un des deux se trouve pris. Il y a quelques années, alors que tous les collectionneurs croyaient ce papillon rare, jamais je n'aurais imaginé en capturer un. C'est maintenant chose faite. De près, le grand insecte tenu entre mes doigts, j'admire la forme élégante, les ailes postérieures dentelées, les marges d'un noir profond sur lequel se détachent, déposées par un artiste japonais, des perles blanches et de fines arcades ocre soulignant le contour des ailes.

Unique capture, non pas de pur hasard, car je connaissais l'endroit et savais que parfois un de ces papillons passe à portée d'un long filet ; mais conjonction de circonstances, triste pour l'insecte, bénéfique pour la science : dans un tiroir du Muséum, l'animal devenu spécimen étiqueté, élément de cette immense mémoire de la biodiversité que sont les collections scientifiques, témoignera, peut-être encore dans quelques siècles s'il est soigneusement conservé, qu'en 2009 la vallée de Mishquiyacu était si bien préservée que *Morpho theseus juturna* y volait en abondance.

Puisse ce spécimen ne jamais entrer dans la galerie des espèces disparues.

Les *campesinos* connaissent bien le grand papillon ; ils l'appellent « La mariposa blanca ». Quand ils descendent le sentier, chargés de leurs sacs de café, puis remontent de la ville, chargés de quelques achats, ils le voient souvent. Ce qui pour moi, comme pour tous les collectionneurs d'Europe, du Japon et d'Amérique du Nord, est une rare espèce exotique n'est qu'une espèce ordinaire pour les paysans de l'Alto Mayo.

J'ai demandé à José Altamirano pourquoi il veut conserver la forêt et toute sa diversité. Quand il était tout jeune, m'a-t-il répondu, déjà passionné par les oiseaux, il s'est rendu compte un jour qu'une espèce qu'il connaissait bien avait disparu de chez lui. José ne veut pas que d'autres jeunes soient confrontés à un tel événement. Il veut que la chaîne de la vie, dont toute espèce est un chaînon, continue.

Le grand papillon blanc n'est-il pas son messager ? Tant qu'il sera là, survolant la canopée quand le soleil brille, en un cheminement dont la logique nous échappe, il annoncera que José et ses amis ont réussi.

Bibliographie sommaire

Paul Arnould et Laurent Simon, *Géographie de l'environnement*, Paris, Belin, 2007.

Robert Barbault et Bernard Chevassus-au-Louis (dir.), *Biodiversité et changements globaux. Enjeux de société et défis pour la recherche*, Paris, Adpf, Ministère des Affaires étrangères, 2004.

André Brack et Bénédicte Leclerc, *La vie est-elle universelle ? Des premiers êtres vivants à l'exploration spatiale*, Les Ulis, EDP Sciences, 2003.

Elena Casetta et Julien Delord (dir.), *La biodiversité en question. Enjeux philosophiques, éthiques et scientifiques*, Paris, Éditions Matériologiques, 2014.

Jean-Marc Drouin, *L'Écologie et son histoire. Réinventer la nature*, Paris, Flammarion, 1993.

Martin Holgate, *The Green Web. A Union for World Conservation*, Londres, Earthscan Publications Ltd., 1999.

Aurélie Javelle (dir.), *Les relations homme-nature dans la transition agroécologique*, Paris, L'Harmattan, 2016.

Catherine Larrère et Raphaël Larrère, *Du bon usage de la nature. Pour une philosophie de l'environnement*, Paris, Aubier, 1997.

Catherine Larrère et Raphaël Larrère, *Penser et agir avec la nature. Une enquête philosophique*, Paris, La Découverte, 2015.

Raphaël Larrère, Bernadette Lizet et Martine Berlan-Darqué (coordinateurs), *Histoire des parcs nationaux. Comment prendre soin de la nature ?*, Versailles-Paris, Éditions Quæ et Muséum national d'Histoire naturelle, Paris, 2009.

Bernadette Lizet et Jacqueline Milliet (dir.), *Animal certifié conforme. Déchiffrer nos relations avec le vivant*, Paris, Dunod et Muséum national d'histoire naturelle, 2012.

François Ramade, *Le Grand Massacre. L'avenir des espèces vivantes*, Paris, Hachette, 1999.

Freddy Rey, Frédéric Gosselin et Antoine Doré (coordinateurs), *Ingénierie écologique. Action par et/ou pour le vivant ?*, Versailles, Éditions Quæ, 2014.

Brigitte Senut, *Et le singe se mit debout*, Paris, Albin Michel, 2008.

Table

DU MÊME AUTEUR

La Nature en Europe. Paysages, faune et flore (dir.), Paris, Bordas, 1992.

L'Évolution (dir.), Paris, Bordas et Muséum national d'Histoire naturelle, 1996.

Trésors de nature (dir.), Paris, De Monza et Muséum national d'Histoire naturelle, 1999.

De la protection de la nature au pilotage de la biodiversité, Versailles, Éditions Quæ, 2009 (réédité en 2019).

ESPACES *libres*

TITRES PARUS

Psychologie

Marie Thirion, *Pourquoi j'ai faim ? De la peur de manquer aux folies des régimes*
Serge Tisseron, *Empathie et manipulations. Les pièges de la compassion*
Didier Lauru, *Père-fille, une histoire de regard*

Idées

Ali Benmakhlouf, *Pourquoi lire les philosophes arabes. L'héritage oublié*
Roger-Pol Droit, *Et si Platon revenait… Un regard philosophique sur le monde d'aujourd'hui*
Emmanuel Faye, *Arendt et Heidegger. La destruction dans la pensée*

Sciences

Jean-Michel Oughourlian, *Notre troisième cerveau. La nouvelle révolution psychologique*
Gauthier Chapelle et Michèle Decoust, *Le Vivant comme modèle. Pour un biomimétisme radical*
Patrick Blandin, *Biodiversité. L'avenir du vivant*

Spiritualités vivantes

Michel Fromaget, *Les Quatre Vivants de l'Apocalypse*
Jacques Berque, *Le Coran. Essai de traduction*
Jean-Yves Leloup, *L'Apocalypse de Jean*

Impression : Black Print en mars 2020
Éditions Albin Michel
22, rue Huyghens, 75014 Paris
www.albin-michel.fr
ISBN : 978-2-226-45141-5
ISSN : 1147-3762
N° d'édition : 19085/03
Dépôt légal : avril 2020
Imprimé en Espagne